ELEMENTI
DI
FISICA TECNICA

ELEMENTI
DI
FISICA TECNICA
Note introduttive di termodinamica applicata e trasmissione del calore.

Giulio Malinverno
Advanced Technology Valve S.p.A.

Library of Congress Cataloging-in-Publication Data:

Elementi di Fisica Tecnica / Giulio Malinverno . . . [et al.].
   Includes bibliographical references and index.
   ISBN 978-1-4716-4706-2 (pbk.)
   ISBN 978-1-326-44972-8 (ebook)
   ISBN 978-1-326-79895-6 (hdbk)
   1. Engineering.
   2. Aerospace sciences—Research—Mathematical methods. I. Malinverno, Giulio II. Series.

Printed in the United States of America.

10 9 8 7 6 5 4 3 2 1

Necesse est quod sub certo numero omnia creata comprehendatur

S. TOMMASO D'AQUINO

*Summa theologica,*Pars Prima, Quaestio VII, Art. IV.

Scientists study the world as it is, engineers create the world that never has been.

THEODORE VON KÁRMÁN

*Dedicato ad un'amica
speciale.*

CONTENUTI IN BREVE

PARTE IV   APPENDICI

Indice

PARTE II   TERMODINAMICA TECNICA O DEI PROCESSI

PARTE IV   APPENDICI

ELENCO DELLE FIGURE

ELENCO DELLE TABELLE

PREFAZIONE

Questo libro nasce come il precedente *Aeroleasticità Applicata* dagli appunti presi durante il periodo universitario, riferendosi in particolare al corso di *Fisica Tecnica* del prof. ALFONSO NIRO .

Come già successo per *Aeroleasticità Applicata*, il lavoro è scaturito da una bella copia degli appunti per poi crescere con aggiunte ed approfondimenti, anche frutto delle mie esperienze professionali piuttosto che da considerazioni date dal momento storico.

In questa chiave vanno lette le aggiunte soprattutto relative all'ampliamento di alcune sezioni su, ad esempio, il ciclo di RANKINE o i vari dettagli e spunti sulle centrali nucleari.

Entrando più nel dettaglio, questi *Elementi di fisica tecnica* sono adatti ad un pubblico già *informato* sull'argomento - pubblico che abbia già studiato gli elementi base della termodinamica, al liceo piuttosto che nei corsi iniziali universitari. L'approccio che si è tenuto è stato quello infatti del corso universitario di *Fisica Tecnica*, in cui concetti quali temperatura , energia e così via sono dati per scontati, benché ridefiniti in un'ottica *operativa*.

Malgrado l'aspetto formale che la trattazione assume, l'approccio è stato quello *operazionale*, ovvero si è preferito dare delle definizione operative pratiche delle varie quantità, piuttosto che illustrare definizioni teoretiche. Non si cada tuttavia nel sottovalutare quest'aspetto pensando che sia un atteggiamento *praticone* - anzi è esattamente l'opposto perché le varie definizioni operative sono piuttosto stringenti e formalizzate. Paradossalmente, a volte le definizioni teoretiche sono quelle più *libere e soggette ad interpretazioni personali*.

Per questo, accanto ad alcune appendici di utilizzo più immediato, ho voluto riproporre le note sulla filosofia della scienza di HACKING , per cui l'entità teoriche sono *reali* non solo quando sono *misurabili* ma anche quando sono *modificabili* ovvero *utilizzabili operativamente*.

Non voglio dilungarmi però in questa prefazione.

Una buona lettura.

Como,
Febbraio 2013

Giulio Malinverno

...

ACRONIMI

AEC	Atomic Energy Commission
AISI	American Iron and Steel Institute
API	American Petroleum Institute
ASM	American Society of Materials
ASME	American Society of Mechanical Engineers
ASTM	American Society for Testing and Materials
BS	British Standards
CE	Communauté Européenne conformity mark
DIN	Deutsches Institut für Normung
EU	Europen Union

Elementi di Fisica Tecnica.
By Giulio Malinverno.
Copyright © 2016 .

GOST	Gosudarstvennyy Standart
IEEE	Institute of Electrical and Electronics Engineers
ISO	International Organization for Standardization
PED	Pressure Equipment Directive
SAE	Society of Automative Engineers
SPE	Society of Petroleum Engineers
UNI	Ente Nazionale di Unificazione

Def. 1 *Si definisce **fluido** ogni continuo materiale che non sia in grado di sopportare sforzi tangenziali in condizioni di quiete, statica o dinamica.*

Def. 2 *Si definisce **fluido newtoniano** ogni fluido per il quale esiste un legame
lineare tra il tensore della velocità di deformazione e il tensore degli sforzi.*

Def. 3 *Si definisce **campo vettoriale** una regione di spazio in ciascun punto della
quale sia definito, in modulo, direzione e verso, un vettore caratteristico. Per
estensione il vettore stesso.*

Def. 4 *Si definisce **corrente di fluido** ogni massa di fluido in movimento che
occupi una porzione di spazio non infinitesima.*

Def. 5 *Si definisce **elemento superficiale orientato** o **diaframma** ogni elemento
di superficie $d\Sigma$ sul quale si distinguono con opportuna convenzione, una faccia
positiva e una faccia negativa. Se la superficie Σ cui appartiene l'elemento $d\Sigma$ è
chiusa, generalmente si considera positivo il verso della normale uscente.*

Def. 6 *Si definisce **traiettoria** di una particella di fluido all'istante $\bar{t}$ il luogo delle
posizioni occupate dal suo baricentro, nell'intervallo di tempo finito tra un istante
iniziale t_0 a $\bar{t}$.*

Def. 7 *Per un generico campo vettoriale, si definisce **linea di campo** all'istante
$\bar{t}$ ogni linea tale per cui la tangente di ciascuno dei suoi punto sia parallela al
vettore istantaneo caratteristico del campo considerato in quel punto. Nel caso
particolare delle correnti fluide, il vettore caratteristico del campo di moto è il vettore velocità istantanea e le linee di campo prendono il nome di **linee di corrente**
o **linee di flusso istantanee.***

Def. 8 *Si definisce **traccia istantanea** all'istante bart il luogo di posizioni occupate dai baricentri delle particelle di fluido che sono transitate per un medesimo
punto fisso P_0 del campo di moto, nell'intervallo di tempo finito compreso fra un
istante iniziale t_0 e $\bar{t}$.*

Def. 9 *Si definisce **tubo di flusso** all'istante bart ogni regione dello spazio delimitata dalle linee di flusso istantanee passanti per un medesimo contorno chiuso.
Data la definizione di tubo di flusso, ne consegue che la massa entrata nel tubo di
flusso non può uscirne attraversandone le pareti (portata costante).*

Def. 10 *Si definisce **linea vorticosa istantanea** all'istante $\bar{t}$ ogni linea che abbia
in ciascuno dei suoi punti tangente parallela al vettore vorticità $\omega = \nabla \times \vec{V}$.*

Def. 11 *Si definisce **tubo vorticoso** nell'istante bart ogni regione dello spazio delimitata da linee vorticose istantanee passanti per un medesimo contorno chiuso. Per la definizione di linee vorticose, l'integrale delle vorticità, la **circolazione** Γ rimane inalterato nel tubo vorticoso.*

SIMBOLI

A Amplitude

&   Propositional logic symbol

a Filter Coefficient

$\mathcal{B}$ Number of Beats

σ Sforzo

ε Deformazione

$\mathcal{E}$ Energia

⌉   numero di NAPIER

$\mathcal{G}$ costante gravitazionale di NEWTON

}   accelerazione di gravità

$\mathcal{L}_{\rangle|}$ Lavoro

Elementi di Fisica Tecnica.
By Giulio Malinverno.
Copyright © 2016 .

$\Updownarrow$ massa

$\mathcal{U}$ Energia interna

Parte I

FONDAMENTI DI TERMODINAMICA

CHAPTER 1

PRINCIPI DELLA TERMODINAMICA

1.1 Sistemi, stati e proprietà

La termodinamica è una disciplina che si occupa di tutti quei sistemi che non rientrano nella meccanica reversibile, ovvero è una fisica dei sistemi complessi e delle proprietà della materia.

Iniziamo con l'esporre alcuni concetti base o primitivi. Di questi se ne può dare una definizione logica ma essa risulterebbe sterile e/o tautologica. Più utile allora risulta essere una definizione operazionale che ne descriva la costituzione e il comportamento.

Def. 12 *Definiamo logicamente il* SISTEMA *come l'unione di più enti. Altresì,*

Elementi di Fisica Tecnica.
By Giulio Malinverno.
Copyright © 2016 .

definiamo AMBIENTE *ciò che sta all'esterno del sistema.*

Dal punto di vista operazionale possiamo definire un sistema attraverso le seguenti quantità:

- Tipo e quantità dei costituenti, introducendo un vettore $\vec{n} = \{n_1 \dots n_r\}$ detto VETTORE DEI COSTITUENTI, dove n_i rappresenta la mole dell'i-esimo componente ed r è il numero complessivo di componenti.

- Forze presenti, che possono essere esterne (forze esercitate dall'ambiente sul sistema) oppure interne (forze esercitate da una parte del sistema sul sistema stesso). Poiché una descrizione minuziosa di tutte le forze va oltre le capacità descrittive di cui disponiamo, ci occuperemo per quanto riguarda le forze esterne solo di quelle esprimibili tramite uno scalare, introducendo così il VETTORE DEI PARAMETRI FORZA: $\vec{\beta} = \{\beta_1 \dots \beta_s\}$ dove β_i è lo scalare rappresentante l'azione dell'i-esima forza. In particolare indichiamo con β_1 lo scalare descrivente l'azione delle pareti, ovvero il volume.

- VINCOLI DI SISTEMA: sono le condizioni al contorno e sul contorno del sistema.

Un altro concetto primitivo che ci interesserà è quello di STATO del sistema, ovvero la condizione in cui si trova il sistema. Per definirlo in via operazionale dobbiamo introdurre i seguenti concetti derivati.

Def. 13 *Definiamo* GRANDEZZA FISICA *una qualsiasi grandezza misurabile.*

All'interno delle grandezze fisiche possiamo distinguere le PROPRIETÀ, ovvero grandezze fisiche la cui misura in un certo istante non dipende dalle eventuali misure effettuate precedentemente. Si noti che la misura può essere diretta (effettuata con adeguati strumenti), oppure indiretta (ovvero facendo ricorso a definizione matematiche, leggi fisiche, passaggi al limite, ...). Esempi di proprietà sono la posizione e la velocità, mentre non può essere definita come proprietà ad esempio la distanza percorsa.
Possiamo allora dire che:

Def. 14 *sono proprietà quelle grandezze fisiche la cui misura dipende solamente dalla stato del sistema.*

In linea di principio le proprietà sono infinite, ma linearmente indipendenti solo in numero finito. In base a quest'osservazione, possiamo allora enunciare il:

Def. 15 PRINCIPIO DI STATO GENERALIZZATO, *per ogni sistema è sempre possibile individuare un insieme di proprietà indipendenti p_i tali per cui il vettore proprietà $\vec{p} = \{p_1 \ldots p_n\}$ funga da base per ogni altra proprietà.*

Uno stato viene allora individuato in maniera univoca tramite il vettore proprietà. Si tenga conto che per uno stato si possono scrivere più basi, ma a una base corrisponde uno e un unico stato.

É cognizione comune che lo stato di un sistema possa variare nel tempo: in tal caso si dice che il sistema subisce un PROCESSO. Anche sistemi isolati (ovvero senza collegamenti con l'ambiente) possono subire processi, causati da moti interni e indipendenti quindi da cause esterne (DINAMICA INTERNA). Si parla allora di PROCESSI SPONTANEI P_s. Un altro tipo di processo è quello MECCANICO, o P_m.

Def. 16 *Due processi α e β si dicono* EQUIVALENTI *se, indipendentemente dagli stati assunti durante il processo, hanno lo stesso effetto finale nei confronti del mondo esterno (ambiente) partendo dallo stesso stato iniziale (P_e).*

Def. 17 *Un processo α si dice* REVERSIBILE *o P_r se e solo se esiste almeno un altro processo β tale per cui $\alpha + \beta = P_s$ ovvero esiste almeno un altro processo che riporti il sistema nello stato iniziale.*

Spostiamo ora l'attenzione su ciò che delimita il sistema e su cosa esso possa far passare.

Def. 18 *Un sistema di dice* ISOLATO *se il suo contorno è estremamente vincolato e tale da bloccare qualsiasi interazione e flusso fra l'ambiente e il sistema.*

Possiamo stabile una corrispondenza tra la tipologia della parete di contorno e le entità scambiate/bloccate:

Entità di controllo	Tipologia della parete
Massa	Porosa/impermeabile
Volume	Mobile/fissa
Energia non meccanica	Non adiabatica/adiabatica

Def. 19 *Definiamo* SISTEMA SEMPLICE *un sistema soggetto a un'unica forza costituita dalle reazioni delle pareti.*

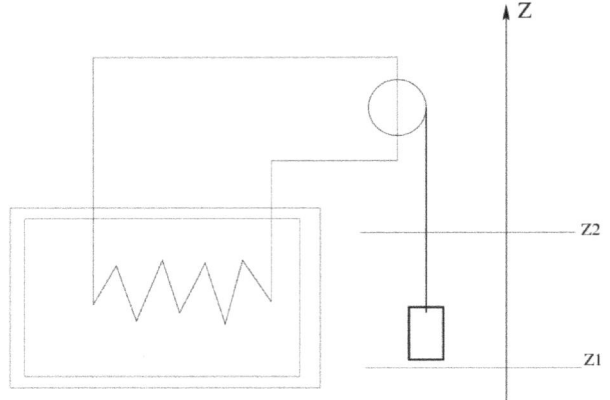

Figura 1.1: Scambio energetico

1.2 Primo principio

Supponiamo di immergere una resistenza elettrica nella sostanza contenuta in un contenitore le cui pareti possono essere assunte come adiabatiche, fisse e impermeabili (figura 1.1). Alimentiamo la resistenza con una dinamo azionata da un peso che sposta la propria quota da Z_1 a Z_2. Allo spostamento del peso è associato un lavoro che viene assorbito, attraverso il circuito elettrico, dalla sostanza. Poiché appunto il sistema assorbe energia, avrà modificato il proprio stato, cambiando posizione nello SPAZIO DELLE FASI.

Modifichiamo ora l'esperimento sostituendo alla resistenza un'elica che viene messa in rotazione attraverso la caduta del grave (vedi figura 1.2). Notiamo che se partissimo dalla stessa situazione iniziale arriveremmo alla stesso stato finale, qualora il peso passasse ancora da Z_1 a Z_2. In base a tali esperimenti JOULE e MAYER introdussero il concetto di ENERGIA INTERNA. Possiamo allora enunciare il:

Principio 1 PRIMO PRINCIPIO DELLA TERMODINAMICA: *in un sistema semplice, caratterizzato dunque da un solo parametro (il volume), in condizioni adiabatiche:*

   - *Fissati due stati qualsiasi esiste sempre un processo meccanico che li colleghi, ovvero lo spazio delle fasi è connesso;*

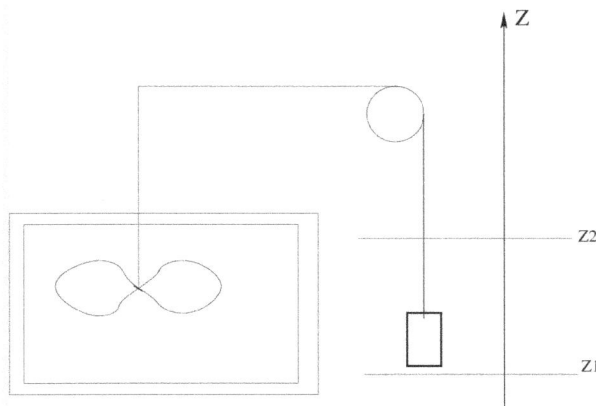

Figura 1.2: Scambio energetico (2)

- *Il lavoro compiuto dipende solamente dagli stati iniziale e finale.*

Poiché il lavoro dipende solamente dagli stati iniziale e finale ma non dal percorso compiuto, possiamo affermare l'esistenza di una proprietà conservativa, l'ENERGIA. A seconda di cosa riterremo positivo, avremo notazioni differenti:

- consideriamo positivo il lavoro entrante nel sistema, $E_2 = E1 + L_{12}^{A\leftarrow}$

- consideriamo positivo il lavoro uscente dal sistema, $E_2 = E1 + L_{12}^{A\rightarrow}$

Calcoliamo il lavoro nel caso dell'esperimento visto sopra. Il lavoro compiuto dal sistema sarà allora $L_{12}^{A\rightarrow} = mg(Z_2 - Z_1)$ essendo $Z_2 > Z_1$ e l'accelerazione di gravità rivolta verso il basso.
In un sistema semplice l'energia coincide con l'energia interna: $E = U$, da cui:

$$\Delta U = U_2 - U_1 = -mg(Z_2 - Z_1) \tag{1.1}$$

Dal punto di vista della meccanica statistica, l'energia interna è data dalla somma dell'energia cinetica e dell'energia potenziale delle singole molecole.
La relazione non definisce però un'energia assoluta ma una differenza di energia

fra due stati. Si può allora prendere un livello arbitrario di riferimento E_0[1]:

$$E_2 = E_0 - mg(Z_2 - Z_1)$$
$$U_2 = U_0 - mg(Z_2 - Z_1)$$

(1.2)

1.3   Stati d'equilibrio

Consideriamo un sistema A isolato nello stato A_1. Quest'ultimo può essere sostanzialmente di due tipi:

- Invariabile nel tempo, ovvero STATO DI EQUILIBRIO;

- Variabile nel tempo, ovvero STATO DI INSTABILITÀ O DI NON EQUILIBRIO.

In modo più rigoroso possiamo caratterizzare lo stato d'equilibrio anche in base alla sua stabilità. In particolare,

Def. 20 *Definiamo* STATO D'EQUILIBRIO STABILE *o* SES *uno stato che non può essere modificato senza lasciar traccia nell'ambiente;*

Def. 21 *Definiamo* STATO D'EQUILIBRIO INSTABILE *o* SEI *uno stato che, pur non lasciando traccia nell'ambiente, sotto l'azione di perturbazioni di ampiezza infinitesima può cambiare stato d'equilibrio giungendo a uno completamente differente da quello iniziale (per quanto compatibile con i vincoli, l'energia interna e i componenti del sistema stesso).*

Def. 22 *Definiamo* STATO D'EQUILIBRIO METASTABILE *o* SMS *uno stato che sotto l'azione di una perturbazione macroscopica, cambia senza lasciar traccia nel mondo esterno.*

L'esistenza di stati d'equilibrio stabile è attestata dall'esperienza.

1.4   Secondo principio

Consideriamo due recipienti, di cui uno contenuto nell'altro. Sia A un sistema isolato costituito da un gas contenuto nel recipiente minore di volume v (ovvero $\beta = \{v\}$) nello stato A_1. Sia V il volume del recipiente maggiore.

Figura 1.3: Diffusione

Supponiamo di eliminare istantaneamente i contorni di v: il gas sarà allora libero di espandersi nel volume V. Alla fine il gas raggiungerà lo stato A_2 tale per cui il sistema non subirà ulteriori cambiamenti (vedi figura 1.3). Lo stato A_2 è allora uno SES.
Si noti che cambiando la posizione iniziale di v all'interno di V, senza però modificare i loro valori, nè l'energia ne i loro componenti, ripetendo l'esperimento si giungerebbe sempre allo stesso stato A_2. Per ottenere uno stato finale differente si devono modificare $\vec{n}$, $\vec{\beta}$ o U.
Possiamo allora enunciare il

Principio 2 SECONDO PRINCIPIO DELLA TERMODINAMICA: *fissati il vettore costituenti, il vettore parametri delle forze e l'energia, esiste uno e un solo stato di equilibrio stabile.*

$$\boxed{\forall \left\{ \vec{n}, \vec{\beta}, E \right\} \Rightarrow \exists! : \text{SES}} \tag{1.3}$$

Si noti che lo stato di equilibrio stabile non è necessariamente quello a energia minore, poiché ad ogni valore di energia corrisponde un proprio SES. Da questo principio discendono 3 teoremi:

Teorema 1 *Non esistono processi spontanei che portino da uno stato d'equilibrio stabile a uno stato di non equilibrio.*

$$\boxed{\not\exists P_s : \text{SES} \rightarrow \text{SNE}} \tag{1.4}$$

Dimostrazione: un processo spontaneo è un processo tale per cui non lascia alcuna traccia, ma, dalla definizione stessa di SES, esso non può essere modificato senza che ce ne sia una traccia.

---

[1]Si noti che a differenza di un punto di vista macroscopico, in cui tale energia di riferimento è arbitraria, per la meccanica statistica U_0 è determinabile in maniera univoca.

Teorema 2 *Il processo spontaneo da uno stato di non equilibrio a uno stato di equilibrio stabile è un processo irreversibile.*

$$\boxed{P_s : \mathrm{SNE} \to \mathrm{SES} = P_i} \tag{1.5}$$

Dimostriamo questo teorema per assurdo. Supponiamo che tale processo spontaneo sia reversibile. Esiste, per definizione di processo reversibile, un altro processo spontaneo che ci riporterà allora dallo SES allo SNE. Ciò però viola il primo teorema e dunque il processo che porta da uno stato di non equilibrio a uno di equilibrio stabile è irreversibile.

Def. 23 *Possiamo introdurre il* PROCESSO DI RILASSAMENTO $P_{s,ril}$: *se il sistema A è in uno SNE esso si sposterà spontaneamente in uno SES.*

Teorema 3 *Consideriamo un sistema semplice A nello stato SES $A_1\{n_1, \beta_1, U_1\}$. Non esiste allora un processo meccanico che porti il sistema in uno SES di energia minore[2] mantenendo fissi i costituenti n e i parametri β*

$$\boxed{\not\exists\,(P_m)\,|_{n,\beta} :\Rightarrow \mathrm{SES}(U_1) \to \mathrm{SES}(U_2 < U_1)} \tag{1.6}$$

Dimostrazione: consideriamo lo stato SES A_1 di energia U_1. Attraverso un processo meccanico a parametri e componenti fissati ci spostiamo in uno stato SES A_2 di energia maggiore. Il lavoro compiuto sarà $L_{12}^{A\to} = (U_1 - U_2)_{P_m}^{A}$. Inventiamo ora un processo meccanico che ci porti dallo stato stabile A_2 allo stato A_3 che sia instabile e di energia pari a U_1. Ciò non viola nessun precedente teorema. Poiché A_3 è uno SNE, si porterà autonomamente per rilassamento nello stato A_1. Avremo quindi i processi:

$$P_{m,12} \quad A_1 \to A_2$$
$$P_{m,23} \quad A_2 \to A_3$$
$$P_{s,31} \quad A_3 \to A_1$$

Poiché l'ultimo processo è spontaneo, il mondo esterno avvertirà solamente i primi due processi, quelli meccanici. Tuttavia, essendo A_3 indistinguibile al mondo esterno rispetto A1, per il mondo esterno $P_{m,12}$ e $P_{m,23}$ sono equivalenti a un unico processo spontaneo. Ma ciò significa allora avere un processo spontaneo

---

[2]nulla vieta che esista un processo meccanico che porti il sistema ad uno stato di equilibrio stabile di energia superiore

che ci porta da uno SES a uno SNE (A_3): tale assunto viola il primo teorema.
La dimostrazione di questo teorema equivale all'enunciato di KELVIN del II principio, ovvero che non è possibile sottrarre energia da un corpo caldo trasformandola integralmente in calore.

1.5 Disponibilità adiabatica

La conseguenza principale del terzo teorema allora è che, indipendentemente da quanta energia interna si ha a disposizione, nessuna sua frazione è trasformabile in lavoro se il sistema è in uno stato di equilibrio stabile (si ricordi che l'energia meccanica è la capacità di compiere lavoro). Se dunque l'energia interna non è atta a compiere lavoro, dovremo introdurre un'altra grandezza, omogenea al lavoro, che ci dia un'indicazione sulle capacità riduttive del sistema. Si ricordi che l'energia interna è definita per ciascun tipo di sistema.
Consideriamo un generico sistema A nello stato $A_1\{n_1, \beta_1, U_1\}$. Se questo è uno SES, nessuna frazione di U_1 sarà trasformabile in lavoro, $L_{12}^{A\rightarrow} = 0$. Supponiamo allora che A_1 sia uno SNE. Da esso potremo spostarci in altri ∞ stati attraverso processi meccanici.
Siccome tali stati rappresentano un sistema infinito ma numerabile possiamo ordinarli in base al lavoro che forniranno. Ricerchiamo allora il lavoro massimo:

$$L_{max} = \text{MAX}\{L_{12}, L_{13}, \ldots\} \triangleq (L_{10})_{P_{m,r}} \tag{1.7}$$

Si scopre che il lavoro massimo è quello che si ottiene attraverso un processo meccanico reversibile che porti il sistema nello stato d'equilibrio stabile A_0. Si può dimostrare che tale stato è univocamente determinato una volta fissato lo stato iniziale A_1, $\forall A_1 \exists! A_0$ corrispondente a un $(L_{10})_{P_{m,r}}$.

Def. 24 *Definiamo questa quantità come* DISPONIBILITÀ ADIABATICA.

$$\boxed{\Psi_1 \triangleq (L_{10}^{\rightarrow})_{P_{m,r}}} \tag{1.8}$$

Si ricordi che il lavoro è qui indipendente dalla modalità con cui il processo si svolge.
La disponibilità Ψ_1 è una grandezza caratterizzata dall'essere:

- Una proprietà;

- Semidefinita positiva ($\Psi \geq 0$, nulla solo quando A_1 è uno SES);

- Non conservativa.

Prendiamo infatti due stati A_1 e A_2 e colleghiamoli con un processo meccanico. Il lavoro che otterremo sarà:

$$L_{\overrightarrow{12}} = (U_1 - U_2)_{P_{m,12}} \leq (\Psi_1 - \Psi_2) \qquad (1.9)$$

L'uguaglianza vale solamente se il processo meccanico è reversibile. Supponiamo che il nostro processo sia tale per cui il lavoro sia nullo, ovvero un processo spontaneo:

$$L_{\overrightarrow{12}} = 0 \rightarrow (U_1 - U_2)_{P_{m,12}} = 0 \rightarrow (\Psi_1 - \Psi_2) > 0 \rightarrow \Psi_2 < \Psi_1 \qquad (1.10)$$

Sebbene l'energia si conservi, la disponibilità adiabatica si consuma. Quando allora il sistema giunge nello SES univocamente determinato dalle condizioni iniziali, il suo bagaglio energetico si è mantenuto inalterato (essendo un processo spontaneo) ma ha perso tutta la sua capacità di compiere lavoro.

1.6 Energia disponibile

Per quanto sia utile nel descrivere la capacità di un sistema a compiere lavoro, la disponibilità adiabatica tuttavia presenta degli aspetti negativi dal punto di vista dell'applicabilità operativa.

Consideriamo due sistemi A e B rispettivamente negli stati A_1 e B_1 tali da essere SES, ovvero a disponibilità adiabatica nulla. Consideriamo allora il sistema C dato dall'unione dei precedenti, $C = A \cup B$. Esso si troverà nello C_1 che non sarà necessariamente uno SES. La condizione che A_1 e B_1 siano SES à una condizione NECESSARIA ma SUFFICIENTE affinché C_1 sia uno SES.

Supponiamo allora che tale stato sia di non equilibrio. Poiché l'energia è una proprietà additiva, $E_C = E_A + E_B$, mentre $\Psi_C \neq 0$, ovvero $\Psi_C \neq (\Psi_a + \Psi_B) = (0 + 0) = 0$.

La disponibilità adiabatica non è allora una proprietà additiva, pur essendo estensiva.

Dobbiamo trovare allora un'altra grandezza che ci dia le stesse informazioni della disponibilità adiabatica ma che sia additiva. Per ottenere ciò dobbiamo introdurre nuove definizioni e grandezze.

Dato un sistema C frutto dell'unione di due sistemi A e B, diciamo che:

Def. 25 $A_1(SES)$ e $B_1(SES)$ sono STATI DI MUTUO EQUILIBRIO *(SME) se e solo se C_1 risulta anch'esso di equilibrio stabile.*

$$\boxed{(A_1(SES), B_1(SES)) \text{ SME} \iff C_1(SES)}$$ (1.11)

Def. 26 *Definiamo inoltre il sistema R detto* SERBATOIO *come un sistema vincolato ad evolvere attraverso stati di equilibrio stabili, ovvero l'insieme degli stati accessibili a questo sistema è limitato al sottoinsieme degli SES.*

Sia R nello stato R_0. Costruiamo un clone di questo serbatoio, R' nello stato R_0'. Siano ora R_0 e R_0' stati di mutuo equilibrio. Isoliamo per il momento R'. Agiamo su R in modo da portarlo via via allo stato R_n, a parametri e costituenti fissati:

$$R_0 \to R_1 \to \ldots \to R_{n-1} \to R_n$$ (1.12)

Ricordiamoci che per definizione di serbatoio tutti gli stati in cui si trova R sono di equilibrio stabile.
Riprendiamo R'. Si trova che

$$(R_0, R_0')SME; (R_1, R_0')SME; \ldots (R_{n-1}, R_0')SME; (R_n, R_0')SME;$$ (1.13)

Consideriamo allora il sistema C nello stato C_1 qualsiasi, con energia E_C e disponibilità Φ_C, costituito dall'unione di due sistemi A e R, negli stati A_1 e R_1, rispettivamente di energie E_A e E_R. Per definizione, $\Psi_{C_1} = (L_{10}^{C \to})_{P_{m,r}} = (L_{10}^{A \cup R \to})_{P_{m,r}}$.

Def. 27 *Definiamo allora l'*ENERGIA DISPONIBILE $\Omega_1^R = \Psi_1^{AR}$ *del sistema A la disponibilità adiabatica del sistema $C = A \cup R$ portato dallo stato C_1 allo stato C_0.*

Poiché questa energia è una disponibilità adiabatica, risulta anche essere estensiva e semidefinita positiva.
Consideriamo due stati $C_1(E_1, \Psi_1^C, \Omega_1^R)$ e $C_2(E_2, \Psi_2^C, \Omega_2^R)$. Colleghiamo tali stati con un processo meccanico P_m. Sia L_{12} il lavoro relativo a tale processo.
Per quanto abbiamo visto:

$$(L_{12}^{C \to})_{P_m} \leq \Omega_1^R - \Omega_2^R \equiv \Psi_1^C - \Psi_2^C$$
$$\downarrow$$
$$(E_1 - E_2)_{p_m}^C \leq \Omega_1^R - \Omega_2^R$$ (1.14)
$$\downarrow$$
$$(E_1 - E_2)_{p_m}^A + (E_1 - E_2)_{p_m}^R \leq \Omega_1^R - \Omega_2^R$$

Supponiamo che il processo meccanico sia tale per cui $(E_1 - E_2)_{p_m}^R = 0$. In tal caso otterremo:

$$(E_1 - E_2)_{p_m}^A \leq \Omega_1^R - \Omega_2^R \tag{1.15}$$

Come detto sopra, se il processo è reversibile vale il segno di uguaglianza, altrimenti vale il minore stretto. Supponiamo che il processo sia tale anche da non provocare variazioni energetiche nel sistema A: $(E_1 - E_2)_{p_m}^A = 0$, ovvero che il processo meccanico sia spontaneo. Avremo $\Omega_1^R \geq \Omega_2^R$.

Ovvero l'energia disponibile è anch'essa non conservativa, eccetto che nei processi reversibili. Per processi generici avremo dunque $\Omega_1^R > \Omega_2^R$.

La principale differenza che distingue l'energia disponibile dalla disponibilità adiabatica è che la prima risulta essere additiva. Vale infatti il teorema:

Teorema 4 *presi due sistemi A e B, dotati di energie disponibili in riferimento allo stesso serbatoio R, $\Omega_{A_1}^R$ e $\Omega_{B_1}^R$, se $C = A \cup B$, avremo:*

$$\Omega_{C_1}^R = \Omega_{A_1}^R + \Omega_{B_1}^R \tag{1.16}$$

1.7 Entropia

Per quanto Ω presenti la proprietà additiva, presenta anch'essa alcuni aspetti negativi, costituiti dal fatto di dover dipendere dalla scelta del serbatoio R di riferimento. Consideriamo infatti un serbatoio R e un generico sistema A. Prendiamo i due stati $A_1(E_1, \Psi_1^A, \Omega_1^R)$ e $A_2(E_2, \Psi_2^A, \Omega_2^R)$.

Consideriamo la differenza fra le energie ΔE e $\Delta \Omega^R$. Introduciamo la costante C_R, dimensionale, definita positiva e dipendente dalla scelta del serbatoio.

Def. 28 *Definiamo* ENTROPIA *allora la seguente grandezza:*

$$S_1 - S_2 \triangleq \frac{(E_1^A - E_2^A) - (\Omega_1^{AR} - \Omega_2^{AR})}{C_R} \tag{1.17}$$

Notiamo che essa risulta essere:

- una grandezza non conservativa;

- una grandezza additiva;

- benché i suoi elementi dipendano dalla scelta di R, la loro combinazione che dà luogo alla variazione di entropia risulta indipendente dalla scelta di R;

- è stata definita attraverso processi meccanici, eliminando così ogni riferimento alla meccanica statistica, al disordine e alla probabilità;

- in quanto riferita a un processo meccanico, essa è misurabile.

Considerando un sistema isolato termicamente, attraverso un processo meccanico si avrà:

$$(S_1 - S_2)_{\text{IS. TERM.}} \leq 0 \tag{1.18}$$

ovvero

Principio 3 PRINCIPIO DI NON DECRESCITA DELL'ENTROPIA

$$(S_2 \geq S_1)_{\text{IS. TERM.}} \tag{1.19}$$

Teorema 5 *Tra tutti gli stati caratterizzati da un ugual valore di energia, lo stato di equilibrio stabile (che è unico in base al II principio) è lo stato caratterizzato dal massimo valore di entropia.*

Dimostrazione: sia A_0 lo stato di equilibrio stabile del sistema isolato A, caratterizzato da $\{E, \vec{n}, \vec{\beta}\}$, con entropia S_0. Sia A_1 un ulteriore stato di A, compatibile con l'energia e i vincoli, di entropia S_1. Ora, A_1 può essere uno SES o uno SNE. Non potrà essere uno SES perché in base al secondo principio, tale stato è unico una volta determinati i parametri e abbiamo identificato con A0 tale stato. Supponiamo dunque che A_1 sia uno SNE. Supponiamo per assurdo che S_1 sia maggiore di S_0. Per quanto riguarda gli altri parametri supponiamo che siano uguali in entrambi gli stati. Se colleghiamo A0 con A_1 l'entropia crescerà e ciò non viola nessun teorema. Tuttavia, poiché A è isolato, tale processo deve essere spontaneo. Ma ciò implica che esiste un processo spontaneo che collega un SES con uno SNE: si ha una violazione del primo teorema del secondo principio. Si dimostra allora l'assurdità dell'assunto che l'entropia sia maggiore in uno stato che non sia SES.

Teorema 6 *Gli stati di equilibrio stabile sono caratterizzati oltre che dall'unicità e dalla massimizzazione dell'entropia, dall'avere il minimo valore di energia.*

Consideriamo ora due stati A_1 e A_2. Colleghiamoli con un processo. Poiché S è additiva, essa potrà venir scambiata tra sistema e ambiente. Sia S_e l'entropia netta scambiata durante il processo da A_1 a A_2. Si noti che questo valore, a differenza dell'energia, non dipende solamente dagli stati iniziale e finale ma anche dal percorso effettuato.

Scriviamo allora l'equazione di bilancio:

$$S_2 - S_1 = S_e^{\leftarrow} + S_i \qquad (1.20)$$

dove si è indicato con $S_i \triangleq (S_2 - S_1)_{isolato}$ la variazione di entropia per un analogo processo isolato. Si noti che per quanto detto sopra tale valore sarà sempre ≥ 0 (semidefinita positiva). É la differenza di entropia che si viene a creare in un sistema isolato quando subisce un processo non reversibile e rappresenta allora un termine di GENERAZIONE DI ENTROPIA. Tale termine deve essere introdotto in quanto l'entropia non è una grandezza conservativa.

1.8   Relazione fondamentale

Concentriamoci ora sugli stati di equilibrio. Il secondo principio dice che una volta fissati i costituenti, l'energia e i vincoli, lo stato di equilibrio stabile esiste ed è unico. Ovvero, il secondo principio funge da base per lo spazio degli stati di equilibrio stabile.

Detta P una generica proprietà, allora potremo sempre descriverla come:

$$P = P(E, \vec{\beta}, \vec{n}) = \text{IN UN SISTEMA SEMPLICE} = P(U, V, \vec{n}) \qquad (1.21)$$

(se i componenti sono r, la base sarà costituita da r+2 gradi di libertà) Applicando questo all'entropia:

$$S = S(U, V, \vec{n}) \qquad (1.22)$$

Questa prende il nome di RELAZIONE FONDAMENTALE IN FORMA ENTROPICA. Stiamo cioè esprimendo una proprietà in funzione delle proprietà fondamentali indipendenti: questa relazione è detta però fondamentale in quanto descrive tutta la fisica del sistema in esame, qualora questo si trovi nello SES. Perciò tutte le informazioni di carattere dinamico sono escluse da tale relazione. L'equivalente meccanico è la lagrangiana, con la differenza che quest'ultima descrive tutta la dinamica.

Teorema 7 *l'insieme dei punti in cui essa non è derivabile con continuità due ha potenza minore dell'insieme dei punti in cui essa è C^2.*

Teorema 8

$$\frac{\partial S}{\partial U} \geq 0 \qquad (1.23)$$

Principio 4 *Terzo principio:* [3]

$$\lim_{\frac{\partial S}{\partial U} \to 0} S(U, V, \vec{n}) = 0 \tag{1.24}$$

Questo principio/teorema ci permette di fissare un valore assoluto di riferimento per S. I primi due teoremi, invece, in base al teorema di DINI , ci permettono di invertire la funzione e ottenere la RELAZIONE FONDAMENTALE IN FORMA ENERGETICA:

$$U = U(S, V, \vec{n}) \tag{1.25}$$

Abbiamo così ottenuto una nuova base questa volta formata da S, V e dai costituenti n. Si noti che la dimensione di questa base è sempre r+2.

1.9 Potenziali chimici

Sempre grazie al teorema di Dini, possiamo differenziare quest'ultima forma della relazione fondamentale, in quanto analogamente ad S, $U \in C^2(S, V, \vec{n})$. Otterremo allora r+2 derivate parziali:

$$dU = \frac{\partial U}{\partial S} dS + \frac{\partial U}{\partial V} dV + \sum_{i=1}^{r} \frac{\partial U}{\partial n_i} dn_i \tag{1.26}$$

Possiamo dare un nome alle varie derivate:

Def. 29 TEMPERATURA

$$T = f(S, V, \vec{n}) \triangleq \frac{\partial U}{\partial S} dS \tag{1.27}$$

Def. 30 PRESSIONE

$$p = f(S, V, \vec{n}) \triangleq -\frac{\partial U}{\partial V} dV \tag{1.28}$$

Def. 31 POTENZIALE CHIMICO

$$\mu_i = f(S, V, \vec{n}) \triangleq \frac{\partial U}{\partial n_i} dS \tag{1.29}$$

---

[3]É qui definito *principio* in quanto non è dimostrabile nell'ambito della termodinamica classica, mentre in realtà può essere considerato un teorema nell'ambito della termodinamica statistica.

Benchè U,S, V ed n siano definiti per ogni tipo di stato, queste quantità sono definite sono per lo SES, essendo la relazione fondamentale definita solo per questo particolare stato. Riprendendo allora il terzo principio, per quanto abbiamo visto:

$$\lim_{\frac{\partial S}{\partial U} \to 0} S(U, V, \vec{n}) = \lim_{T \to 0} S(U, V, \vec{n}) = 0 \qquad (1.30)$$

ovvero l'entropia di un sistema in uno stato d'equilibrio stabile tende ad azzerarsi al tendere di T a zero.

Sebbene si pensi comunemente il contrario, raggiungere T=0 non è impossibile. Ciò che è realmente impossibile è raggiungere tale temperatura con un processo isoentropico: in linea di principio è allora possibile, almeno in linea di principio, raggiungere T=0 con un processo non-isoentropico.

L'ENUNCIATO DI NERST (1907) costituisce una forma semplificata del III principio (la cui forma è di PLANCK):

Teorema 9 *se ci avviciniamo a T=0 con processi isotermici, al variazioni di entropia e l'entropia stessa tendono ad annullarsi, ovvero i processi isotermici con $T \to 0$ tendono a diventare isoentropici.*

Riprendendo l'espressione del differenziale di U e sostituendo le varie definizioni otteniamo:

$$dU = TdS - pdV + \sum_{i=1}^{r} \mu_i dn_i \qquad (1.31)$$

che è la RELAZIONE FONDAMENTALE IN FORMA ENERGETICA LOCALE.

Possiamo ora ricercare il differenziale dell'entropia attraverso la differenziazione della relazione fondamentale in forma entropica:

$$dS = \frac{\partial S}{\partial U} dU + \frac{\partial S}{\partial V} dV + \sum_{i=1}^{r} \frac{\partial S}{\partial n_i} dn_i \qquad (1.32)$$

Sfruttando la relazione matematica sulle derivate di una funzione implicita, ovvero che se abbiamo $z = z(x, y)$ vale:

$$\frac{\partial z}{\partial x} \cdot \frac{\partial z}{\partial y} \cdot \frac{\partial x}{\partial y} = -1 \qquad (1.33)$$

potremo scrivere:

$$\frac{\partial S}{\partial U} = \frac{1}{T};$$

$$\frac{\partial S}{\partial V} = -\frac{\partial S}{\partial U} \cdot \frac{\partial U}{\partial V} = \frac{p}{T};$$

$$\frac{\partial S}{\partial n_i} = -\frac{\partial S}{\partial U} \cdot \frac{\partial U}{\partial n_i} = -\frac{\mu_i}{T};$$

che sostituiti nell'espressione differenziale danno luogo alla RELAZIONE FONDA-MENTALE IN FORMA ENTROPICA LOCALE:

$$dS = \frac{1}{T}dU + \frac{p}{T}dV + \sum_{i=1}^{r} -\frac{\mu_i}{T}dn_i \tag{1.34}$$

Vediamo ora dei criteri operativi per riconoscere gli stati di equilibrio stabile. In base all'ultima definizione, possiamo ricercare il massimo dell'entropia a energia costante oppure il minimo dell'energia a entropia costante, sempre nel rispetto dei vincoli costitutivi. Tuttavia, poichè lo SES è unico, dobbiamo introdurre un grado di libertà per poter confrontare stati differenti, sempre rispettosi e compatibili coi vincoli.

Consideriamo un sistema $C = A \cup B$, costituito da due sistemi semplice A e B, negli stati A_0 e B_0. Il sistema C sia nello stato C_0. Supponiamo che A_0 e B_0 siano SES. C_0 sarà uno SES se e solo se la sua entropia è maggiore di quella di qualunque altro stato compatibile:

$$S_0^C > S_i^C \tag{1.35}$$

Ciò si verifica quando A_0 e B_0 sono stati di mutuo equilibrio. Dobbiamo allora trovare uno stato C_1 on cui fare un confronto. Consideriamo uno spostamento nello spazio delle fasi compatibile coi vincoli e di ampiezza infinitesima, ovvero uno spostamento virtuale.

Definiamo la variazione di entropia

$$\Delta S_{01}^C \triangleq S_1^C - S_0^C \tag{1.36}$$

Avremo allora la seguente CONDIZIONE NECESSARIA E SUFFICIENTE:

$$\Delta S_{01}^{C} \geq 0 \Leftrightarrow \begin{cases} C_0 \text{SES} \\ \\ (A_0, B_0) \text{SME} \end{cases} \tag{1.37}$$

In corrispondenza di $\left(x_1^0, \ldots, x_n^0\right)$ la funzione S avrà allora la concavità rivolta

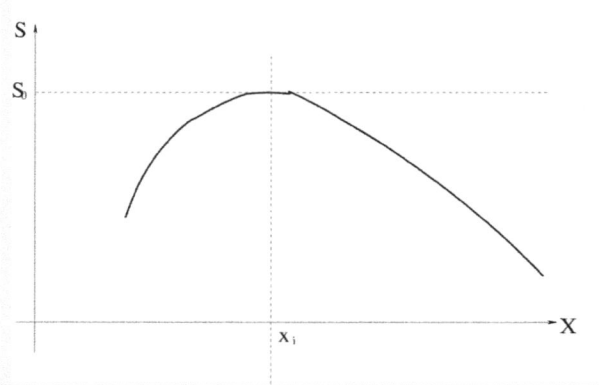

Figura 1.4: Relazione fondamentale

verso il basso (vedi figura 1.4).
Possiamo esprimere questa condizioni in termini matematici come:

$$\begin{cases} dS^C = 0 \\ \\ d^2 S^C < 0 \end{cases} \tag{1.38}$$

o comunque il primo differenziale non nullo deve essere negativo.
A questo sistema va associato quello sui vincoli interni al sistema stesso. Se questo fosse perfettamente isolato,

$$\begin{cases} U^C = \text{COSTANTE;} \\ V^C = \text{COSTANTE;} \\ \vec{n}^C = \text{COSTANTE;} \end{cases} \tag{1.39}$$

ricordandoci che se $C = A \cup B$,

$$\begin{cases} U^C = U^A + U^B; \\ V^C = V^A + V^B; \\ \vec{n}^C = \vec{n}^A + \vec{n}^B; \end{cases} \qquad (1.40)$$

Si tenga conto che la parte che divide i due sottosistemi A e B non deve essere contemporaneamente adiabatica e fissa e impermeabile, perché altrimenti non sarebbe possibile nessun spostamento virtuale nello spazio delle fasi e non potremmo quindi applicare questo metodo.

Ipotizziamo dunque che la parete divisoria ammetta almeno il passaggio di una quantità di controllo.

1.9.1 Temperatura

Nel caso in cui la parete divisoria sia fissa e impermeabile, permetta cioè il passaggio di energia non meccanica (PARETE DIATERMICA), i vincoli interni divengono allora:

$$\begin{cases} dV^C = dV^A = dV^B = 0; \\ dn_i^C = dn_i^A = dn_i^B = 0; \\ dU^A = -dU^B; \end{cases} \qquad (1.41)$$

avremo allora:

$$dS^C = dS^A + dS^B = \frac{1}{T_A} dU^A + \frac{1}{T_B} dU^B = \left(\frac{1}{T_A} - \frac{1}{T_B} \right) dU^A \qquad (1.42)$$

Applicando la prima condizione, la STAZIONARIETÀ DELL'ENTROPIA, otteniamo:

$$dS^C = 0 \rightarrow T_A = T_B \qquad (1.43)$$

in base all'arbitrarietà dello spostamento virtuale dU^A.

Se dunque accadesse una fluttuazione di temperatura nel sottosistema A, ci sarebbe un flusso energetico fra A e B atto a ristabilire l'uguaglianza della temperatura.

Si può dimostrare che se il sistema $C = A \cup B \cup Z$, allora vale la relazione:

$$(A_0, B_0, Z_0)\text{SME} \Leftrightarrow T_A = T_B = T_Z \qquad (1.44)$$

Si può dimostrare anche che

$$(A_0, B_0)\text{SME} \wedge (B_0, Z_0)\text{SME} \Rightarrow (Z_0, A_0)\text{SME} \qquad (1.45)$$

Principio Zero della Termodinamica

Si tenga allora conto che $T \triangleq \frac{\partial U}{\partial S} = T(S, V, \vec{n})$ può essere definita operativamente come quella proprietà che hanno in comune due o più sistemi in stato di mutuo equilibrio a massa e volume costante.

Poiché tale T si comporta come la temperatura tradizionalmente intesa[4], possiamo identificarla con questa. Si noti bene che la temperatura è definita in condizioni di equilibrio stabile e dunque in condizioni di non equilibrio non è definita.

Supponiamo che il sistema A sia un serbatoio R nello stato R_0 e B sia il suo clone R' nello stato R_0'. Se dunque (R_0, R_0') SME allora $T_0^R = T_0^{R'}$.

Supponiamo di far evolvere R facendolo giungere nello stato R_1, mantenendo costanti costituenti e volume. Si modificheranno perciò l'energia e l'entropia. Per definizione di serbatoio comunque avremo sempre che (R_1, R_0') SME. Da ciò allora si avrà, per quanto detto sopra, $T_1^R = T_0^{R'}$.

Def. 32 *Riorganizzando queste osservazioni possiamo dire che un serbatoio, a massa e volume costanti, è un sistema la cui temperatura T non varia ed è indipendente dalla scambio di energia e di entropia.*

Per il serbatoio la relazione fondamentale in forma locale sarà dunque:

$$dS^R = \frac{1}{T_R} dU^R \tag{1.46}$$

che integrata dallo stato 0 allo stato 1 diviene:

$$(S_1^R - S_0^R) = \frac{1}{T_R}(U_1^R - U_0^R) \tag{1.47}$$

Questa relazione è lineare e si può dimostrare che la costante C_R precedentemente introdotta nella definizione di entropia coincide proprio con la temperatura del serbatoio T_R.

Considerando la seconda condizione, $d^2S < 0$, per il generico sistema $C = A \cup B$, otteniamo:

$$d^2 S^C = d^2 S^A + d^2 S^B = \frac{\partial^2 S^A}{\partial U_A^2} dU_A^2 + \frac{\partial^2 S^B}{\partial U_B^2} dU_B^2 < 0 \tag{1.48}$$

---

[4]La *meccanica statistica* definisce la temperatura a livello di descrizione microscopica della materia in quanto T viene ad essere interpretata come indice dell'agitazione molecolare e dell'energia cinetica delle singole molecole. Allo *zero assoluto*, tutte le molecole sono completamente ferme e non c'è nessun movimento.

Siccome questa è una condizione debole sul sistema, dobbiamo trovare il modo di trasformarla in una condizione più forte in modo da verificarla per tutti i sistemi semplici. Supponiamo allora che B sia un serbatoio, mentre A un generico sistema. Avremo allora, sotto le precedenti ipotesi:

$$\frac{\partial^2 S^R}{\partial U_R^2} = \frac{\partial}{\partial U}\left(\frac{\partial S}{\partial U}\right)^R = \frac{\partial}{\partial U}\left(\frac{1}{T_R}\right)^R = 0 \tag{1.49}$$

Affinché sia verificata la condizione sulla derivata seconda, è necessario allora che

$$\frac{\partial^2 S^A}{\partial U_A^2} dU_A^2 < 0 \tag{1.50}$$

ovvero

$$\frac{\partial^2 S^A}{\partial U_A^2} < 0 \tag{1.51}$$

ovvero la funzione S(U) deve essere CONCAVA.
In base alla reciprocità che esiste fra S ed U

$$\frac{\partial^2 U^A}{\partial S_A^2} = -T^3 \frac{\partial^2 S^A}{\partial U_A^2} \tag{1.52}$$

avremo

$$\frac{\partial^2 U^A}{\partial S_A^2} > 0 \tag{1.53}$$

ovvero la funzione U(S) deve essere CONVESSA.

1.9.2 Pressione

Supponiamo ora invece che nel sistema $C = A\cup B$, A e B siano divisi da pareti che permettano il passaggio di energia e le variazioni di volume, ma che blocchino la massa (PARETI IMPERMEABILI). Valgono sempre le stesse condizioni per trovare lo SES C_0:

$$\begin{cases} dS^C = 0 \\ d^2 S^C < 0 \end{cases} \tag{1.54}$$

Il differenziale risulta allora essere:

$$dS^C = dS^A + dS^B = \frac{1}{T_A}dU_A + \frac{p_A}{T_A}dV_A + \frac{1}{T_B}dU_B + \frac{p_B}{T_B}dV_B = 0 \tag{1.55}$$

con vincoli interni:

$$\begin{cases} dU_C = dU_A + dU_B = 0; \\ dV_C = dV_A + dV_B = 0; \\ dn_{i,C} = dn_{i,A} + dn_{i,B} = 0; \end{cases} \qquad (1.56)$$

da cui si ottiene

$$\begin{cases} dU_A = -dU_B; \\ dV_A = -dV_B; \end{cases} \qquad (1.57)$$

L'equazione sulla derivata prima diviene allora:

$$dS^C = dS^A + dS^B = \left(\frac{1}{T_A} - \frac{1}{T_B} \right) dU_A + \left(\frac{p_A}{T_A} - \frac{p_B}{T_B} \right) dV_A \qquad (1.58)$$

Che per l'arbitrarietà degli spostamenti virtuali porta a:

$$\begin{cases} \left(\frac{1}{T_A} - \frac{1}{T_B} \right) = 0; \\ \left(\frac{p_A}{T_A} - \frac{p_B}{T_B} \right) \end{cases} \rightarrow \begin{cases} T_A = T_B; \\ p_A = p_B; \end{cases} \qquad (1.59)$$

Se dunque accadessero delle fluttuazioni di pressione in uno dei due sistemi, la parete avrebbe uno spostamento atto a riportare la condizione di uguaglianza fra le pressioni. Poiché questa proprietà p si comporta come la pressione tradizionalmente nota, possiamo identificarla con essa.

Def. 33 *Possiamo dire che $p \triangleq -\frac{\partial U}{\partial V}$ è la proprietà comune a due o più sistemi in stato di mutuo equilibrio a masse e temperatura costanti.*

Consideriamo il caso in cui la parete sia solamente mobile:

$$dS^C = dS^A + dS^B = \frac{p_A}{T_A} dV_A + \frac{p_B}{T_B} dV_B = \left(\frac{p_A}{T_A} - \frac{p_B}{T_B} \right) dV_A = 0 \quad (1.60)$$

Ora, la relazione può essere verificata in ∞ modi. Ciò non significa però che la teoria abbia una singolarità ma che il metodo della MASSIMIZZAZIONE DELL'ENTROPIA non è applicabile in quanto gli spostamenti virtuali qui presenti non danno luogo a variazioni entropiche. Dobbiamo allora applicare il metodo della MINIMIZZAZIONE DELL'ENERGIA:

$$\begin{cases} dU^C = 0 \\ d^2U^C > 0 \end{cases} \qquad (1.61)$$

da cui

$$dU_C = dU_A + dU_B = -p_A dV_A - p_B dV_B = -(p_A - p_B)dV_A = 0 \quad (1.62)$$

ovvero

$$p_A = p_B \quad (1.63)$$

Supponiamo che A e B siano entrambi dei serbatoi, di cui uno il clone dell'altro. Per il serbatoio a massa costante, T e p sono allora costanti:

$$dS_R = \frac{1}{T_R}dU^R + \frac{p_R}{T_R}dV_R \quad (1.64)$$

che integrata tra due stati porta a:

$$(S_1 - S_0)_R = \frac{1}{T_R}(U_1 - U_0)_R + \frac{p_R}{T_R}(V_1 - V_0)_R \quad (1.65)$$

Dal punto di vista matematico questa relazione, data la sua linearità, descrive un piano nello spazio a 3 dimensioni (U, V, S).
La condizione di concavità, nel caso di massa costante, supponendo che B sia un serbatoio, diviene la relazione in forma forte

$$d^2 S^A < 0 \quad (1.66)$$

Si ottiene allora la forma quadratica:

$$d^2 S = \frac{\partial^2 S}{\partial U^2}dU^2 + 2\frac{\partial^2 S}{\partial U \partial V}dU dV + \frac{\partial^2 S}{\partial V^2}dV^2 \quad (1.67)$$

Applicando gli strumenti dell'analisi matematica, ci si ritrova a studiare l'hessiano:

$$\begin{bmatrix} \frac{\partial^2 S}{\partial U^2} & \frac{\partial^2 S}{\partial U \partial V} \\ \frac{\partial^2 S}{\partial U \partial V} & \frac{\partial^2 S}{\partial V^2} \end{bmatrix} \quad (1.68)$$

Questo deve avere i minori principali dispari negativi mentre i minori principali pari devono essere positivi:

$$\begin{cases} \frac{\partial^2 S}{\partial U^2} < 0 \\ \frac{\partial^2 S}{\partial U^2} \cdot \frac{\partial^2 S}{\partial V^2} - \left(\frac{\partial^2 S}{\partial U \partial V}\right)^2 > 0 \end{cases} \quad (1.69)$$

da cui

$$
\begin{cases} \frac{\partial^2 S}{\partial U^2} < 0 \\ \frac{\partial^2 S}{\partial U^2} \cdot \frac{\partial^2 S}{\partial V^2} > \left(\frac{\partial^2 S}{\partial U \partial V} \right)^2 \end{cases} \Rightarrow \begin{cases} \frac{\partial^2 S}{\partial U^2} < 0 \\ \frac{\partial^2 S}{\partial U^2} \cdot \frac{\partial^2 S}{\partial V^2} > 0 \end{cases} \Rightarrow \begin{cases} \frac{\partial^2 S}{\partial U^2} < 0 \\ \frac{\partial^2 S}{\partial V^2} < 0 \end{cases} \tag{1.70}
$$

ovvero S è concava rispetto a V mentre U è convessa rispetto V.

1.9.3 potenziale chimico

Come ultimo caso, supponiamo che le pareti divisorie siano mobili, diatermiche e permeabili. La condizione di stazionarietà assume il suo aspetto completo:

$$
\begin{aligned}
dS^C = \quad & \frac{1}{T_A} dU_A + \frac{p_A}{T_A} dV_A \\
& + \sum_{i=1}^{r} \frac{\mu_{i,A}}{T_A} dn_{i,A} \\
+ \frac{1}{T_B} dU_B & + \frac{p_B}{T_B} dV_B + \sum_{i=1}^{r} \frac{\mu_{i,B}}{T_B} dn_{i,B}
\end{aligned} \tag{1.71}
$$

con vincoli interni:

$$
\begin{cases} dU_A = -dU_B; \\ dV_A = -dV_B; \\ dn_{i,A} = -dn_{i,B}; \end{cases} \tag{1.72}
$$

Per l'arbitrarietà degli spostamenti virtuali, otterremo:

$$
\begin{cases} T_A = T_B; \\ p_A = p_B; \\ \mu_{i,A} = \mu_{i,B}; \end{cases} \tag{1.73}
$$

Per induzione da quanto trovato precedentemente, possiamo dire:

Def. 34 *il* POTENZIALE CHIMICO $\mu_i \triangleq \frac{\partial U}{\partial n_i}$ *è la proprietà comune fra due o più sistemi in stato di mutuo equilibrio a volume ed energia costanti.*

Se dunque in un sistema accadessero delle fluttuazioni del potenziale chimico, ci produrrebbero spostamenti di massa atti a ristabilire l'equilibrio, ovvero la massa si disporrà in modo da annullare ogni disuniformità ad essa relativa.

1.10   Diagramma U-S

Generalizzando da tutte le osservazioni fatte,

- S è una funzione concava rispetto a tutte le variabili da cui dipende;

- U è una funzione convessa rispetto a tutte le variabili da cui dipende.

Da quanto detto sulle caratteristiche matematiche delle funzioni S ed U, possiamo passare alla geometrizzazione delle relazioni fondamentali. Lo spazio qui considerato sarà allora a r+3 dimensioni, essendo r+2 le dimensioni indipendenti ed una la variabile dipendente. Poiché la rappresentazione grafica di uno spazio è oltremodo difficoltosa, adotteremo il metodo standardizzato di proiettare la funzione su un IPERPIANO, ovvero su un piano a più dimensioni, caratterizzato dal possedere particolari vincoli, ad esempio n_i costante piuttosto che V fissato.

Utilizzando allora un iperpiano a r+1 dimensioni, potremo tracciare grafici a due

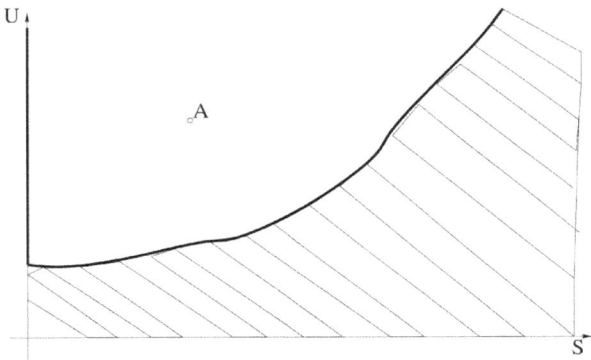

Figura 1.5: Diagramma US

dimensioni, ricordandoci sempre che è frutto di una proiezione. Possiamo allora considerare il DIAGRAMMA US (figura 1.5). Poiché $T = \frac{\partial S}{\partial U}$ e $\text{LIM}_{T \to 0} S = 0$, la curva possiede una tangente orizzontale nell'origine. Inoltre, per quando $S = 0$, $U \neq 0$[5].

---

[5]Questo residuo non è tuttavia calcolabile nell'ambito della termodinamica classica.

La curva rappresenta gli stati d'equilibrio stabile del sistema. Il tratteggio indica i punti che non potranno mai corrispondere a stati del sistema,

- poiché il principio di massima entropia dice che, a parità di energia, gli SES sono quelli ad entropia massima ergo i punti a destra della curva sono esclusi, in quanto hanno un'entropia maggiore dello SES.

- essendo S semidefinita positiva, anche i punti di ascissa negativa non potranno mai rappresentare stati del sistema.

Muovendoci su una retta verticale, ovvero isoentropicamente, otterremo gli stati descritti dalla meccanica classica. Si noti bene che tutti i punti della curva sono in corrispondenza biunivoca con gli stati di equilibrio stabile, mentre i generici punti all'interno dello spazio delimitato dalla curva e dall'asse delle ordinate rappresentano ciascuno un'infinita di SNE, essendo la proiezione puntuale di un insieme di potenza infinita di SNE.

1.11   Risoluzione grafica

Possiamo vedere graficamente come riassumere i teoremi energetici. Supponiamo di trovarci nello stato A_1 di energia U_1. Attraverso un processo meccanico, possiamo spostarci in altri punti, purché:

- $(S_2 - S_1)_{P_m} \geq 0$;

- $(U_2 - U_1) \leq 0$;

Quest'ultima condizione discende dal fatto che $L_{12}^{A\rightarrow} = U_1 - U_2$, e dunque, per ottenere lavoro dal sistema, U_1 deve essere maggiore di U_2. Graficamente, tali condizioni vengono rappresentate in figura 1.6 dove abbiamo indicato con l'area colorata la zona raggiungibile dal punto A_1 (dato dall'intersezione delle due rette).Graficamente si può notare che la massima variazione di energia occorre quando ci si sposta verticalmente, ovvero in un processo isoentropico (indichiamo con A_0 il punto in cui la retta verticale passante per A_1 interseca la curva degli SES):

$$L_{max} = (L_{10}^{\rightarrow})_{P_{m,r}} = \Psi_1 \tag{1.74}$$

Dal punto grafico possiamo determinare la disponibilità adiabatica di uno stato come la distanza misurata sulla verticale fra il punto descrivente lo stato e il punto in cui la retta verticale interseca la curva. Si noti, che avendo escluso i punti a

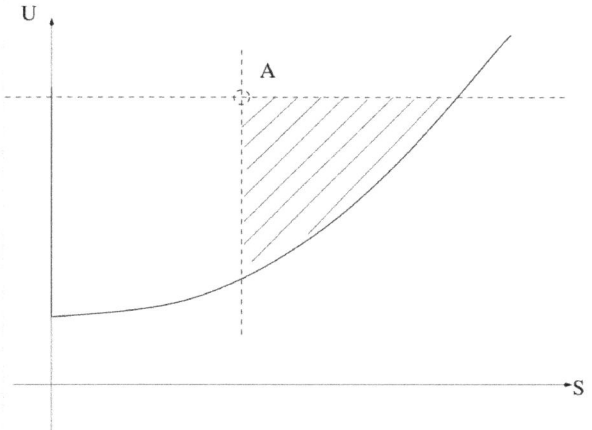

Figura 1.6: Energia e spostamenti nel diagramma US

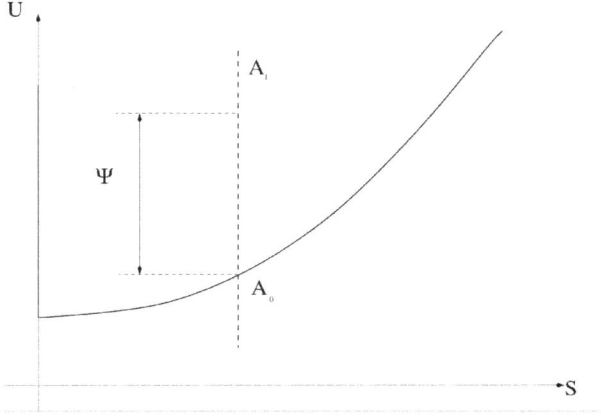

Figura 1.7: Ψ_1

destra della Ψ non può che essere positiva ($\Psi \geq 0$)(vedi figura 1.7).
Si può dimostrare graficamente anche la non conservazione di Ψ. Consideriamo
lo stato A_1 di non equilibrio con disponibilità Ψ_1. Siccome lo stato non è di equilibrio, si porterà per rilassamento in una serie di stati contigui isoenergetici finché
non raggiungerà lo SES A_0. Possiamo prendere in considerazione un generico

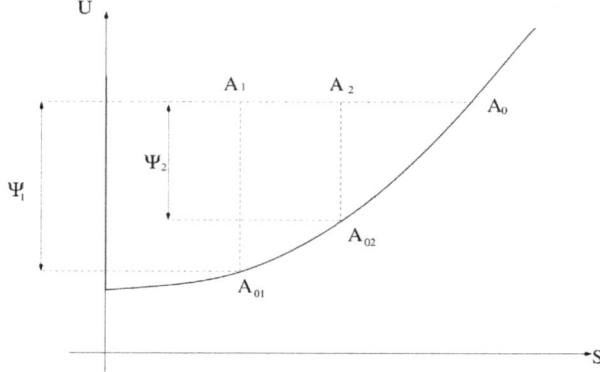

Figura 1.8: $\Delta\Psi < 0$

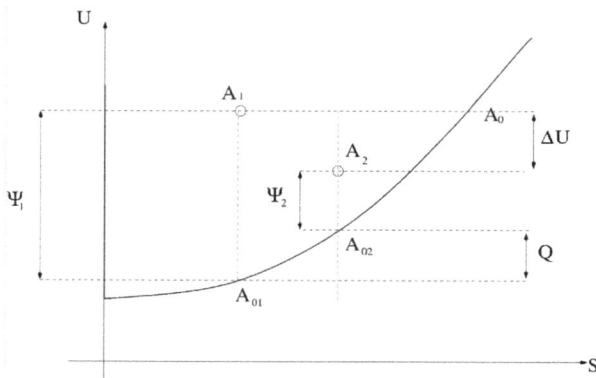

Figura 1.9: Disuguaglianza $\Delta U \neq \Delta\Psi$

stato A_2 intermedio: notiamo subito che Ψ_2 è minore di Ψ_1. Man mano che ci si

avvicina ad A_0, la disponibilità diminuisce finché $\Psi_0 = 0$ (figura 1.8). Si giustifica graficamente anche la disuguaglianza $(U_1 - U_2)_{P_m} \leq (\Psi_1 - \Psi_2)$(figura 1.9). Si noti bene che il processo inverso non è possibile in quanto si vede anche che $(\Psi_2 - \Psi_1) \leq (U_2 - U_1)_{P_m}$, sebbene dal punto di vista tecnico deve essere verificata la condizione inversa (se fosse possibile, la disponibilità adiabatica aumenterebbe più di quanto aumenta l'energia).
Consideriamo ora l'energia disponibile. Abbiamo visto che l'equazione di un serbatoio R è:

$$(S_2^R - S_1^R) = \frac{1}{T_R}(U_2^R - U_1^R) \tag{1.75}$$

Si noti bene che un serbatoio è un sistema limite in quanto $d^2S = 0$ e non $d^2S < 0$. Di fatto, possiamo considerare come serbatoio un sistema reale suddiviso in numerose quanto piccole porzioni tali da poter linearizzare la relazione fondamentale, ovvero in modo da confondere la curva con la propria tangente (vedi figura 1.10). Inizialmente, gli stati A_1 e R_1 non sono di mutuo equilibrio,

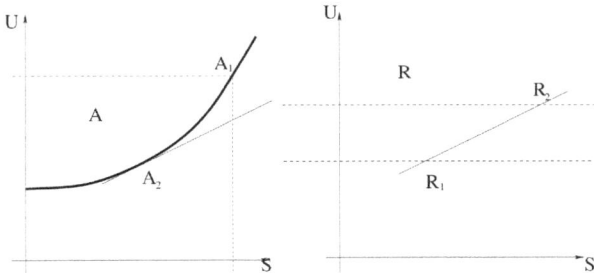

Figura 1.10: Serbatoio

dunque la loro unione C_1 non sarà di equilibrio stabile: i sistemi A ed R si porteranno negli stati A_2 e R_2 tali da essere di mutuo equilibrio ($T_2^A = T_2^R$).
Tuttavia, essendo la temperatura, dal punto di vista geometrico, l'inclinazione della curva e essendo la temperatura del serbatoio costante, ciò significa che gli stati di mutuo equilibrio avranno la stessa pendenza, ovvero tangente parallela. Il punto A_2 sarà allora quello con tangente parallela alla curva rappresentante il serbatoio. Nel nostro esempio $U_2<U_1$ e $S_2 < S_1$. Ciò non viola a priori nessun teorema in quanto è il comportamento globale di C che deve verificare i precedenti teoremi termodinamici: affinché allora la variazione di entropia sia globalmente nulla o

positiva, è necessario che

$$(S_2^R - S_1^R) + (S_2^A - S_1^A) \geq 0 \rightarrow (S_2^R - S_1^R) \geq (S_1^A - S_2^A) \qquad (1.76)$$

Affinché ciò avvenga, $S_1^R \rightarrow S_2^R$, ma ciò significa anche $U_1^R \rightarrow U_2^R$, con $U_2^R > U_1^R$. L'energia netta che potremo estrarre dal sistema sarà allora:

$$L_{12}^{C\rightarrow} = (U_1 - U_2)^A - (U_2 - U_1)^R \qquad (1.77)$$

Sfruttando la relazione fondamentale:

$$(U_2 - U_1)^R = T_R(S_2 - S_1)^R \geq T_R(S_1 - S_2)^A \qquad (1.78)$$

Si vede dunque che maggiore sarà la temperatura del serbatoio, maggiore sarà l'energia che si dovrà fornire al serbatoio a parità di variazione entropica, ovvero minore energia netta estraibile. Al limite,

$$L_{12}^{C\rightarrow} = (U_1 - U_2)^A - T_R(S_1 - S_2)^A \qquad (1.79)$$

Si noti che $\Omega \geq \Psi$ (coincidono solamente sulla perpendicolare), inoltre Ω è semidefinita positiva anche nel caso in cui $U_2 > U_1$ (vedi figura 1.11). Possiamo

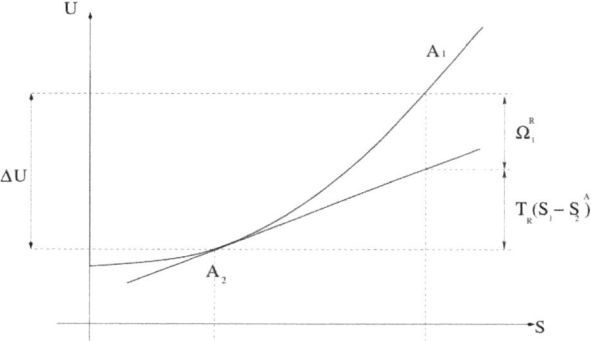

Figura 1.11: Energia disponibile

riunire tutte queste informazioni nell'unico grafico, riportato in figura 1.12.

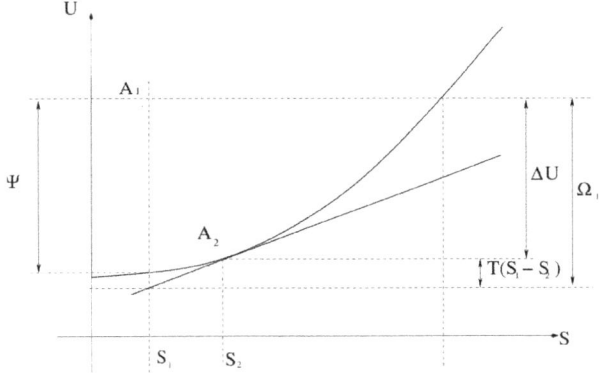

Figura 1.12: Energia, entropia, disponibilità in un unico grafico.

1.12 Processi quasi-statici

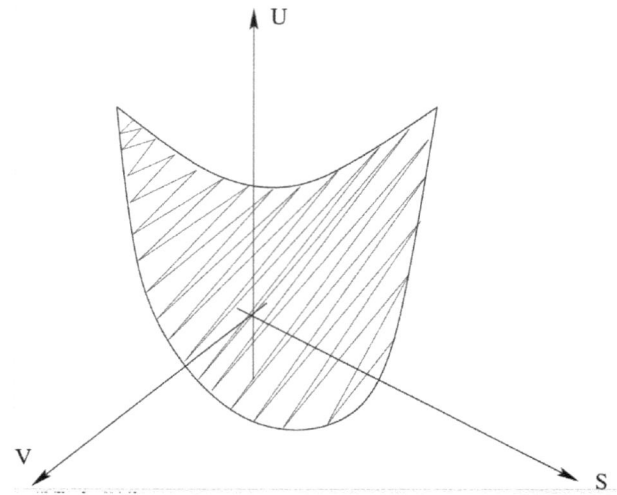

Figura 1.13: Diagramma di un sistema a massa costante

Passiamo adesso nel caso in cui solo la massa sia costante. Avremo perciò una rappresentazione tridimensionale con un iperpiano a r dimensioni (vedi figura 1.13).
Ogni punto della superficie tratteggiata indica uno SES. Abbiamo quindi un insieme di SES che ha la potenza del reale. Ogni linea giacente sulla superficie indica un processo costituito da SES. I processi che subiscono ad esempio i serbatoi giacciono sulla superficie della loro relazione fondamentale.

Def. 35 *Definiamo allora* PROCESSO QUASI-STATICO *una successione continua di stati di equilibrio stabile.*

Si noti che la successione deve essere continua. Grazie alla continuità, ovvero alla potenza del reale, non potranno contenere processi spontanei di rilassamento, in quanto sono sempre SES e dunque non potranno subire processi irreversibili. I processi quasi-statici sono allora reversibili. Si noti che tutti i processi quasi-statici sono reversibili, ma non tutti i processi reversibili sono quasi-statici.
I processi reali che tendono ad essere quasi-statici sono una successione discreta,

infinita ma numerabile, di stati di equilibrio stabile. Quando la linea si stacca dalla superficie, anche se per pochi punti, il sistema si porta in uno SNE ed è allora possibile che avvenga un processo spontaneo di rilassamento, totale o parziale. Si noti bene che questo processo di rilassamento non si verifica necessariamente, ovvero il sistema corre il pericolo di subire un processo di rilassamento, ma può anche non subirlo. Nei processi tendenti alla quasi-statica perciò non è possibile garantire assolutamente la reversibilità e più si è lontani dall'equilibrio più il sistema tende a rilassarsi, sebbene anche vicino a un SES il sistema tenda a rilassarsi. Perciò i processi quasi-statici sono sempre processi ideali, mentre i processi reali, per quanto possano essere perfetti, hanno sempre una spada di Damocle sulla testa, in quanto possono subire un processo spontaneo di rilassamento.

Consideriamo due stati A_1 e A_2 del sistema A, infinitamente vicini fra loro. Possiamo allora esprimere le variabili di stato di uno stato in termini di quelli dell'altro stato:

$$\begin{cases} U_2 = U_1 + dU; \\ S_2 = S_1 + dS; \end{cases} \tag{1.80}$$

Per andare da A_1 ad A_2 dovremo fornire al sistema la giusta quantità di energia e di entropia:

$$\begin{cases} dE_e^{\leftarrow} = dU; \\ dS_e^{\leftarrow} = dS; \end{cases} \tag{1.81}$$

ovvero:

$$\begin{cases} dE_e^{\leftarrow} = U_2 - U_1; \\ dS_e^{\leftarrow} = S_2 - S_1; \end{cases} \tag{1.82}$$

Supponiamo di fornire la giusta variazione di energia ma di sbagliare la variazione di entropia. Al limite, supponiamo di non fornire entropia (figura 1.14) Il sistema passa, per il processo imposto da noi, nello stato A_3 caratterizzato dall'energia U_2 corretta ma ancora a $S_3 = S_1$. Poiché allora si trova in uno stato di non equilibrio, tenderà a rilassarsi con un processo che produce una variazione di entropia pari a $S_i = S_2 - S_1$. Siamo allora passati da A_1 ad A_2 con un processo imposto fornendo energia e con un processo interno di rilassamento.

Fra il caso in cui forniamo sia l'energia che l'entropia nelle giuste dosi e il caso in cui si fornisca solo l'energia necessaria, esistono ∞ casi che rappresentano i processi reali. Questi sono un compromesso fra processi spontanei e processi con le variazioni fornite in modo esatto. Consideriamo il generico caso raffigurato in figura 1.15. Si passa ancora attraverso uno stato A_3 intermedio di non equilibrio, ma al sistema è stata fornita entropia S_e di origine esterna. Ricordiamoci che un

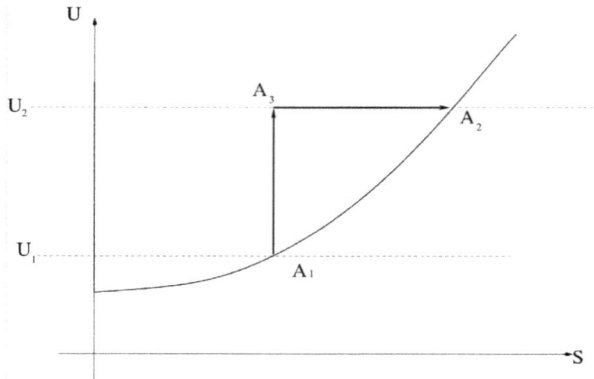

Figura 1.14: Processo senza entropia esterna

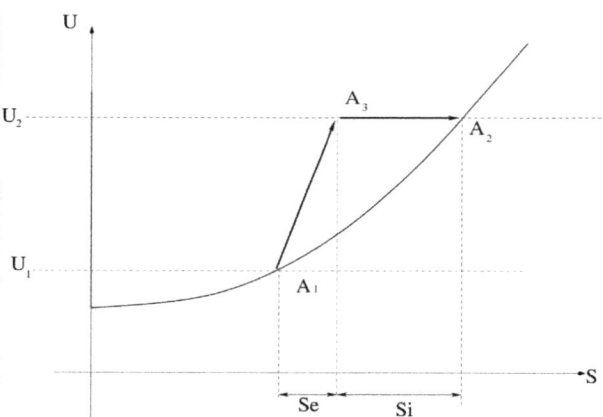

Figura 1.15: Processo con entropia esterna

processo è reversibile quando $S_i = 0$. Sebbene dS_i sia una quantità prodotta e non scambiata, è allora comunque utile per controllare il sistema.

A seconda delle quantità variabili si potrà avere o meno scambio di energia e di entropia. Consideriamo allora le interazioni lavoro e calore per vedere cosa esse possono modificare:

interazioni	dM	dE	dS	dS_i
Lavoro	NO	SI	NO	≥ 0
Calore	NO	SI	SI	≥ 0

Una conseguenza del III teorema è dunque che non esiste un'interazione duale del lavoro, ovvero non esiste un'interazione che scambi solo entropia.

Prima di vedere come quantizzare questo schema nel caso di un sistema semplice facciamo alcune precisazioni sull'equilibrio. Se lo stato non fosse in equilibrio non potremmo definire la temperatura, la pressione e i potenziali chimici. Supponiamo di avere due sistemi, di cui uno sia un serbatoio, a contatto ma che globalmente non siano in uno stato di mutuo equilibrio.

Possiamo introdurre allora l'ipotesi dell'EQUILIBRIO GLOBALE, secondo cui possiamo sempre suddividere il sistema C in due sottosistemi A e B tali per cui $C = A \cup B$ e (A_1, R_1)SME.

Possiamo allora sempre individuare stati di equilibrio stabile a condizione di suddividere il sistema in un sufficiente numero di sottosistemi.

Quantizziamo ora gli scambi di energia e di entropia per un sistema semplice soggetto a un processo quasi-statico. Consideriamo allora due sistemi A e B tali da avere (A_1, B_1)SME $\Rightarrow T_A = T_B \pm dT$.

Poiché C rimane in uno SES essendo un processo quasi-statico, qualora A subisca una fluttuazione che lo porti alla temperatura $T_A + dT$, A e B devono rimanere in SME e dunque il flusso di energia fra A e B deve equilibrare il flusso di calore scambiato dQ. Allora, in una condizione di variazione infinitesima di temperatura dT, possiamo definire:

$$dS_q \triangleq \frac{dQ}{T} \qquad (1.83)$$

Calcoliamo ora quanto vale il lavoro scambiato sempre per un sistema semplice. Essendo appunto un sistema semplice l'unica interazione possibile è data dallo spostamento delle pareti del contenitore: il lavoro sarà allora correlato alle variazioni volumetriche del sistema.

Se A è in uno SES, possiamo definire la pressione p. Detta dA l'areola infinitesima di superficie, la forza esercitata sul contorno costituito da tale areola sarà $dF = pdA$. Il lavoro elementare prodotto da tale forza sarà $dL = d\vec{F} \cdot \vec{z}$, dove $\vec{z}$ è lo spostamento dell'areola. Il lavoro globale è allora dato dalla somma integrale di tutte le forze elementari sul contorno:

$$L = \int dL = \int \vec{F} \cdot \vec{z} = \int pdA\vec{n} \cdot \vec{z} = \int pdV \qquad (1.84)$$

ovvero

$$dL = pdV \text{(IN UN PROCESSO QUASI-STATICO)} \qquad (1.85)$$

Possiamo riscrivere allora la tabella vista precedentemente sostituendo al valore qualitativo quello quantitativo:

interazioni	dM	dE	dS	dS_i
Lavoro	0	pdV	0	0
Calore	0	dQ	$\frac{dQ}{T}$	0

Poiché tutti i processi quasi-statici sono reversibili, la produzione interna di entropia è identicamente nulla.

Consideriamo due stati A_1 e B_1 in SES, in modo da aver definito la temperatura e la pressione. Supponiamo anche che tali stati siano in SME. Se dunque $T_B = T_A \pm dT$, ci sarà un flusso di energia infinitesimo da B verso A atto a ristabilire l'uguaglianza delle temperature.

Consideriamo due stati A_1 e A_2, SES, infinitamente vicini, cioè:

$$\begin{aligned} U_2 &= U_1 + dU \\ V_2 &= V_1 + dV \\ S_2 &= S_1 + dS \end{aligned} \qquad (1.86)$$

Scriviamo il bilancio di entropia e di energia per il sistema A:

$$\begin{aligned} dS &= dS_e^{A\leftarrow} + dS_i; \\ dU &= dQ^{A\leftarrow} - dL^{A\rightarrow} \end{aligned} \qquad (1.87)$$

Essendo in SES, possiamo scrivere la relazione fondamentale:

$$dU = TdS - pdV + \sum_{i=1}^{r} \mu_i dn_i \qquad (1.88)$$

Imponiamo le condizioni di avere processi quasi-statici ($dS_i = 0$) e di setti impermeabili ($dn_i = 0$), ottenendo:

$$\begin{cases} dS = dS_e^{A\leftarrow} \text{(BILANCIO ENTROPICO)}; \\ dU = dQ^{A\leftarrow} - dL^{A\rightarrow} \text{(BILANCIO ENERGETICO)}; \\ dU = dQ - pdV \text{(RELAZIONE FONDAMENTALE)}. \end{cases} \qquad (1.89)$$

La prima relazione discende dall'avere un processo quasi-statico e dall'avere i due stati SES e infinitamente vicini.

In un processo quasi-statico, con scambi di massa nulli, possiamo identificare in modo biunivoco i termini della relazione fondamentale con i termini del bilancio energetico, ovvero:

$$\begin{cases} dQ = dQ^{A\leftarrow} \\ dL^{A\rightarrow} = pdV \end{cases} \qquad (1.90)$$

Si noti bene che se il processo non fosse quasi-statico, tale corrispondenza biunivoca non potrebbe più essere ritenuta valida:

$$\begin{cases} dQ \neq dQ^{A\leftarrow} \\ dL^{A\rightarrow} \neq pdV \end{cases} \qquad (1.91)$$

ovvero le correlazioni termine a termine valgono solamente nei processi quasi statici.

Supponiamo ora di avere un sistema A che si evolva a massa costante interagendo col solo calore. Supponiamo che attraversi una successione di stati generici ma che questa successione lo riporti nello stato iniziale di partenza, ovvero che il sistema A subisca un PROCESSO CICLICO.

Poiché interagisce col solo calore, in un singolo processo, nel sistema entreranno calore ed entropia di origine termica esterna, ma d'altra parte $dS = S_e^{\leftarrow} + dS_i = dS_q + dS_i$.

Integrando su tutto il ciclo:

$$\oint_{A_1 \rightarrow A_1} dS = \oint_{A_1 \rightarrow A_1} dS_e^{\leftarrow} + \oint_{A_1 \rightarrow A_1} dS_i \qquad (1.92)$$

Il primo integrale è l'integrale di un differenziale esatto, dunque pari alla differenza fra valore dello stato finale e valore dello stato iniziale:

$$\oint_{A_1 \rightarrow A_1} dS \equiv 0 \qquad (1.93)$$

Gli altri due termini non sono integrali di differenziali esatti, dunque la differenza fra valore finale e valore iniziale non è nulla, mentre lo è la loro somma:

$$\oint_{A_1 \to A_1} dS_e^\leftarrow + \oint_{A_1 \to A_1} dS_i = 0$$

$$\downarrow$$

$$\Delta S_q^{A\leftarrow} + \Delta S_i^A = 0 \qquad (1.94)$$

$$\downarrow$$

$$\Delta S_q^{A\leftarrow} = -\Delta S_i^A$$

Poiché l'entropia interna prodotta per irreversibilità è sempre positiva o al limite nulla:

$$\Delta S_q^{A\leftarrow} \leq 0 \to \Delta S_q^{A\to} \geq 0 \qquad (1.95)$$

Quando si ha un processo ciclico, l'entropia scambiata ha un flusso netto uscente dal sistema o è al limite nulla. Tutta l'entropia prodotta internamente per irreversibilità ed eventualmente quella assorbita in un processo intermedio viene fatta uscire dal sistema e fatta assorbire all'ambiente.

1.13 Disuguaglianza di CLAUSIUS

Vediamo un caso particolare legato all'ipotesi di equilibrio locale, mantenendo costanti il volume e i componenti. Supponiamo di avere un sistema C che scambi calore con un sistema esterno R (quest'ultimo, malgrado al lettera, non sia necessariamente un serbatoio). Supponiamo che lo scambio si effettui lungo una porzione limitata di frontiera. Supponendo che lo scambi si effettui in condizione di equilibrio locale, da R a C, possiamo dire che C sia costituito da due sottosistemi, A e B, di cui il primo nello stato A_1 in mutuo equilibrio con R_1. Avremo allora l'uguaglianza delle temperature fra R ed A. Supponiamo inoltre che B non abbia nessuna interazione col mondo esterno. Scriviamo i bilanci di energia ed entropia per il sistema C:

$$\begin{cases} dU_C = dQ^{C\leftarrow} - dL^{C\to} = dQ^{C\leftarrow} = dQ^{A\leftarrow} \\ dS_C = dS_e^{C\leftarrow} + dS_i^C = dS_e^{A\leftarrow} + dS_i^A + dS_i^B \end{cases} \qquad (1.96)$$

Supponiamo che il sottosistema A si evolva per processi quasi-statici:

$$dS_C = dS_e^{A\leftarrow} + dS_i^A + dS_i^B = \frac{dQ^{A\leftarrow}}{T_A} + \cancel{dS_i^A} + dS_i^B = \frac{dQ^{A\leftarrow}}{T_A} + dS_i^B \qquad (1.97)$$

Integrando su un processo ciclico:

$$\oint dS_C = \oint \frac{dQ^{A\leftarrow}}{T_A} + \oint dS_i^B \tag{1.98}$$

Come sopra, l'integrale a primo membro è identicamente nullo, essendo l'integrale ciclico di un differenziale esatto. Poiché l'entropia prodotta internamente è sempre positiva o al limite nulla, detto $S_i^B \triangleq \oint dS_i^B$, avremo:

$$\oint \frac{dQ^{A\leftarrow}}{T_A} = -S_i^B \tag{1.99}$$

ovvero

$$\oint \frac{dQ^{A\leftarrow}}{T_A} \leq 0 \tag{1.100}$$

DISUGUAGLIANZA DI CLAUSIUS

L'entropia netta scambiata dal sistema A, ovvero dal sistema C (poiché l'altro sottosistema B non ha interazioni) in un processo ciclico, in condizione di equilibrio locale per A, in condizioni quasi-statiche deve uguagliare la produzione interna di entropia e deve essere uscente dal sistema stesso.

CHAPTER 2

RELAZIONI TERMODINAMICHE

2.1 Relazioni costitutive

Per studiare il comportamento di sistemi per i quali sia consentito anche lo scambio della materia dobbiamo approfondire le nostre conoscenze sulle proprietà della materia attraverso lo studio delle *relazioni costitutive*.

Possiamo ridefinire il concetto di sistema semplice come:

Def. 36 *sistema che sia soggetto unicamente all'azione esercitata dalle pareti del contenitore e che soddisfi l'ipotesi dei vincoli aggiuntivi.*

Approfondiamo il concetto sottinteso di *ipotesi dei vincoli aggiuntivi*: se consideriamo due sistemi A e A' di cui uno sia il clone dell'altro ed effettuiamo una partizione in quest'ultimo, qualora il sistema sia semplice, ovvero soddisfi l'ipotesi dei vincoli aggiuntivi, la partizione effettuata non deve sortire nessun effetto, il che significa che A e A' devono avere ancora la stessa relazione costitutiva.

Consideriamo ora i sistemi A e B identici fra loro. Partizioniamo il sistema B in N elementi: $B_1 \ldots B_N$. Questa partizione è tale per cui se A ha proprietà U_A, V_A, S_A, n_A, avremo:

$$U_{B_k} = \text{energia della k-esima parte di B} = \frac{U_A}{N};$$

$$V_{B_k} = \text{volume della k-esima parte di B} = \frac{V_A}{N};$$

$$n_{i,B_k} = \text{componente i-esimo della k-esima parte di B} = \frac{n_{i,A}}{N};$$

Riprendiamo allora la relazione fondamentale in forma entropica:

$$S_A = S(U_A, V_A, \vec{n}_A);$$
$$S_B = S(U_B, V_B, \vec{n}_B);$$

Sfruttando l'additività dell'entropia:

$$
\begin{aligned}
S_B &= \sum_{k=1}^{N} S_{B_k} \\
&= \sum_{k=1}^{N} S_{B_k}(U_{B_k}, V_{B_k}, \vec{n}_{B_k})
\end{aligned}
$$

Si noti che $S_{B_k}(U_{B_k}, V_{B_k}, \vec{n}_{B_k})$ è la relazione fondamentale (che è una funzione matematica) della k-esima parte.

Ora, la relazione fondamentale di ciascuna parte non deve differire da quella del tutto, ovvero *la funzione deve esprimere la stessa fisica*, avere cioè la stessa struttura fondamentale:

$$\forall k : S_{B_k} \equiv S_A$$

Da ciò si ottiene:

$$
\begin{aligned}
\sum_{k=1}^{N} S_{B_k}(U_{B_k}, V_{B_k}, \vec{n}_{B_k}) &= \sum_{k=1}^{N} S_A \left(\frac{U_A}{N}, \frac{V_A}{N}, \frac{\vec{n}_A}{N} \right) \\
&= N \cdot S_A \left(\frac{U_A}{N}, \frac{V_A}{N}, \frac{\vec{n}_A}{N} \right)
\end{aligned}
$$

L'implicazione fisica è che il sistema B, seppur diviso, non si comporta differente-
mente dal sistema A indiviso, e dunque *ogni parte si comporta come il tutto: non
ci sono effetti di massa.*

Teorema 10 *Dal punto di vista matematico, possiamo dire che* la relazione fondamentale è una funzione omogenea del primo ordine.

Ricordiamo che una funzione si dice omogenea di ordine k se:

$$f(\lambda x) = \lambda^k f(x)$$

Questo vale anche per le funzioni a più variabili, con la differenza di distinguere i
casi in cui è omogenea di ordine k per tutte le variabili oppure se lo è per una sola
variabile.

2.1.1 Grandezze molari

Se prendiamo infatti $\lambda = \frac{1}{N}$, con $N, \lambda \in \Re$, otteniamo:

$$S_A = S_{B_k}$$
$$\downarrow$$
$$S(U_A, V_A, \vec{n}_A) = \frac{1}{\lambda} S(\lambda U_A, \lambda V_A, \lambda \vec{n}_A)$$
$$\downarrow$$
$$\lambda S(U_A, V_A, \vec{n}_A) = S(\lambda U_A, \lambda V_A, \lambda \vec{n}_A)$$

Si può dimostrare che la relazione fondamentale in forma energetica è anch'essa
una funzione omogenea del primo ordine.

$$\lambda U(S_A, V_A, \vec{n}_A) = U(\lambda S_A, \lambda V_A, \lambda \vec{n}_A)$$

con $\lambda \in \Re$.
Prendiamo allora il caso in cui:

$$\lambda = \frac{1}{n} \text{ dove} n \triangleq \sum_1^r n_k = \text{ numero totale di moli}$$

avremo allora:

$$U(\frac{S}{n}, \frac{V}{n}, \frac{n_1}{n}, \dots, \frac{n_r}{n}) = \frac{1}{n} U(S, V, n_1, \dots, n_r) = \frac{U}{n}$$

Possiamo definire le grandezze specifiche molari:

Def. 37

$$s \triangleq \frac{S}{n} = \text{entropia molare}; \quad u \triangleq \frac{U}{n} = \text{energia molare};$$

$$v \triangleq \frac{V}{n} = \text{volume molare}; \quad y_i \triangleq \frac{n_i}{n} = \text{frazione molare};$$

Possiamo riscrivere la relazione fondamentale come:

$$u = u(s, v, y_1, \ldots, y_r);$$

Si noti che utilizziamo il formalismo $u()$ e non $U()$ perchè la forma analitica per unità di mole può essere differente da quella globale.

Per il sistema in grande erano necessarie $r+2$ grandezze indipendenti per darne una descrizione completa, mentre nella forma molare le quantità $y_1, \ldots, y_r$ non sono linearmente indipendenti, poiché esiste la relazione:

$$\sum_{i=1}^{r} y_i \equiv 1$$

Per il sistema molare sono dunque necessarie solo $r + 1$ grandezze indipendenti. Non conosciamo più allora il singolo stato del sistema ma una famiglia di stati simili che differiscono fra loro per un fattore di scala (che risulta essere la *massa del sistema*). Per scoprire allora la scala del sistema dovremo fornire un'informazione aggiuntiva.

Una proprietà delle funzioni omogenee di ordine k è che la loro derivata è omogenea di ordine (k-1). Nel nostro caso, le derivate di S e di U saranno funzioni omogenee di ordine zero. Dunque, prendendo ad esempio la temperatura:

$$T(\lambda S, \lambda V, \lambda \vec{n}) = \lambda^0 T(S, V, \vec{n}) = T(S, V, \vec{n})$$

ovvero, preso $\lambda = \frac{1}{n}$:

$$T(S, V, \vec{n}) = T(s, v, \vec{y})$$

avendo indicato $\vec{y} = \frac{\vec{n}}{n} = \{y_1, \ldots, y_r\}$.

La temperatura è allora una grandezza intensiva, in quanto non risente di fattori di scala, essendo invariante sia che si consideri il sistema che la sua rappresentazione molare.

Possiamo ripetere analogamente il discorso per la pressione e i potenziali chimici:

$$p(S, V, \vec{n}) = p(s, v, \vec{y})$$
$$\mu_i(S, V, \vec{n}) = \mu_i(s, v, \vec{y})$$

2.2 Equazioni di stato

Def. 38 *Definiamo* equazioni di stato *le equazioni in cui compaiano le grandezze intensive che siano derivate dell'energia interna.*

Avremo così scritto r+2 equazioni di stato, dipendenti da r+2 variabili. Tuttavia, poiché le variabili specifiche molari non sono tutte linearmente indipendenti, si ha che le r+2 equazioni di stato sono funzioni di r+1 variabili indipendenti, dunque note le prime r+1 equazioni, la (r+2)-esima equazione sarà ricavabile dalle altre. Questo discorso riguarda quindi il problema dei *gradi di libertà termodinamici*, ovvero la ricerca di una base per le proprietà del sistema. Vediamo allora quante equazioni di stato sono necessarie per ricavare la descrizione della relazione fondamentale, ovvero per descrivere compiutamente il sistema. Una sola equazione di stato non è sufficiente, in quanto è una derivata della relazione fondamentale, e dunque non avremo conoscenza di eventuali costanti che sono andate perse nella derivazione.

Partiamo dalla relazione:

$$\lambda U(S, V, \vec{n}) = U(\lambda S, \lambda V, \lambda \vec{n})$$

e deriviamola rispetto a λ:

$$\frac{\partial \lambda U(S, V, \vec{n})}{\partial \lambda} = \frac{\partial U(\lambda S, \lambda V, \lambda \vec{n})}{\partial \lambda}$$

$$U(S, V, \vec{n}) = \frac{\partial U(\ldots)}{\partial(\lambda S)} \frac{\partial(\lambda S)}{\partial \lambda} + \frac{\partial U(\ldots)}{\partial(\lambda V)} \frac{\partial(\lambda V)}{\partial \lambda} +$$
$$\sum_{i=1}^{r} \frac{\partial U(\ldots)}{\partial(\lambda n_i)} \frac{\partial(\lambda n_i)}{\partial \lambda}$$

$$U(S, V, \vec{n}) = \frac{\partial U(\ldots)}{\partial(\lambda S)} S + \frac{\partial U(\ldots)}{\partial(\lambda V)} V + \sum_{i=1}^{r} \frac{\partial U(\ldots)}{\partial(\lambda n_i)} n_i$$

Poiché la proprietà di omogeneità vale per un λ qualsiasi, varrà anche per $lambda = 1$:

$$U(S, V, \vec{n}) = \left(\frac{\partial U}{\partial S}\right)_{V,\vec{n}} S + \left(\frac{\partial U}{\partial V}\right)_{S,\vec{n}} V + \sum_{i=1}^{r} \left(\frac{\partial U}{\partial n_i}\right)_{S,V,n_{j\neq i}} n_i$$

ovvero, otteniamo l'equazione di EULERO :

$$U = U(S, V, \vec{n}) = T(S, V, \vec{n})S - p(S, V, \vec{n})V + \sum_{i=1}^{r} \mu_i(S, V, \vec{n})n_i$$

Per poter descrivere il sistema dobbiamo allora conoscere tutte le $r + 2$ equazioni di stato. Si noti che l'equazione di EULERO rappresenta anche una delle possibili relazioni di interconnessione fra le $r + 2$ equazioni di stato. Differenziamo l'equazione di EULERO :

$$\begin{aligned} dU &= d(TS) - d(pV) + \sum_{i=1}^{r} d(\mu_i n_i) \\ &= TdS + SdT - pdV - Vdp + \sum_{i=1}^{r}(n_i d\mu_i + \mu_i dn_i) \end{aligned}$$

e confrontiamo quanto ottenuto con la forma differenziale della relazione fondamentale:

$$dU = TdS - pdV + \sum_{i=1}^{r} \mu_i dn_i$$

Sottraendo membro a membro otteniamo l'*equazione di* GIBBS - DUHEM :

$$SdT - Vdp + \sum_{i=1}^{r} n_i d\mu_i = 0$$

Questa è una delle ∞ possibili relazioni che esistono fra le equazioni di stato.
A volte però può sembrare più facile o più preciso misurare le grandezze intensive che compaiono nelle equazioni di stato che non le grandezze estensive che compaiono nella relazione fondamentale. Dobbiamo allora esprimere la relazione fondamentale non più in funzione delle grandezze estensive ma in funzione delle grandezze intensive (o comunque sostituire nella descrizione ad alcune grandezze

estensive alcune intensive). Ovvero:

$$U(S, V, \vec{n}) \to \begin{cases} U(T, p, \vec{\mu}) \\ \dots \\ U(S, p, \vec{n}) \\ \dots \\ U(T, V, \vec{n}) \\ \dots \end{cases}$$

2.3 Trasformazione di LEGENDRE

Si potrebbe pensare di invertire un'equazione di stato per estrarre una grandezza estensiva esprimendola così in funzione di grandezze intensive, ovvero ad esempio passare da $T = T(S, V, \vec{n})$ a $S = S(T, V, \vec{n})$, e di sostituire quanto trovato nella relazione fondamentale:

$$U(S, V, \vec{n}) \to U(S(T, V, \vec{n}), V, \vec{n}) \to U(T, V, \vec{n})$$

ma questo procedimento non è garantito da nessun teorema di esistenza ed unicità, e poiché le grandezze intensive sono derivate parziali, si potrebbe perdere informazioni su eventuali costanti.

Dobbiamo applicare un metodo più rigoroso ed efficace, la *trasformazione di* LE-GENDRE .

Supponiamo di avere una funzione $y = f(x)$ con $f \in C^1(x)$, allora la trasformata di LEGENDRE di questa funzione è il *funzionale*:

$$\eta = \mathcal{L}[f, x] \triangleq y - \frac{df}{dx} \cdot x = y - y' \cdot x = \eta(y')$$

Consideriamo il fatto che η è una funzione di y': poiché $y \in C^1$, f è invertibile, dunque possiamo ricavare x da y' e sostituirlo in y. Prendiamo ad esempio:

$$y = ax^2 + b \to y' = 2ax \to x = \frac{1}{2a}y' \to y = a\left(\frac{1}{2a}y'\right)^2 + b$$

da cui

$$\mathcal{L}[ax^2 + b; x] = y - y' \cdot x = \frac{1}{4a}(y')^2 + b - y' \cdot \frac{1}{2a}y' = b - \frac{1}{4a}(y')^2$$

In termini geometrici, invece di descrivere la curva $y = f(x)$ in termini di una successione continua di punti, la descriveremo attraverso la sua tangente ovvero descriveremo la curva come l'inviluppo della sua tangente. Passando alle funzioni in più variabili $z = f(x_1, \ldots, x_n)$ e poste $y_i = \frac{\partial f}{\partial x_i}$ otteniamo la *trasformata parziale di* LEGENDRE :

$$\eta_i = \mathcal{L}\left[f, x_i\right] \triangleq z - y_i \cdot x_i = z - \frac{\partial f}{\partial x} \cdot x_i = \eta(x_1, \ldots, x_{i-1}, y_i, x_{i+1}, \ldots, x_n)$$

ovvero otteniamo una funzione che dipende dalle stesse variabili $x_1, \ldots, x_n$ della funzione originaria eccettuata quella rispetto a cui si trasforma. Analogamente, la *trasformata parziale rispetto x_i e x_j di* LEGENDRE sarà:

$$\eta_{ij} = \mathcal{L}\left[f, x_i, x_j\right] \triangleq f - \frac{\partial f}{\partial x_i} \cdot x_i - \frac{\partial f}{\partial x_j} \cdot x_j$$

ovvero

$$\eta_{ij} = z - y_i \cdot x_i - y_j \cdot x_j$$

Possiamo generalizzare ottenendo la *trasformata totale di* LEGENDRE :

$$\eta = \mathcal{L}[f, x_1, \ldots, x_n] \triangleq f - \sum_{i=1}^{n} \frac{\partial f}{\partial x_i} \cdot x_i$$

che diviene

$$\eta = z - \sum_{i=1}^{n} y_i \cdot x_i = \eta(y_1, \ldots, y_n)$$

2.4 Potenziali termodinamici

Applicando tale metodo alla relazione fondamentale in forma energetica otterremo le seguenti entità:

Def. 39 *Trasformata parziale rispetto S:*

$$F = \text{energia libera di } \text{HELMHOLTZ} \triangleq \mathcal{L}[U; S] = U - TS;$$

in cui siamo passati dallo spazio $\{S, V, \vec{n}\}$ allo spazio $\{T, V, \vec{n}\}$.

Def. 40 *Trasformata parziale rispetto V:*

$$H = \text{entalpia} \triangleq \mathcal{L}[U; V] = U + pV;$$

in cui siamo passati dallo spazio $\{S, V, \vec{n}\}$ allo spazio $\{S, p, \vec{n}\}$.

Def. 41 *Trasformata parziale rispetto S e V:*

$$G = \text{ energia libera di } \text{GIBBS} \triangleq \mathcal{L}[U; S, V] = U - TS + pV;$$

in cui siamo passati dallo spazio $\{S, V, \vec{n}\}$ allo spazio $\{T, p, \vec{n}\}$.

Le grandezze T, p e μ sono dette *coniugate intensive* rispettivamente di S,V ed n. Le trasformate della relazione fondamentale in forma energetica sono dette *potenziali termodinamici* e si dimostra che queste funzioni sono *convesse* e $\in C^2$ dei rispettivi spazi. In base a ciò valgono ancora i *principi di minima energia*.
Possiamo fare un discorso simile per le trasformate della relazione fondamentale in forma entropica, che prendono il nome di *funzioni caratteristiche*, che risultano essere *concave* e definite C^2 nei rispettivi spazi. Valgono quindi i *principi di massima entropia*.
I potenziali termodinamici assumono anche un preciso significato fisico in particolari processi. Poichè la relazione fondamentale e le grandezze intensive sono definite in condizioni di equilibrio, va da sé che questi particolari processi non sono altro che i processi quasi-statici.
Consideriamo ad esempio l'entalpia e differenziamola:

$$dH = \frac{\partial H}{\partial S} dS + \frac{\partial H}{\partial p} dp + \sum_{i=1}^{r} \frac{\partial H}{\partial n_i} dn_i$$

Sostituendo le coniugate intensive alle variabili naturali otteniamo:

$$dH = TdS + Vdp + \sum_{i=1}^{r} \mu_i dn_i$$

Considerando un processo quasi-statico a masse e pressione costanti, otteniamo allora:

$$(dH)_{p, \vec{n}} = TdS = \begin{cases} \text{calore scambiato in un processo} \\ \text{quasi statico a massa e pressione costanti.} \end{cases}$$

ricordandoci che nei processi quasi-statici avevamo definito $dQ = TdS$.

2.5 Relazioni di MAXWELL

Dopo aver analizzato le derivate prime della relazione fondamentale, ora considereremo le derivate seconda, in particolare quelle rispetto S e V:

$$\frac{\partial^2 U}{\partial S^2}; \ \frac{\partial^2 U}{\partial V^2}; \ \frac{\partial^2 U}{\partial V \partial S}; \ \frac{\partial^2 U}{\partial S \partial V};$$

Consideriamo in primo luogo le derivate miste. Poiché $U \in C^2(S, V, \vec{n})$, in base al teorema di SCHWARZ possiamo affermare che:

$$\frac{\partial^2 U}{\partial V \partial S} \equiv \frac{\partial^2 U}{\partial S \partial V};$$

ovvero

$$\frac{\partial}{\partial V} \left(\frac{\partial U}{\partial S} \right) \equiv \frac{\partial}{\partial S} \left(\frac{\partial U}{\partial V} \right)$$

da cui, sostituendo le coniugate intensive:

$$\left(\frac{\partial T}{\partial V} \right)_{S,\vec{n}} = - \left(\frac{\partial p}{\partial S} \right)_{V,\vec{n}} \tag{2.1}$$

Vediamo come questa relazione si modifiche passando negli spazi trasformati. Utilizzando l'energia libero di HELMHOLTZ , $F = F(T, V, n)$. Siccome $dF = dU - TdS - SdT$ e dalla definizione della trasformata di LEGENDRE :

$$dF = \frac{\partial F}{\partial T} dT + \frac{\partial F}{\partial V} dV + \sum \frac{\partial F}{\partial n_i} dn_i$$

confrontando le due espressioni e sostituendo l'espressione del differenziale dell'energia interna, otteniamo:

$$\left. \begin{array}{l} dF = -SdT + pdV + \sum \mu_i dn_i \\[2mm] dF = \frac{\partial F}{\partial T} dT + \frac{\partial F}{\partial V} dV + \sum \frac{\partial F}{\partial n_i} dn_i \end{array} \right\} \rightarrow \left\{ \begin{array}{l} \frac{\partial F}{\partial T} = -S \\[2mm] \frac{\partial F}{\partial V} = -p \\[2mm] \frac{\partial F}{\partial n_i} = \mu_i \end{array} \right.$$

Nello spazio di HELMHOLTZ allora si avrà:

$$\frac{\partial^2 F}{\partial V \partial T} = \frac{\partial^2 F}{\partial T \partial V};$$

$$\downarrow$$

$$\frac{\partial}{\partial V}\left(\frac{\partial F}{\partial T}\right) = \frac{\partial}{\partial T}\left(\frac{\partial F}{\partial V}\right)$$

$$\downarrow$$

$$\frac{\partial}{\partial V}\left(-S\right) = \frac{\partial}{\partial T}\left(-p\right)$$

donde

$$\left(\frac{\partial S}{\partial V}\right)_{T,\vec{n}} = \left(\frac{\partial p}{\partial T}\right)_{V,\vec{n}} \tag{2.2}$$

Utilizzando lo stesso procedimento con l'entalpia, $H = H(S,p,n)$, avremo, confrontando il differenziale formale con quello ricavato dall'espressione della trasformata di LEGENDRE :

$$dH = dU + p\,dV + V\,dp = T\,dS + V\,dp + \sum \mu_i dn_i$$

$$dH = \frac{\partial H}{\partial S}dS + \frac{\partial H}{\partial p}dp + \sum \frac{\partial H}{\partial n_i}dn_i$$

da cui si possono fare le identificazioni:

$$\frac{\partial H}{\partial S} = T; \quad \frac{\partial H}{\partial p} = V; \quad \frac{\partial H}{\partial n_i} = \mu_i; \tag{2.3}$$

che nelle derivate miste portano ad avere

$$\left(\frac{\partial V}{\partial S}\right)_{p,\vec{n}} = \left(\frac{\partial T}{\partial p}\right)_{S,\vec{n}} \tag{2.4}$$

Passando all'energia libera di GIBBS , $G = G(T,p,n)$, procedendo in modo analogo (confronto dei differenziali), si hanno le seguenti identificazioni

$$\frac{\partial G}{\partial T} = -S; \quad \frac{\partial G}{\partial p} = V; \quad \frac{\partial G}{\partial n_i} = \mu_i; \tag{2.5}$$

da cui

$$-\left(\frac{\partial V}{\partial T}\right)_{p,\vec{n}} = \left(\frac{\partial S}{\partial p}\right)_{T,\vec{n}} \tag{2.6}$$

Queste relazioni prendono il nome di *relazioni di* MAXWELL. Esiste un'interessante regola grafica sviluppata da BOHR per ricordare queste quattro relazioni. Tale regola si chiama *quadrato di* MAXWELL.

Si disegni un quadrato e si posizionino su vertici contigui le grandezze estensive S e V, mentre ai vertici opposti si pongano le grandezze loro coniugate, ovvero T e p:

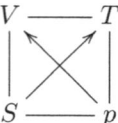

Poiché T compare positivamente nel differenziale dell'energia mentre p compare negativamente, si posizionano sulle diagonali delle frecce con verso positivo verso T e verso V. Per ricavare le equazioni di MAXWELL, si consideri un vertice qualsiasi del quadrato, ad esempio p, e si scelga un senso di percorrenza, orario o antiorario. Prendiamo per esempio il verso orario. Poiché le lettere che seguono p in tal senso sono S e V. La derivata ad essa associata sarà:

$$V \text{——} T \quad \rightarrow \quad \left(\frac{\partial p}{\partial S}\right)_V$$

Per ricavare la derivata a secondo membro, basta considerare il vertice che non è stato ancora toccato, nel nostro esempio T, e procedere in senso opposto (nel nostro caso in modo antiorario):

$$V \text{——} T \quad \rightarrow \quad \left(\frac{\partial T}{\partial V}\right)_S$$

Poiché le quantità di partenza hanno segno opposto (T è sulla punta della freccia, mentre p è sulla coda), comparirà un segno meno che differenzi le due derivate, ottenendo alla fine la seguente relazione:

$$\left(\frac{\partial T}{\partial V}\right)_S = -\left(\frac{\partial p}{\partial S}\right)_V$$

Per capire di quale spazio si sta parlando, basta ricordare che le grandezze di partenza sono quelle che non compaiono nella relazione fondamentale, mentre le rimanenti due sono quelle da cui dipende la relazione. Nel nostro esempio la relazione fondamentale dipende da S e V, dunque è l'energia interna nello spazio (S, V, n). Se volessimo ricavare le relazioni per l'energia di GIBBS, poiché questa dipende da T e da p, dovremo iniziare il ciclo da S e da V.

2.6 Calori specifici

Esistono altre derivate notevoli, composte dalle derivate secondo o da combinazioni di derivate prime e seconde. In particolare possiamo introdurre le quantità note come *calori specifici*, che rappresentano la variazione energetica, per unità di mole, causata da una variazione di temperatura.

Def. 42 *definiamo* calore specifico molare a volume costante *la variazione di energia interna molare per variazione unitaria di temperatura a volume costante.*

$$c_v \triangleq \frac{1}{n} \left(\frac{\partial U}{\partial T} \right)_V = \left(\frac{\partial u}{\partial T} \right)_V \tag{2.7}$$

Def. 43 *definiamo* calore specifico molare a pressione costante *la variazione di energia interna molare per variazione unitaria di temperatura a pressione costante.*

$$c_p \triangleq \frac{1}{n} \left(\frac{\partial H}{\partial T} \right)_p = \left(\frac{\partial h}{\partial T} \right)_p \tag{2.8}$$

Possiamo esprimere queste quantità anche in funzione di altre variabili: se prendiamo l'energia per unità di mole espressa nelle variabili naturali,

$$u = u(s, v, y_1, \ldots, y_2)$$

ovvero

$$u = u(s, v)$$

a masse costanti, avremo utilizzando le regole della derivazione di funzioni composte:

$$\left(\frac{\partial u}{\partial T} \right)_V = \frac{\partial u}{\partial s} \frac{\partial s}{\partial T} + \frac{\partial u}{\partial v} \frac{\partial v}{\partial T} = T \left(\frac{\partial s}{\partial T} \right)_V$$

Analogamente

$$\left(\frac{\partial h}{\partial T}\right)_p = \frac{\partial h}{\partial s}\frac{\partial s}{\partial T} + \frac{\partial h}{\partial p}\frac{\partial p}{\partial T} = T\left(\frac{\partial s}{\partial T}\right)_p$$

Dunque:

$$c_v = T\left(\frac{\partial s}{\partial T}\right)_V \tag{2.9}$$

$$c_p = T\left(\frac{\partial s}{\partial T}\right)_p \tag{2.10}$$

Sebbene questi due valori rappresentano il comportamento calorimetrico della materia, ciò non è sufficiente a descriverne il comportamento nel suo complesso. Bisogna introdurre altre due derivate notevoli:

- Coefficiente di dilatazione isobaro:

$$\alpha_p = \frac{1}{V}\left(\frac{\partial V}{\partial T}\right)_p = \frac{1}{v}\left(\frac{\partial v}{\partial T}\right)_p$$

- Coefficiente di comprimibilità isoterma:

$$k_T = -\frac{1}{V}\left(\frac{\partial V}{\partial p}\right)_T = \frac{1}{v}\left(\frac{\partial v}{\partial p}\right)_T$$

Tutti questi parametri, benché portino il nome di *coefficiente* sono in realtà funzioni di stato che esemplificano le proprietà della materia e come tali dipendono da tante variabili quante ne servono per descrivere il sistema ($r + 2$ in grande e $r + 1$ localmente).

Consideriamo il calore specifico a volume costante e studiamo quali valori possa assumere. In particolare vediamo se possa assumere valori negativi. Procediamo per assurdo: prendiamo un sistema C formato dall'unione dei sottosistemi A e B. Supponiamo che la parete che divida tali sottosistemi sia solamente diatermica, ovvero permetta solamente il passaggio di calore.

Siano inizialmente $(A1, B1)SME$ alla temperatura T_1 e supponiamo che avvenga una fluttuazione che innalzi l'energia del sistema A, $u_A = u_1 + du$, e abbassi quella del sistema B, $u_B = u_1 - du$. Se il calore specifico fosse negativo, la variazione di energia comporterebbe una variazione di temperatura di segno opposto: dove s'innalza l'energia si abbassa la temperatura e viceversa. Così il sistema A si ritroverebbe a $T_A = T_1 - dT$ mentre B alla temperatura $T_B = T_1 + dT$. Poiché dunque avremmo $T_A < T_B$ s'innescherebbe un flusso energetico da B verso A: ciò provoca un ulteriore aumento dell'energia di A e una diminuzione dell'energia di B. Per l'ipotesi di coefficiente negativo, ciò implica una nuova variazione di temperatura. L'ipotesi di calore specifico negativo tende allora a sostenere l'effetto delle fluttuazioni iniziali amplificandone gli effetti e ciò va in contrasto con l'ipotesi di SME perché si giunge a una condizione di equilibrio instabile. Dobbiamo allora affermare il **principio di** LE CHATELIER :

$$\boxed{c_v > 0}$$ (2.11)

Possiamo vederne una dimostrazione matematica. Riprendiamo le condizioni di equilibrio:

$$dS = 0$$
$$d^2 S \leq 0$$

Ora, la condizione sulla convessità implica:

$$
\begin{aligned}
d^2 S \;=\; & \frac{\partial^2 S}{\partial U^2} dU^2 + \frac{\partial^2 S}{\partial U \partial V} dU \, dV + \frac{\partial^2 S}{\partial V^2} dV^2 \\
& + 2 \sum_i \left(\frac{\partial^2 S}{\partial U \partial n_i} dU \, dn_i + \frac{\partial^2 S}{\partial V \partial n_i} dV \, dn_i \right) \\
& + 2 \sum_i \sum_j \frac{\partial^2 S}{\partial n_i \partial n_j} dn_i \, dn_j
\end{aligned}
$$

è una formulazione quadratica caratterizzata da una matrice di dimensioni $(r + 2) x (r + 2)$. In caso di massa costante, possiamo annullare i differenziali del vettore costituenti, ritrovando così una matrice $2x2$:

$$
\begin{bmatrix}
\frac{\partial^2 S}{\partial U^2} & \frac{\partial^2 S}{\partial V \partial U} \\
\frac{\partial^2 S}{\partial U \partial V} & \frac{\partial^2 S}{\partial V^2}
\end{bmatrix}
$$ (2.12)

Affinché il differenziale secondo sia negativo è necessario che i minori principali abbiano un segno particolare (i minori dispari devono essere negativi mentre quelli pari positivi). Ciò si traduce fra le altre cose nel richiedere che $\frac{\partial^2 S}{\partial U^2} < 0$ ovvero:

$$
\begin{aligned}
\frac{\partial^2 S}{\partial U^2} &= \frac{\partial}{\partial U}\left(\frac{\partial S}{\partial U}\right)_V \\
&= \frac{\partial}{\partial U}(T)_V \\
&= \frac{\partial \frac{1}{T}}{\partial T}\frac{\partial T}{\partial U} \\
&= -\frac{1}{T^2}\frac{\partial T}{\partial U} \\
&= -\frac{1}{T^2}\frac{1}{nc_v} \leq 0
\end{aligned}
\tag{2.13}
$$

da cui appunto $c_v > 0$.

Soffermiamoci sul determinante della matrice che descrive la forma quadratica:

$$
\det \begin{bmatrix} \frac{\partial^2 S}{\partial U^2} & \frac{\partial^2 S}{\partial V \partial U} \\ \frac{\partial^2 S}{\partial U \partial V} & \frac{\partial^2 S}{\partial V^2} \end{bmatrix} = \det \begin{bmatrix} \frac{\partial}{\partial U}\left(\frac{\partial S}{\partial U}\right) & \frac{\partial}{\partial V}\left(\frac{\partial S}{\partial U}\right) \\ \frac{\partial}{\partial U}\left(\frac{\partial S}{\partial V}\right) & \frac{\partial}{\partial V}\left(\frac{\partial S}{\partial V}\right) \end{bmatrix}
$$
$$
= \det \begin{bmatrix} \frac{\partial}{\partial U}\left(\frac{1}{T}\right) & \frac{\partial}{\partial V}\left(\frac{1}{T}\right) \\ \frac{\partial}{\partial U}\left(\frac{p}{V}\right) & \frac{\partial}{\partial V}\left(\frac{p}{V}\right) \end{bmatrix}
\tag{2.14}
$$

Formalizzando, prese due funzioni r ed s dipendenti da due variabili x e y, entrambe appartenenti a C_1, definiamo

Def. 44 *Determinante jacobiano*

$$
\frac{\partial(r,s)}{\partial(x,y)} \triangleq \det \begin{bmatrix} \frac{\partial r}{\partial x} & \frac{\partial r}{\partial y} \\ \frac{\partial s}{\partial x} & \frac{\partial s}{\partial y} \end{bmatrix}
\tag{2.15}
$$

Sviluppando il determinante otteniamo:

$$
\frac{\partial(r,s)}{\partial(x,y)} = \left(\frac{\partial r}{\partial x}\right)_y \cdot \left(\frac{\partial s}{\partial y}\right)_x - \left(\frac{\partial r}{\partial y}\right)_x \cdot \left(\frac{\partial s}{\partial x}\right)_y
\tag{2.16}
$$

Questa funzione gode di alcune interessanti proprietà:

- posto $s = y$, $\frac{\partial(r,s)}{\partial(x,y)} = \left(\frac{\partial r}{\partial x}\right)_y$;

- $\frac{\partial(r,s)}{\partial(x,y)} = -\frac{\partial(s,r)}{\partial(x,y)} = -\frac{\partial(r,s)}{\partial(y,x)} = \frac{\partial(s,r)}{\partial(y,x)}$;

- $\frac{\partial(r,s)}{\partial(x,y)} = \frac{1}{\frac{\partial(x,y)}{\partial(r,s)}}$;

- date le ulteriori funzioni t e z, abbiamo $\frac{\partial(r,s)}{\partial(x,y)} = \frac{\partial(r,s)}{\partial(t,z)} \cdot \frac{\partial(t,z)}{\partial(x,y)}$;

Possiamo riprendere allora le condizioni sui minori per ottenere la stabilità intrinseca, notando che il secondo minore principale corrisponde al determinante jacobiano della matrice:

$$\frac{\partial^2 S}{\partial U^2} < 0 \tag{2.17}$$

$$\frac{\partial\left(\frac{1}{T}, \frac{p}{T}\right)}{\partial(U, V)} > 0 \tag{2.18}$$

Sviluppiamo le equazioni applicando le proprietà matematiche viste in precedenza:

$$\frac{\partial\left(\frac{1}{T}, \frac{p}{T}\right)}{\partial(U, V)} = \frac{\partial\left(\frac{1}{T}, \frac{p}{T}\right)}{\left(\frac{1}{T}, V\right)} \cdot \frac{\partial\left(\frac{1}{T}, V\right)}{\partial(U, V)} = \frac{\partial\left(\frac{1}{T}, \frac{p}{T}\right)}{\left(V, \frac{1}{T}\right)} \cdot \frac{\partial\left(V, \frac{1}{T}\right)}{\partial(U, V)}$$

Possiamo ora applicare le prima proprietà ad entrambi i termini ottenendo:

$$
\begin{aligned}
\frac{\partial}{\partial V}\left(\frac{p}{T}\right)_T \cdot \frac{\partial}{\partial U}\left(\frac{1}{T}\right)_V &= \frac{1}{T}\left(\frac{\partial p}{\partial V}\right)_T \cdot \frac{\partial}{\partial T}\left(\frac{1}{T}\right)\left(\frac{\partial T}{\partial U}\right)_V \\
&= \frac{1}{T}\frac{1}{\left(\frac{\partial V}{\partial p}\right)_T} \cdot \left(-\frac{1}{T^2}\right)\frac{1}{\left(\frac{\partial U}{\partial T}\right)_V} \\
&= \frac{1}{T} \cdot \frac{1}{-k_T V}\left(-\frac{1}{T^2}\frac{1}{nc_v}\right)
\end{aligned}
$$

In base alla condizione di stabilità, questo termine deve essere positivo. Si ottiene allora la condizione per cui:

$$\boxed{k_T > 0} \tag{2.19}$$

Possiamo scoprire un significato fisico anche per k_T, ragionando in modo simile a quanto visto sopra per c_V. Consideriamo allora due sistemi A e B, in cui manteniamo costante la temperatura, T_A e T_B. Supponiamo che la parete divisoria sia mobile e diatermica. Supponiamo inoltre che entrambi i sistemi inizialmente abbiano un volume V_0. Perturbiamo il sistema in modo che ci sia una fluttuazione di volume, dV.

$$V_A = V_0 + dV;$$
$$V_B = V_0 - dV$$

Supponiamo per assurdo che k_T sia negativo, $\frac{\partial V}{\partial p} > 0$. Ciò significa che le variazioni di pressione hanno segno concorde alle relative variazioni di volume:

$$p_A = p_0 + dp;$$
$$p_B = p_0 - dp$$

Poiché ora la pressione in A è superiore alla pressione in B, la parete verrà solle-
citata in modo da spostarsi verso B, diminuendo ancora il volume di quest'ultimo
e per l'ipotesi di coefficiente di comprimibilità negativo tale spostamento causa
una nuova diminuzione di pressione in B e un aumento di pressione in A. Ciò implica una situazione di equilibrio instabile in quanto una fluttuazione infinitesima
provoca una modificazione finita dei sistemi. Ciò contraddice l'equilibrio stabile.
Dobbiamo necessariamente supporre che k_T sia positivo, ovvero $\frac{\partial V}{\partial p} < 0$.

Riassumendo, la condizione di stabilità intrinseca per una sostanza pura può
essere espressa come:

$$d^2 S < 0 \Leftrightarrow \begin{cases} c_V > 0 \\ k_T > 0 \end{cases} \tag{2.20}$$

Si può dimostrare che queste due condizioni sono le uniche, fra quelle che si possono imporre sulle caratteristiche della sostanza, per ottenere l'intrinseca stabilità.
Se $S = S(x_1, \ldots, x_n)$ possiamo scrivere il suo differenziale secondo come:

$$d^2 S = \sum_i \sum_j \frac{\partial S}{\partial x_i} \frac{\partial S}{\partial x_j} dx_i dx_j \tag{2.21}$$

che è una forma quadratica associata alla matrice n?n:

$$\begin{bmatrix} \frac{\partial^2 S}{\partial x_1^2} & \cdots & \frac{\partial^2 S}{\partial x_1 \partial x_n} \\ \cdots & & \cdots \\ \frac{\partial^2 S}{\partial x_n \partial x_1} & \cdots & \frac{\partial^2 S}{\partial x_n^2} \end{bmatrix} \tag{2.22}$$

costituita da n^2 derivate seconde di cui solo alcune distinte, in quanto per SCH-
WARZ le derivate miste non sono tutte indipendenti. I termini da calcolare sono
allora $n + \frac{n^2-n}{2}$, dove n sono i termini diagonali mentre $\frac{n^2-n}{2}$ sono i termini
extradiagonali misti indipendenti.

Dal punto di vista del significato fisico, posto n sono i gradi di libertà termodinamici:

- in grande ci saranno $\frac{(r+2)(r+3)}{2}$ derivate distinte;

- in piccolo ci saranno $\frac{(r+1)(r+2)}{2}$ derivate distinte;

Nel caso di una sostanza pura (r=1) avremo allora 6 derivate in grande e 3 derivate
in piccolo. Queste tre derivate sono espresse dalle variabili dello spazio in cui ci
troviamo, ad esempio $\{T, V\}$ piuttosto che $\{T, p\}$.

Supponiamo di trovarci nello spazio di GIBBS : l'energia libera molare sarà allora, nel caso di sostanza pura, $g = g(T,p) = u - sT - pV$. Il suo differenziale si può esprimere come:

$$dg = \frac{\partial g}{\partial T}dT + \frac{\partial g}{\partial p}dp \qquad (2.23)$$

che diviene:

$$dg = -SdT - vdp \qquad (2.24)$$

Le tre derivate seconde saranno:

$$\frac{\partial^2 g}{\partial T^2} = \frac{\partial}{\partial T}\left(\frac{\partial g}{\partial T}\right)_p = \frac{\partial}{\partial T}(s)_p = -\frac{c_p}{T} \qquad (2.25)$$

$$\frac{\partial^2 g}{\partial p^2} = \frac{\partial}{\partial p}\left(\frac{\partial g}{\partial p}\right)_T = \frac{\partial}{\partial p}(v)_T = k_v T \qquad (2.26)$$

$$\frac{\partial^2 g}{\partial T \partial p} = \frac{\partial}{\partial T}\left(\frac{\partial g}{\partial p}\right)_p = \frac{\partial}{\partial T}(v)_p = -\alpha_p v \qquad (2.27)$$

Un discorso analogo può essere effettuato per lo spazio di HELMHOLTZ , in cui si troverà che le tre derivate dipendono da α_p, kT e c_v. Scelta dunque una coppia di variabili (x_1, x_2) fra T,s,p e v possiamo esprimere $u,f,h,$ e g come una funzione di tali variabili $(x1, x2)$ da cui

$$dy = \frac{\partial y}{\partial x_1}dx_1 + \frac{\partial y}{\partial x_2}dx_2$$

Si noti che α_p, k_T,c_V e c_p sono considerate facilmente misurabili, ma nelle relazioni viste sopra, al comportamento calorimetrico (c_V e c_p) è sempre associata almeno una proprietà che descrive il comportamento volumetrico (ovvero, se prendiamo le due caratteristiche volumetriche, a queste sarà sempre affiancata una caratteristica calorimetria). Da ciò discende il fatto, che può sembrare banale, che per descrivere tutto il sistema bisogna conoscere sia il comportamento volumetrico che quello calorimetrico.

Avendo ora in mano tutti gli strumenti necessari, possiamo vedere come generare a partire da essi, le equazioni di stato, tenendo la massa costante. Troviamo ad esempio la funzione che leghi il volume alla temperatura e alla pressione, $v = v(T,p)$. In primo luogo differenziamo:

$$dv = \left(\frac{\partial v}{\partial T}\right)_p dT + \left(\frac{\partial v}{\partial p}\right)_T dp \qquad (2.28)$$

Si confrontano allora le derivate così trovate con quelle notevoli in modo da ricondurle ad esse. Nel nostro esempio, queste sono, a meno del volume molare, già derivate notevoli:

$$dv = \alpha_p v dT + k_T v dp \qquad (2.29)$$

Per passare all'equazione in grande dobbiamo integrare tenendo conto del fatto che v è una proprietà mentre α_p e k_T dipendono dalla temperatura e dalla pressione e la loro conoscenza può essere effettuata attraverso una campagna sperimentale (tramite mappatura bidimensionale).

Vediamo ora di ricavare l'entropia $s = s(T, p)$. Differenziamo come al solito:

$$ds = \left(\frac{\partial s}{\partial T}\right)_p dT + \left(\frac{\partial s}{\partial p}\right)_T dp \qquad (2.30)$$

La prima derivata è facilmente riconducibile al calore specifico a pressione costante (a meno della temperatura), mentre la seconda derivata non è altrettanto facile da identificare. Questa derivata deve essere una combinazione di α_p, c_p e k_T ma non è una delle derivate notevoli. Quando non compaiono derivate notevoli, bisogna far comparire 3 delle quattro grandezze del secondo gruppo T,s,p e v per poi utilizzare le relazioni di MAXWELL . Qui siamo fortunati in quanto compaiono già grandezze di tale gruppo in derivate presenti nelle relazioni di MAXWELL . Sappiamo che $\left(\frac{\partial s}{\partial p}\right)_T = - \left(\frac{\partial V}{\partial T}\right)_p$ da cui $-\alpha_p v = \left(\frac{\partial s}{\partial p}\right)_T$ in base alla definizione di coefficiente di dilatazione isobaro.

$$ds = \frac{c_p}{T} dT - \alpha_p v dp \qquad (2.31)$$

Nota: v non è una grandezza fondamentale nello spazio $\{T, p\}$ e bisogna quindi sostituire la sua espressione in funzione delle variabili delle spazio. prima di poter integrare per ottenere S. Si noti inoltre che s dipende sia da parametri calorimetrici che da informazioni volumetriche e ciò conferma quanto detto sopra, ovvero che non possiamo descrivere il sistema (cioè scrivere la sua relazione fondamentale) senza conoscere comportamento calorimetrico e comportamento volumetrico.

Vediamo ora un esempio tale per cui nel differenziale non compaiono grandezze del secondo gruppo. Consideriamo lo spazio $\{T, v\}$, in cui avremo c_V,α_p e k_T e vogliamo ricavare l'energia u. La seconda derivata non è notevole: se fossimo stati nello spazio $\{S, v\}$ la si sarebbe potuta identificare con la pressione o meglio con $\left(\frac{\partial u}{\partial v}\right)_s = -p$, ma essendo nello spazio $\{T, v\}$, $.\left(\frac{\partial u}{\partial v}\right)_T \neq \pm p$.

Dobbiamo in primo luogo far comparire tutte grandezze del II gruppo. Per ottenere questo bisogna mettere a numeratore della derivata la variabile del primo gruppo. Possiamo generalizzare i casi possibili della derivata

$$\left(\frac{\partial a}{\partial b}\right)_c$$

con questo schema:

- se a $\in$ I gruppo, b e c $\in$ II gruppo, si passa al passo successivo;

- se b $\in$ I gruppo, a e c $\in$ II gruppo, si esegue la seguente trasformazione:

$$\left(\frac{\partial a}{\partial b}\right)_c \rightarrow \frac{1}{\left(\frac{\partial b}{\partial a}\right)_c}$$

- se c $\in$ I gruppo, a e b $\in$ II gruppo, si esegue la seguente trasformazione:

$$\left(\frac{\partial a}{\partial b}\right)_c \rightarrow -\frac{\left(\frac{\partial c}{\partial b}\right)_a}{\left(\frac{\partial c}{\partial a}\right)_b}$$

Una volta portata la derivata nella forma adatta, ovvero permutato la variabile del primo gruppo a numeratore della derivata (o delle derivate), la si esprime in funzione delle sue variabili naturali, ovvero:

$$u = u(s, v);$$
$$h = h(s, p);$$
$$f = f(T, v);$$
$$g = g(T, p);$$

applicando poi la regola della derivazione di funzioni composte. Nel nostro esempio:

$$
\begin{aligned}
\left(\frac{\partial u(s, v)}{\partial v}\right)_T &= \left(\left(\frac{\partial u(s, v)}{\partial s}\right)_v \frac{\partial s}{\partial v} + \left(\frac{\partial u(s, v)}{\partial v}\right)_s \frac{\partial v}{\partial v}\right)_T \\
&= \left(T\frac{\partial s}{\partial v} + p\right)_T
\end{aligned}
$$

Sostituendo nel differenziale

$$du = c_v dT + \left(T \left(\frac{\partial s}{\partial v} \right)_T + p \right) dv$$

sfruttando poi le relazioni di MAXWELL si arriva ad avere

$$du = c_v dT + \left(T \frac{\alpha p}{k_T} + p \right) dv$$

dove aver notato la relazione, basata sulla terza regola procedurale vista sopra:

$$\left(\frac{\partial s}{\partial v} \right)_T = -\frac{\left(\frac{\partial T}{\partial v} \right)_s}{\left(\frac{\partial T}{\partial s} \right)_v} = -\frac{\alpha_p v}{-k_T v} = \frac{\alpha_p}{k_T}$$

Riassumendo possiamo ottenere le relazioni fondamentali.
Nello spazio $\{T, v\}$, con proprietà notevoli $\{c_v, k_T\}$:

$$\boxed{\begin{aligned} du &= c_v dT + \left(T \frac{\alpha_p}{k_T} + p \right) dv \\ ds &= \frac{c_v}{T} dT + \frac{\alpha_p}{k_T} dv \end{aligned}}$$ (2.32)

Nello spazio $\{T, p\}$, con proprietà notevoli $\{c_p, \alpha_p, k_T\}$:

$$\boxed{\begin{aligned} dv &= \alpha_p v dT - k_T v dp \\ du &= (c_p - pv\alpha_p) dT + (pk_t - \alpha_p T) dp \\ dh &= c_p dT + (1 - \alpha_p T) v dp \\ ds &= \frac{c_p}{T} dT - \alpha_p v dp \end{aligned}}$$ (2.33)

Vediamo ora di ricavare la relazione che collega il calore specifico a pressione costante e quello a volume costante. Poniamoci nello spazio $\{T, v\}$.

$$c_p = \left(\frac{\partial h}{\partial T} \right)_p = T \left(\frac{\partial s}{\partial T} \right)_p = T \left(\left(\frac{\partial s}{\partial T} \right)_v \frac{\partial T}{\partial T} + \left(\frac{\partial s}{\partial v} \right)_T \frac{\partial v}{\partial T} \right) =$$ (2.34)

Permutiamo attraverso le relazioni di MAXWELL :

$$c_p = \ldots = T \left(\frac{c_v}{T} + \left(\frac{\partial p}{\partial T} \right)_v \frac{\partial v}{\partial T} \right)_P = T \left(\frac{c_v}{T} + \frac{(\frac{\partial v}{\partial T})_p}{(\frac{\partial v}{\partial p})_T} \frac{\partial v}{\partial T} \right)_P = \quad (2.35)$$

da cui

$$c_p = \ldots = T \left(\frac{c_V}{T} + \frac{\alpha_p}{k_T} \frac{\partial v}{\partial T} \right)_p = c_V + T \frac{\alpha_p}{k_T} \left(\frac{\partial v}{\partial T} \right)_p = c_v + \frac{\alpha_p^2 v T}{k_T} \quad (2.36)$$

Ottenendo la relazione generalizzata di MAYER :

$$\boxed{ c_p = c_v + \frac{\alpha_p^2 v T}{k_T} } \quad (2.37)$$

Guardiamo ora come si comportano le proprietà delle sostanze al tendere a zero della temperatura:

- calore specifico a volume costante:

$$\boxed{ \lim_{T \to 0} c_v = 0 } \quad (2.38)$$

- calore specifico a pressione costante:

$$\boxed{ \lim_{T \to 0} c_p = 0 } \quad (2.39)$$

- coefficiente di dilatazione isobaro:

$$\boxed{ \lim_{T \to 0} \alpha_p = 0 } \quad (2.40)$$

- coefficiente di comprimibilità isoterma:

$$\boxed{ \lim_{T \to 0} k_T = 0 } \quad (2.41)$$

Per giustificare i primi due limiti basta considerare l'integrale dell'entropia:

$$ds = \frac{c_v}{T}dT$$

$$\downarrow$$

$$S(T) = \int_0^T dS$$

$$= \int_0^T \frac{c_v}{T}dT$$

$$\downarrow$$

$$\lim_{T\to 0} s(T) = \lim_{T\to 0} \int_0^T \frac{c_v}{T}dT = 0$$

Affinché il limite dell'integrale sia verificato, è necessario che le quantità notevoli c_v s'annulli a $T = 0$. In maniera analoga si trova il comportamento di C_p.

Per il coefficiente di dilatazione isobaro, la risoluzione del limite si effettua sfruttando le relazioni di MAXWELL :

$$\alpha_p = \frac{1}{v}\left(\frac{\partial v}{\partial T}\right)_p$$

$$\downarrow$$

$$\alpha_p = -\frac{1}{v}\left(\frac{\partial s}{\partial p}\right)_T$$

$$\downarrow$$

$$\alpha_p = \frac{1}{v}\left(\frac{\partial v}{\partial T}\right)_p$$

$$\downarrow$$

$$\lim_{T\to 0}\alpha_p = \lim_{T\to 0}\frac{1}{v}\left(\frac{\partial v}{\partial T}\right)_p$$

$$\downarrow$$

$$\lim_{T\to 0}\alpha_p = 0$$

Per il coefficiente di comprimibilità isoterma, possiamo sfruttare la relazione di MAYER , scritta come

$$k_T = \frac{\alpha_p^2 v T}{c_p - c_v} \tag{2.42}$$

Questa è una forma d'indecisione del tipo $\frac{0}{0}$, risolvibile valutando gli ordini di grandezza: si vede come il il numeratore s'annulli più velocemente del denominatore, donde da cui effettivamente

$$\lim_{T\to 0} k_T = 0$$

CHAPTER 3

PROPRIETÁ DELLE SOSTANZE

3.1 Gas Ideale

Il GAS IDEALE è definito come quella sostanza caratterizzata dall'equazione volumetrica:

$$V = \frac{nRT}{p} \tag{3.1}$$

in cui:

- n è il numero di moli;

- R è la COSTANTE UNIVERSALE DEI GAS, e vale $8,3145 \frac{J}{mol \cdot K}$;

Elementi di Fisica Tecnica.
By Giulio Malinverno.
Copyright © 2016 .

- p è la pressione;

- T è la temperatura;

Il volume specifico molare sarà allora:

$$v = \frac{V}{n} = \frac{RT}{p} \tag{3.2}$$

Questa relazione ci dice che, una volta fissati i parametri temperatura e pressione, il volume occupato è una quantità invariante rispetto al tipo di gas ideale considerato, ovvero a parità dei parametri T e p, i gas ideali occupano tutti lo stesso volume. In condizioni standard ($p_0 = 101325$ Pa e $T_0 = 273,15$ K) esso vale

$$v_0 = 22,4 \text{ dm}^3$$

Possiamo ricavare anche in coefficienti volumetrici:

$$\boxed{\alpha_p \triangleq \frac{1}{v}\left(\frac{\partial v}{\partial T}\right)_p = \frac{1}{T}} \tag{3.3}$$

$$\boxed{k_T \triangleq -\frac{1}{v}\left(\frac{\partial v}{\partial p}\right)_T = \frac{1}{p}} \tag{3.4}$$

Possiamo a questo punto sviluppare l'espressione dell'energia e dell'entropia ponendoci nello spazio $\{T, v\}$:

$$\boxed{du = c_v dT + \left(\frac{\alpha_p T}{k_T} - p\right) dv = c_v dT + \left(\frac{p}{T}T - p\right) dv = c_v dT} \tag{3.5}$$

da cui

$$\boxed{\left(\frac{\partial u}{\partial v}\right)_T \equiv 0} \tag{3.6}$$

ovvero, per un gas ideale, l'energia interna non dipende esplicitamente dal volume: $u = u(T)$. Poiché inoltre $c_v \triangleq \left(\frac{\partial u}{\partial T}\right)_v$, si ha anche $c_v = c_v(T)$. Analogamente, possiamo ricavare l'espressione per l'entropia:

$$\boxed{ds = \frac{c_v}{T}dT + \frac{\alpha_p}{k_T}dv = \frac{c_v}{T}dT + \frac{p}{T}dv = \frac{c_v}{T}dT + \frac{R}{v}dv} \tag{3.7}$$

Integriamo quest'ultima relazione:

$$\int ds = \int \frac{c_v}{T} dT + \int \frac{R}{v} dv = f_1(T) + f_2(v) \qquad (3.8)$$

poiché c_v è dipende esclusivamente dalla temperatura, abbiamo che s dipende linearmente da due funzioni che dipendono rispettivamente dalla sola temperatura e dal solo volume:

$$s = s_0 + f_1(T) + f_2(v) \qquad (3.9)$$

In maniera analoga, nello spazio $\{T, p\}$ abbiamo invece:

$$\boxed{ds = \frac{c_p}{T} dT + \alpha_p v dp = \frac{c_p}{T} dT - \frac{R}{p} dp} \qquad (3.10)$$

Possiamo valutare anche l'espressione differenziale dell'entalpia:

$$\boxed{dh = c_p dT + (1 - \alpha_p T) v dp = c_p dT} \qquad (3.11)$$

ovvero:

$$\boxed{\left(\frac{\partial h}{\partial p} \right)_T \equiv 0} \qquad (3.12)$$

il che comporta, come per l'energia interna, la dipendenza formale dalla sola temperatura: $h = h(T)$. In maniera similare, essendo $c_p \triangleq \left(\frac{\partial h}{\partial T} \right)_p$, avremo $c_p = c_p(T)$.

Possiamo riprendere la relazione generalizzata di MAYER :

$$c_p = c_v + \frac{\alpha_p^2 v T}{k_T} = c_v + \frac{vT}{\frac{1}{p}} \qquad (3.13)$$

ovvero otteniamo la ben nota relazione fra i calori specifici:

$$\boxed{c_p = c_v + R} \qquad (3.14)$$

Vediamo ora come possiamo valutare il comportamento calorimetrico della sostanza ideale. Concentrandoci su $c_v = c_v(T)$, supponiamo di sviluppare il calore specifico attraverso un polinomio di grado n-esimo:

$$c_v = a + bT^2 + cT^3 + \dots \qquad (3.15)$$

dove i valori di a, b e c dipenderanno dal range di temperatura considerato.

In effetti, attraverso una campagna sperimentale, si scopre che su intervalli ben precisi di temperatura l'andamento risulta essere quantizzato e costante: Ad esempio, per l'idrogeno:

Si scopre allora che:

$$c_v = \frac{3}{2}R \text{ con } 10 > T > 100 \tag{3.16}$$

$$c_v = \frac{5}{2}R \text{ con } 100 > T > 1000 \tag{3.17}$$

$$c_v = \frac{7}{2}R \text{ con } T > 1000 \tag{3.18}$$

Il comportamento è *quasi quantizzato* (con salti pari a $\frac{1}{2}R$), in quanto negli estremi dell'intervallo non c'è un salto perfetto e netto ma la curva ha comunque dei bruschi cambiamenti.

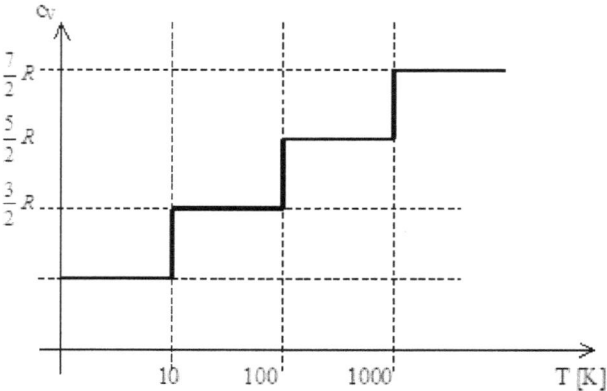

Figura 3.1: Andamento quantizzato del calore specifico (curve approssimate con rette spezzate).

Nell'ambito della termodinamica classica tale comportamento quasi quantizzato non è spiegabile: per spiegarlo è necessario addentrarsi nello studio della struttura fine della materia prendendo in esame i gradi di libertà cinematica delle molecole o dell'atomo del gas. Per trovare il valore corretto del calore specifico a volume costante si prendono tali gradi di libertà e li si moltiplica per il salto quantico: per temperature inferiori ai cento gradi, gli unici gradi di libertà cinematici che la particella possiede sono quelli traslazionali, che nello spazio a tre dimensioni sono tre, da cui $c_v = \frac{3}{2}R$.

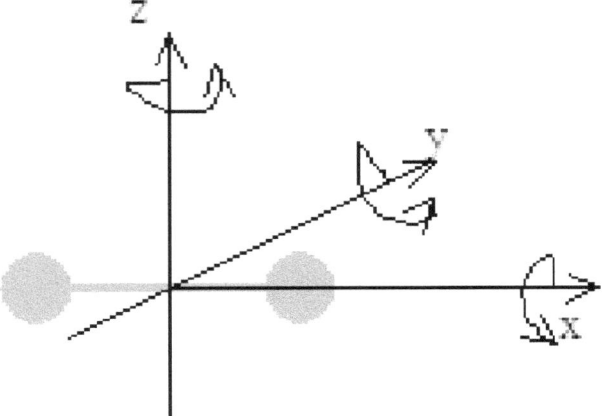

Figura 3.2: Molecola modellata rigidamente.

Per temperature superiori, si attivano altri gradi di libertà cinematici, in particolare quelli rotazionali: poichè ci sono ulteriori tre gradi di libertà, i gradi totali saranno sei e dunque si dovrebbe avere un $c_v = \frac{6}{2}R$. In realtà si ha $c_v = \frac{5}{2}R$, quindi i casi possono essere due:

- ci sono solo due gradi di libertà rotazionali;

- l'ipotesi di quantizzazione pari a $\frac{1}{2}R$ non è corretta.

In realtà, entrambe queste supposizioni sono errate, in quanto la quantizzazione detta, data dalla simmetria della natura, è corretta e nello spazio a tre dimensioni ci sono tre assi attorno ai quali si può ruotare. Consideriamo allora la nostra particella molecolare: essa può essere modellata meccanicamente come due masse collegate da un'asta rigida. Posizioniamo ora un sistema di riferimento tale da avere un asse allineato con l'asta. Data la piccolezza della molecola, nell'ordine degli armstrong (circa 10^{-6} m), il momento d'inerzia rispetto all'asse allineato è molto piccolo nei confronti degli altri due momenti. Dei tre gradi rotazionali, solo due sono effettivamente rilevanti nel calcolo dell'energia cinetica: i gradi

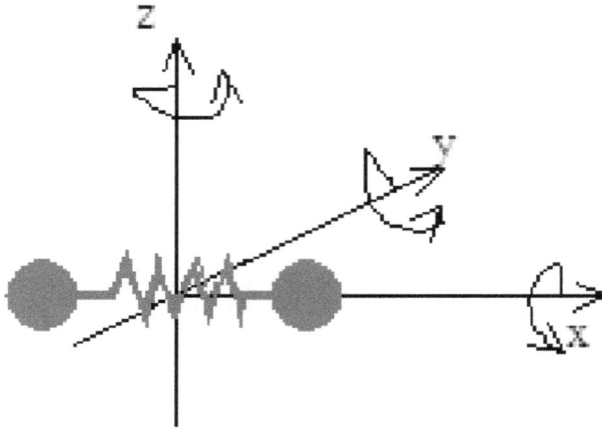

Figura 3.3: Il grado di libertà corrispondente alla distanza fra gli atomi costituenti può essere modellato attraverso una molla.

di libertà rotazionali sono quindi correttamente tre, ma solo due danno contributi significativi.

Per temperature superiori ai 1000 K, si ha l'attivazione di un nuovo grado di libertà: l'asta che collega le molecole non può più essere considerata rigida ma deve essere modellata con una molla, e dunque avremo come grado di libertà aggiuntiva la distanza fra i due atomi. Inoltre, l'agitazione termica è tale per cui il grado di libertà rotazionale precedentemente escluso viene riattivato, avendo così complessivamente sette gradi di libertà.

In effetti la quasi-quantizzazione è dovuta ad un fattore correttivo pari a:

$$\left(\frac{\vartheta}{\sinh \vartheta} \right)^2 \tag{3.19}$$

con $\vartheta \triangleq \frac{2T_v}{T}$ essendo T_v una temperatura caratteristica. Si noti che per $T \to \infty$, c_v tende a una costante, infatti:

$$\lim_{T \to \infty} \left(\frac{\vartheta}{\sinh \vartheta} \right)^2 = \lim_{\vartheta \to 0} \left(\frac{\vartheta}{\sinh \vartheta} \right)^2 = \lim_{\vartheta \to 0} \left(\frac{1}{\cosh \vartheta} \right)^2 = 1 \tag{3.20}$$

Questo discorso vale anche per le molecole più complicate di quella dell'idrogeno, poiché i gradi di libertà considerati sono cinematici e dunque entra in gioco solo il numero di *masse* e *aste* considerate:

$$f_t = 3 \tag{3.21}$$

$$f_r = 3 \text{ (2 se la molecola è lineare)} \tag{3.22}$$

$$f_v = 3n - (f_t + f_r) \tag{3.23}$$

dove si è indicato con n il numero di atomi.

Per trovare il c_p basta utilizzare la relazione di MAYER :

$$c_p = c_v + R = \frac{5}{2}R \text{ con } 10 > T > 100 \tag{3.24}$$

$$c_p = c_v + R = \frac{7}{2}R \text{ con } 100 > T > 1000 \tag{3.25}$$

$$c_p = c_v + R = \frac{9}{2}R \text{ con } T > 1000 \tag{3.26}$$

Nella maggioranza delle nostre applicazioni manterremo la temperatura compresa tra i 100 e i 1000 K, e dunque possiamo considerare i calori specifici costanti.

Def. 45 *Possiamo allora ridefinire in base a quest'osservazione il gas perfetto come quel gas avente calori specifici costanti.*

Riguardo all'energia e all'entropia, per un gas perfetto avremo:

$$u = u_0 + c_v(T - T_0) \tag{3.27}$$

$$s = s_0 + c_v \ln \frac{T}{T_0} + R \ln \frac{v}{v_0} \text{ nello spazio } T, v \tag{3.28}$$

$$s = s_0 + c_p \ln \frac{T}{T_0} - R \ln \frac{p}{p_0} \text{ nello spazio } T, p \tag{3.29}$$

3.2 Gas reali

Per un gas ideale vale la relazione volumetrica che può essere espressa come $\frac{pv}{T} = R$, ovvero il rapporto $\frac{pv}{T}$ è pari a una costante particolare, R. Qualora tale rapporto non fosse pari alla costante universale dei gas, saremmo in presenza di un gas reale. Si può tuttavia dimostrare che per un gas reale vale la relazione:

$$\lim_{p \to 0} \frac{pv}{T} = R \tag{3.30}$$

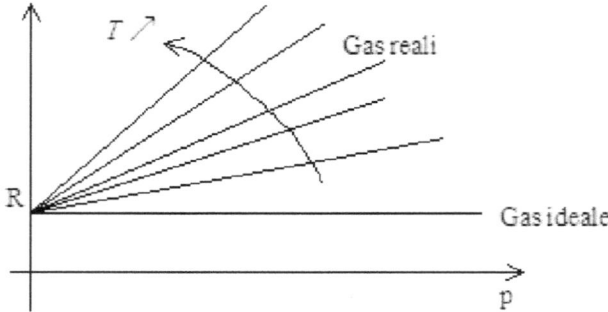

Figura 3.4: Andamento del rapporto $\frac{pv}{T}$ per gas reali. Il limite per pressioni decrescenti è la costante universale dei gas.

Tanto più grande è la temperatura, tanto più rapidamente il rapporto tende alla costante dei gas al tendere a zero della pressione (figura 3.4). In particolare situazioni, a basse pressioni, il comportamento volumetrico dei gas si assomiglia: fissata allora una banda d'errore su R, possiamo trovare una fascia di pressioni in cui approssimare il comportamento del gas reale con quello ideale.

Possiamo tentare comunque di costruire un'equazione di stato per il gas reale, in modo da poter descriverne il comportamento anche quando non siamo in grado di utilizzare il modello di gas ideale. Una delle più famose equazioni di stato per gas non ideali è l'equazione di VAN DER WAALS , sviluppata nel 1873, costituita da una correzione in senso fisico della precedente equazione del gas ideale. In particolare interviene il fatto che le molecole costituenti un gas reali sono particelle dotate di una massa e di dimensioni finite, quindi sempre soggette a forze intermolecolari e alle relazioni quantistiche:

- mentre nei gas ideali la pressione può andare a zero, mentre nei gas reali la pressione assumerà al limite un valore residuo non nullo. Sostituiamo quindi alla pressione pura il termine correttivo costituito dalla somma di pressione e pressione residua, $p \rightarrow p + \frac{a}{v^2}$;

- per un gas ideale, il volume può teoricamente andare a zero, mentre per un gas reale il volume non può annullarsi, assumendo al limite un valore residuo (detto *covolume*). Sostituiamo allora al volume il termine corretto costituito dalla somma di volume e covolume, $v \rightarrow v - b$;

L'equazione di VAN DER WAALS diviene allora:

$$\boxed{\left(p + \frac{a}{v^2}\right)(v - b) = RT}$$ (3.31)

Un altro modello di gas reale prevede l'introduzione del fattore di comprimibilità o di eccentricità, definito come

$$\boxed{z \triangleq \frac{pV}{RT}}$$ (3.32)

che assume ovviamente valore unitario per i gas ideali mentre è differente da 1 per i gas reali. Supponiamo che z sia poco differente dall'unità, in modo da poterlo sviluppare in serie, attraverso uno sviluppo detto *sviluppo del viriale*:

$$z = 1 + \frac{a}{v} + \frac{b}{v^2}$$ (3.33)

Si ricordi infatti che se il sistema è all'equilibrio si possono sempre misurare le proprietà di stato p, v e T. Inoltre, z dipenderà anche dal tipo di gas considerato. Possiamo diagrammare l'andamento del fattore di comprimibilità una volta fissato il gas, parametrizzando in base alla temperatura (vedi figura 3.5). All'aumentare della temperatura, i gas reali tendono ad approssimare il gas ideale. Si tenga conto che questo è un grafico qualitativo, cambiando gas si otterrà un grafico qualitativamente simile ma non sovrapponibile.

Per ciascuna sostanza esiste uno stato particolare detto *punto critico* (T_c, p_c) che è unico e tale per cui $v_c = v(T_c, p_C)$. Introduciamo allora le grandezze dimensionali ridotte:

$$\boxed{\begin{aligned} p_r &= \frac{p}{p_c} \\ T_r &= \frac{T}{T_c} \\ v_r &= \frac{v}{v_c} \end{aligned}}$$ (3.34)

Possiamo allora riscrivere l'equazione di stato in termini ridotti. Consideriamo i gas ideali:

$$pv = RT$$
$$\downarrow$$
$$p_r p_c v_r v_c = RT_r T_c$$

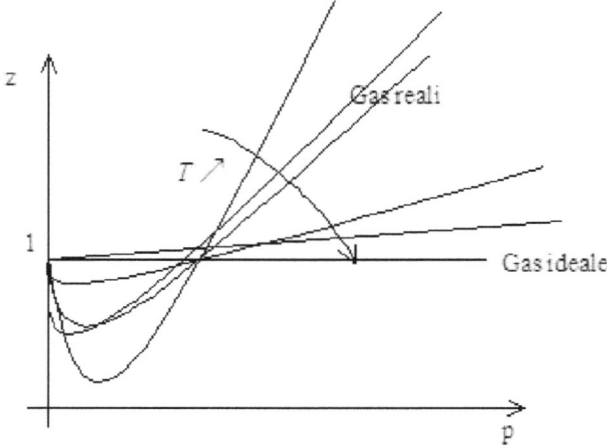

Figura 3.5: Andamento del fattore di comprimibilità z per gas reali. Il limite per pressioni decrescenti è il valore unitario (gas ideale), ma l'andamento non è necessariamente lineare.

da cui

$$\boxed{v_r = R\frac{T_r}{p_r}\frac{T_c}{p_c v_c}} \tag{3.35}$$

dove il termine $\frac{T_c}{p_c v_c}$ dipende dal gas in questione.
Si scopre che quest'equazione di stato rimane quasi sempre verificata anche quando cambiamo sostanza e la si può perciò considerare un'equazione di stato universale.
Possiamo allora introdurre il *principio degli stati corrispondenti*. Se ridisegniamo il diagramma $p - z$ in funzione della pressione ridotta p_r (figura 3.6), in base al principio ricordato sopra, varrà allora per ciascun gas (al tendere delle variabili di stato ai valori critici)

$$\lim_{p\to p_c} z = \lim_{p_r\to 1} z = \lim_{p_r\to 1} \frac{pv}{RT} = \lim_{p_r\to 1} \frac{p_r v_r}{RT_r}\frac{p_c v_c}{T_c} = \frac{p_c v_c}{T_c} \tag{3.36}$$

Allora se per $p_r \to 1$, il valore di z viene a dipendere esclusivamente dalle caratteristiche del punto triplo della sostanza considerata, ciò conferma il fatto che il principio degli stati corrispondenti è quasi vero. Possiamo altresì introdurre il

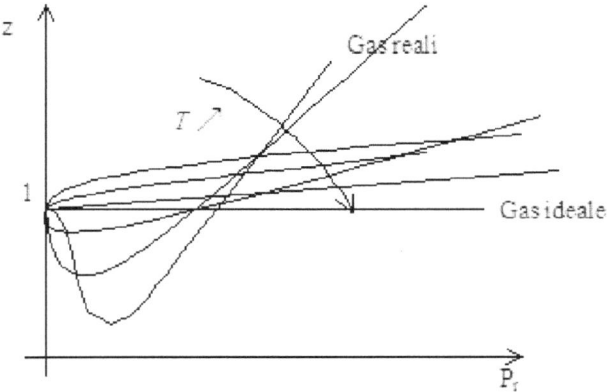

Figura 3.6: Andamento del fattore di comprimibilità z per gas reali, riferito alla pressione ridotta.

fattore di comprimibilità ridotto:

$$z_c \triangleq \frac{p_c v_c}{T_c} \qquad (3.37)$$

Avremo allora $z = z(p, T) = z(p_r, T_r, z_c)$ in tal modo si recupera l'universalità della legge dei gas.

3.3   Mezzi incomprimibili - solidi e liquidi

Se si astrae dal comportamento reale, possiamo definire mezzo incomprimibile ideale quel mezzo tale per cui v e V sono costanti ovvero:

$$\begin{aligned} \alpha_p &= \frac{1}{V}\left(\frac{\partial V}{\partial T}\right)_p = 0; \\ k_T &= \frac{1}{V}\left(\frac{\partial V}{\partial p}\right)_T = 0; \end{aligned} \qquad (3.38)$$

Ponendoci nello spazio $\{T, p\}$ avremo:

$$
\begin{aligned}
du &= (c_p + p\alpha_p v)dT + v(pk_T + \alpha_p T)dp &= c_p dT \\
dh &= c_p dT - (\alpha_p - 1)vdp &= c_p dT \\
ds &= \frac{c_p}{T}dT - \alpha_p \frac{v}{p}dp &= \frac{c_p}{T}dT
\end{aligned}
\qquad (3.39)
$$

mentre riprendendo la relazione di MAYER :

$$
c_p = c_v + \frac{\alpha_p^2 vT}{k_T} = c_v
\qquad (3.40)
$$

Ciò è comprensibile in quanto, essendo mezzi non comprimibili, le variazioni di pressione non possono per definizione alterare lo stato del sistema. Di conseguenza, inoltre, per un mezzo incomprimibile distinguere fra calore specifico a pressione costante e calore specifico a volume costante è inutile in quanto questi due termini coincidono: si usa allora l'espressione generica di calore specifico (in effetti ciò vale per i mezzi incomprimibili ideali, mentre per i mezzi reali si dovrebbe più correttamente mantenere la distinzione).

In tal senso avremo i differenziali:

$$
\begin{aligned}
du &= cdT \\
dh &= cdT \\
ds &= \frac{c}{T}dT
\end{aligned}
\qquad (3.41)
$$

che integrati danno luogo a:

$$
\begin{aligned}
u &= u_0 + c(T - T_0) \\
h &= h_0 + c(T - T_0) + v(p - p_0) \\
s &= s_0 + c\ln\frac{T}{T_0}
\end{aligned}
\qquad (3.42)
$$

Si noti che analiticamente, poiché $u = u(T)$, si avranno anche $c_V = c_V(T)$ e $c_p = c_p(T)$, ovvero $\left(\frac{\partial c}{\partial p}\right)_T = 0$, ma si trova sperimentalmente che la dipendenza del calore specifico dalla temperatura è molto debole, tanto che per un mezzo ideale si può assumere c costante.

Per un mezzo incomprimibile reale, la dipendenza dalla pressione non è più trascurabile:

$$V = V(T, p);$$
$$k_T = k_T(T, p);$$
$$\alpha_p = \alpha_p(T, p);$$
$$c_p = c_p(T, p);$$

sebbene il volume dipenda debolmente da pressione e temperatura.

Possiamo però approfondire questi legami. Tutti i solidi e i liquidi godono delle seguenti proprietà:

- le variazioni di α_p, k_T e c_p nei confronti della pressione sono pressoché nulle e possiamo assumere la dipendenza solo dalla temperatura;

-

$$\boxed{c_p = c_p(T) \simeq c_0 + c_1 T + c_2 T^2} \tag{3.43}$$

- per i solidi, il coefficiente di comprimibilità isoterma è costante;

- per i liquidi, coefficiente di comprimibilità isoterma segue una legge esponenziale:

$$\boxed{k_T = k_{T_0} e^{bT}} \tag{3.44}$$

Nota: l'acqua ha tuttavia un comportamento a se stante e segue la legge esponenziale riportata sopra solo per temperatura superiori a 60 gradi:

3.4 Miscele di gas

Togliamo ora ai nostri sistemi l'ultimo vincolo rimasto, ovvero quello di essere monocomponente, consideriamo ora sistemi per cui $r > 1$. In particolare ci occuperemo di miscele di gas. Queste possono essere scomposte in:

- non reattive (rimangono costanti);

- reattive (variabili a seguito di reazioni chimiche).

Per semplicità, ci occuperemo solamente delle miscele non reattive. Muoviamoci nello spazio di Gibbs e introduciamo per prima cosa le grandezze specifiche. Sia Z una generica grandezza estensiva.

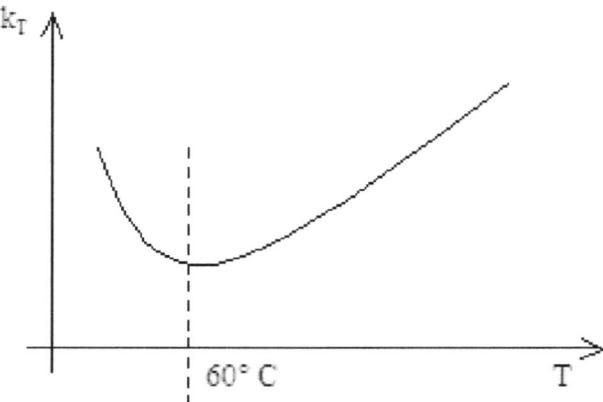

Figura 3.7: Andamento del fattore di comprimibilità k_T per l'acqua. La legge esponenziale approssima il comportamento dell'acqua solo sopra i 60 gradi.

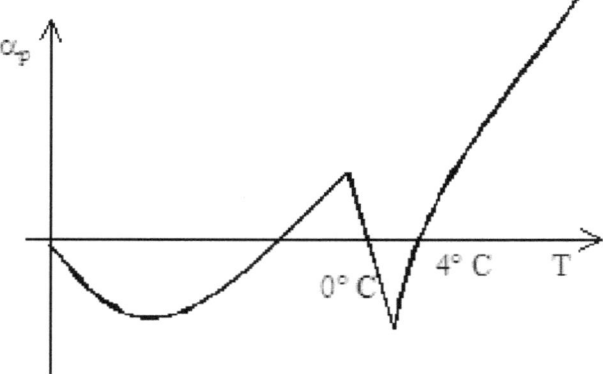

Figura 3.8: Andamento del coefficiente di dilatazione isobaro per l'acqua. Si noti il comportamento nell'interno degli zero gradi.

Def. 46 *Definiamo* grandezza parziale *la derivata parziale:*

$$z_i \triangleq \left(\frac{\partial Z}{\partial n_i} \right)_{p,T,n_{j \neq i}} \tag{3.45}$$

Se la grandezza estensiva è omogenea di ordine uno, la grandezza parziale sarà omogenea di ordine zero:

$$z_i(\lambda T, \lambda p, \lambda \vec{n}) = \lambda z_i(T, p, \vec{n}) \tag{3.46}$$

Se dunque prendiamo $\lambda = \frac{1}{n}$ con $n = \sum_i n_i$ avremo:

$$z_i(\lambda T, \lambda p, \vec{y}) = z_i(T, p, \vec{n}) \tag{3.47}$$

Da ciò si può dimostrare che:

$$Z = \sum_i n_i z_i \tag{3.48}$$

Possiamo supporre che esistano degli effetti non lineari dovuti alla presenza di

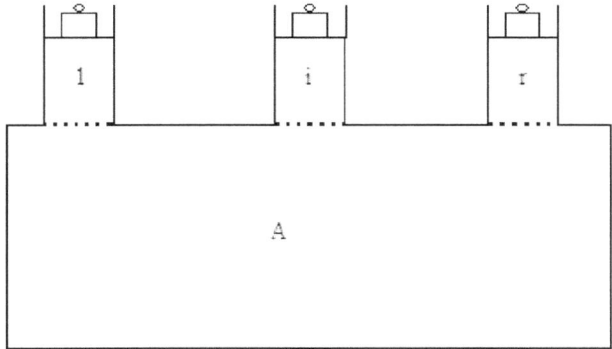

Figura 3.9: Esperimento per valutare gli effetti non lineari nelle miscele di gas.

più componenti: consideriamo un sistema

$$A\{T, p, V, \mu_1, \dots, \mu_r, n_1, \dots, n_r\}$$

e mettiamolo a contatto con r altri sistemi costituiti da un solo componente e caratterizzati dai parametri $S_{ii} = \{T_{ii}, p_{ii}, V_{ii}, \mu_{ii}, n_{ii}\}$ (prendendo in esame l'i-esimo sistema). Supponiamo che A sia a contatto con ciascuno di questi sistemi ma questi ultimi non siano a contatto fra di loro (figura 3.9)

Supponiamo che le parete che dividano A da questi sistemi, scambino solo la massa relativa al loro componente, ovvero la parete che divide A dall'i-esimo componente scambi solo n_i. Parliamo dunque di pareti *selettive* e *semimpermeabili*, dette anche, in modo scorretto, *membrane*. Poiché tali pareti possono far passare massa, potranno far passare anche energia, ma essendo fisse, non ci potrà essere variazione di volume.

Consideriamo allora il sistema formato da tutti questi sistemi:

$$Z = A \cup S_1 \cup \ldots \cup S_r \qquad (3.49)$$

Affinché Z sia in uno stato di equilibrio stabile, è necessario che:

$$\{A, S_{11}, \ldots, S_{r1}\} SME \qquad (3.50)$$

Da ciò si hanno le condizioni sui singoli parametri:

$$\begin{cases} T_{ii} = T \\ \mu_{11} = \mu_1 \\ \ldots \\ \mu_{rr} = \mu_r \end{cases} \qquad (3.51)$$

Ragionando sull'i-esimo contenitore, $T_{ii} = T$ e $\mu_{ii} = \mu_i$. Ma avendo $\mu_{ii} = \mu_{ii}(T_{ii}, p_{ii})$ e contemporaneamente $\mu_i = \mu_i(T_i, p_i, \vec{y})$, avremo allora:

$$\mu_{ii}(T_{ii}, p_{ii}) = \mu_i(T_i, p_i, \vec{y}) \qquad (3.52)$$

Se deve accadere questo, vuol dire che i flussi di massa sono inibiti, ovvero che sia in A che in S_{ii} ci deve essere lo stesso contenuto di massa. Supponiamo di annullare tutti, eccettuato uno solo, i componenti della miscela, ovvero $y_i = 1$ e $y_j = 0 \forall i \neq j$. La precedente condizione diviene:

$$\mu_{ii}(T_{ii}, p_{ii}) = \mu_i(T_i, p_i, 0, \ldots, 0, 1, 0, \ldots, 0) \qquad (3.53)$$

dunque

$$p_{ii} = p \qquad (3.54)$$

tale pressione è la pressione del componente i-esimo puro se questo occupasse da solo l'intero volume del sistema a quella temperatura. Ma questa può essere ricondotta alla definizione di *pressione parziale* p_i. Supponiamo di ripetere quanto fatto per tutti gli r componenti, in modo da determinare tutti i p_{ii}. Possiamo allora fare la distinzione fra i gas la cui miscela segue la legge:

$$\boxed{P = \sum_i p_{ii} \text{ equazione di GIBBS - DALTON}} \qquad (3.55)$$

e quelli tali per cui

$$P \neq \sum_i p_{ii} \qquad (3.56)$$

Nel primo caso si parla di *miscela ideale* o miscela di GIBBS - DALTON : ciascun componente ignora la presenza di tutti gli altri, ovvero si trova in miscela ma si comporta come se si trovasse da solo. Non si hanno quindi effetti misti (o non lineari).

Malgrado il nome, la pressione parziale p_{ii} non è una grandezza specifica parziale, ma la pressione che il componente i-esimo avrebbe se occupasse da solo l'intero volume del sistema alla temperatura T.

Da assunti sperimentali possiamo dire che una miscela di gas ideali si comporta essa stessa come un gas ideale ovvero

$$\boxed{\text{se } p_{ii}V = n_i RT \forall i \Rightarrow pV = nRT \text{ dove } n = \sum_i n_i} \qquad (3.57)$$

Teorema 11 *Una miscela di gas ideali è una miscela ideale*

Dimostrazione:

$$\sum_i p_{ii} = \sum_i \frac{n_i RT}{V} = \frac{RT}{V} \sum_i n_i = n\frac{RT}{V} = p \qquad (3.58)$$

Queste affermazioni sono contenute in potenza nel "codice genetico" della definizione di gas ideale, in quanto, per definizione appunto, non ci sono interazioni fra particelle.

In particolare ci occuperemo solo di miscele di gas ideali. Possiamo allora elencarne alcune proprietà:

- se consideriamo il rapporto $\frac{p_i V}{pV} = \frac{n_i RT}{nRT}$ otterremo

$$p_i = p\frac{n_i}{n} = p_i y_i \qquad (3.59)$$

- analogamente per quanto riguarda il volume,

$$v_i = \frac{V}{n_i} = \frac{RT}{p_i} = \frac{v}{y_i} \qquad (3.60)$$

- gas ideali che si trovano alla stessa temperatura e pressione occupano lo stesso volume molare.

Possiamo definire allora il *volume proprio* V_{ii}, definito come il volume che il componente occuperebbe da solo se fosse alla pressione e alla temperatura del sistema. Consideriamo per esempio due contenitori, sulla cui parte mobile applichiamo lo stesso peso, dunque la stessa pressione: avremo analogamente la stessa temperatura ($p_{ii} = p$; $T_{ii} = T$). Si può facilmente capire che $V_{ii} \neq V$. Per una miscela

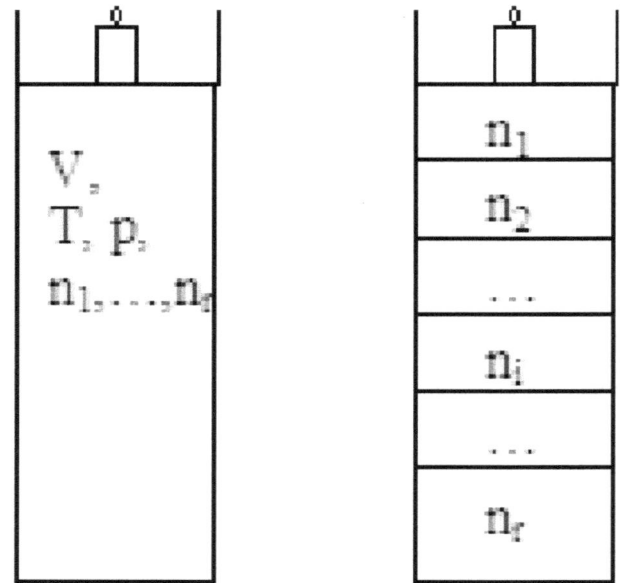

Figura 3.10: Esperimento per valutare il volume proprio.

ideale si ha infatti:

$$V = \sum_i V_{ii} \qquad (3.61)$$

Che può essere facilmente dimostrato:

$$V_{ii} = \frac{n_{ii}RT}{p_{ii}} = \frac{n_i RT}{p}$$

$$\downarrow \qquad\qquad (3.62)$$

$$\sum_i V_{ii} = \sum_i \frac{n_i RT}{p} = \frac{RT}{p} \sum_i n_i = \frac{nRT}{p} = V$$

Queste argomentazioni ci saranno utili per collegare le proprietà del componente puro con quelle del componente in miscela. In particolare vogliamo passare da una formulazione:

$$U = \sum_i n_i u_i(T, p, \vec{y}) \qquad\qquad (3.63)$$

a una formulazione

$$U = \sum_i n_i u_{ii}(T, p_{ii}) \qquad\qquad (3.64)$$

dove

- u_i, energia parziale relativa all'i-esimo componente della miscela;

- u_{ii}, energia parziale dell'i-esimo componente puro;

- T, temperatura del sistema;

- p_{ii}, pressione parziale.

Analogamente vogliamo trovare:

$$S = \sum_i n_i s_i(T, p, \vec{y}) = \sum_i n_i s_{ii}(T, p_{ii}) \qquad\qquad (3.65)$$

e

$$V = \sum_i n_i v_i(T, p, \vec{y}) = \sum_i n_i \frac{p_{ii}}{p} s_{ii}(T, p_{ii}) \qquad\qquad (3.66)$$

Poiché abbiamo utilizzato gas ideali, sostituiamo le loro equazioni:

$$u_{ii}(T, p_{ii}) = u_{ii}(T) = u_{0,ii} + c_{v,i}(T - T_0) \qquad\qquad (3.67)$$

Poiché u_{ii} non dipende dalla pressione parziale, notiamo che u non é allora influenzata dal fatto di essere o meno in miscela, a patto di avere la stessa temperatura e lo stesso volume. Possiamo allora utilizzare il principio di sovrapposizione degli effetti, ovvero per calcolare l'energia del sistema calcoliamo l'energia dei singoli componenti sommando poi i vari contributi. Ciò si dimostra valido anche per l'entalpia.

Per l'entropia, il principio di sovrapposizione non é più valido:

$$s_{ii}(T, p_{ii}) = s_{ii}(T) = s_{0,ii} + c_p \ln \frac{T}{T_0} - R \ln \left(\frac{p_{ii}}{p_0} \right) \qquad (3.68)$$

L'entropia di ciascun componente risente del fatto di essere in miscela, anche se permane un legame lineare fra S e s_{ii}: quest'ultima è una funzione non lineare, ma S è data da una combinazione lineare di s_{ii}. Possiamo approfondire l'espressione di s_{ii}:

$$
\begin{aligned}
s_{ii}(T, p_{ii}) &= s_{0,ii} + c_p \ln \frac{T}{T_0} - R \ln \left(\frac{p_{ii}}{p_0} \right) \\
&= s_{0,ii} + c_p \ln \frac{T}{T_0} - R \ln \left(\frac{p_{ii}}{p_0} \frac{p}{p} \right) \\
&= s_{0,ii} + c_p \ln \frac{T}{T_0} - R \ln \left(\frac{p_{ii}}{p} \frac{p}{p_0} \right) \\
&= s_{0,ii} + c_p \ln \frac{T}{T_0} - R \ln \left(\frac{p_{ii}}{p} \right) - R \ln \left(\frac{p}{p_0} \right) \\
&= s_{ii} - R \ln \left(\frac{p_{ii}}{p} \right)
\end{aligned}
\qquad (3.69)
$$

Otteniamo quindi:

$$S = \sum_i n_i \left(s_{ii} - R \ln \left(\frac{p_{ii}}{p} \right) \right) = \sum_i n_i s_{ii} - \sum_i n_i R \ln \left(\frac{p_{ii}}{p} \right) \qquad (3.70)$$

L'entropia del sistema miscela differisce quindi dall'entropia del sistema in cui i vari componenti sono distinti. Infatti il gas nel sistema indiviso ha a disposizione un volume V, mentre nel sistema non miscelato ha a disposizione un volume V_{ii}, perciò per passare da V_{ii} a V deve compiere un'espansione libera, da cui consegue una creazione di entropia.

Def. 47 *Definiamo* entropia di miscelamento *il termine:*

$$- \sum_i n_i R \ln \left(\frac{p_{ii}}{p} \right) \qquad (3.71)$$

benché in realtà non esista nessun miscelamento.

Passiamo all'equazione sul volume:

$$
\begin{aligned}
V &= \sum_i n_i v_i \\
&= \sum_i n_i \frac{p_{ii}}{p} v_{ii} \\
&= \sum_i n_i \frac{p_{ii}}{p} \frac{RT}{p_{ii}} \\
&= \sum_i n_i \frac{RT}{p} \\
&= \sum_i n_i v(T,p) \\
&= \sum_i n_i v_{ii}(T,p)
\end{aligned}
\tag{3.72}
$$

ciò significa che una certa quantità di gas ideale, alla stessa temperatura e pressione, occupa sempre lo stesso volume specifico.

Vediamo ora il comportamento calorimetrico della miscela di gas ideali:

$$
\begin{aligned}
c_v &= \frac{1}{n}\left(\frac{\partial U}{\partial T}\right)_{V,\vec{n}} \\
&= \frac{1}{n}\left(\frac{\partial}{\partial T}\sum n_i u_{ii}\right)_{V,\vec{n}} \\
&= \sum_i \frac{1}{n}\left(\frac{\partial n_i u_{ii}}{\partial T}\right)_{V,\vec{n}} \\
&= \frac{1}{n}\sum_i n_i \left(\frac{\partial u_{ii}}{\partial T}\right)_{V,\vec{n}} \\
&= \frac{1}{n}\sum_i n_i c_{v,i}
\end{aligned}
\tag{3.73}
$$

da cui

$$
c_v = \sum_i y_i c_{v,i}
\tag{3.74}
$$

Analogamente,

$$
c_p = \sum_i \frac{1}{n}\left(\frac{\partial H}{\partial T}\right)_{p,\vec{n}} = \ldots = \sum_i y_i c_{p,i}
\tag{3.75}
$$

3.4.1 Schema riassuntivo delle miscele di gas

Def. 48 *Definiamo* volume parziale *la quantità*

$$
v_i = \frac{V}{n_i}
\tag{3.76}
$$

per la quale vale la relazione

$$
v_i = \frac{nRT}{n_i p} = \frac{v}{y_i}
\tag{3.77}
$$

Def. 49 *Definiamo* volume proprio *il volume che la componente i-esima della miscela occuperebbe se fosse sola e alla stessa temperatura e alla stessa pressione del sistema*

$$V_{ii} = n_i \frac{RT}{p_i} \qquad (3.78)$$

per il quale vale la relazione

$$\frac{V}{V_i} = \frac{nRT}{p} \frac{p_i}{n_i RT} 0 \frac{1}{y_i} \qquad (3.79)$$

Def. 50 *Definiamo* pressione parziale *la pressione che il componente i-esimo della miscela avrebbe se fosse alla stessa temperatura e nello stesso volume:*

$$p_i = n_i \frac{RT}{V} \qquad (3.80)$$

per la quale vale la relazione

$$p_i = y_i p \qquad (3.81)$$

3.5   Sistemi omogenei - eterogenei - fasi

Se consideriamo uno stato di equilibrio stabile, troveremo necessariamente che non esistono differenze spaziali all'interno del sistema, ovvero le grandezze termodinamiche in uno SES non dipendono dalla posizione. Concentriamoci sulle grandezze estensive specifiche: per quanto visto finora, possiamo dire che queste assumono uno e un solo valore.

Supponiamo ora di avere un sistema monocomponente, ad esempio acqua, in SES: se non specifichiamo quale stato di aggregazione si trovi all'interno del sistema, non possiamo dire a priori quanti e quali valori assumono le grandezze specifiche. Supponiamo ad esempio di avere acqua in parte liquida e in parte ghiacciata. Mappiamo allora il valore del volume specifico in una generica direzione: in particolare, consideriamo i valori di volume specifico lungo due direzioni, l'una tale per cui non si tocchi il ghiaccio, mentre la seconda incontra il cubetto di ghiaccio (vedi figura 3.11 e 3.12).   Il volume specifico allora può assumere due valori distinti. Se avessimo ad esempio n cubetti, avremmo mappato una funzione continua a tratti, benché basata su due soli valori (v_{acqua} e $v_{ghiaccio}$). Finora i nostri sistemi erano caratterizzati da grandezze estensive specifiche che assumevano un solo valore. Possiamo allora introdurre la seguente distinzione.

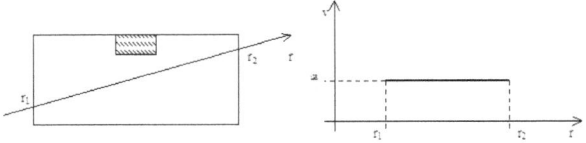

Figura 3.11: Direzione d'analisi del volume specifico che non tocca il cubetto di ghiaccio.

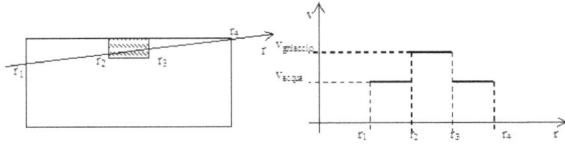

Figura 3.12: Direzione d'analisi del volume specifico che tocca il cubetto di ghiaccio.

Def. 51 *Definiamo* omogeneo *il sistema le cui grandezze estensive specifiche assumono un solo valore.*

Def. 52 *Definiamo* eterogeneo *il sistema le cui grandezze specifiche sono funzioni continue a tratti su due o più valori.*

Possiamo dire che il sistema eterogeneo è un sistema costituito dall'unione di n parti omogenee. Tuttavia, è scomodo parlare di n parti, soprattutto quando n assume valori molto grandi, in quanto, indipendentemente dal numero di parti in cui il sistema può essere diviso spazialmente, il numero dei valori distinti assunti dalle grandezze estensive specifiche è sicuramente minore o al limite uguale. Di fatto il numero di tali valori è determinato dalle condizioni di equilibrio.

Def. 53 *Definiamo* fase *la riunione di parti omogenee con uguale valore assunto dalle grandezze estensive specifiche.*

Un sistema ha tante fasi quanti sono i valori distinti assunti dalle grandezze estensive specifiche. Si noti bene che le fasi non sono stati di aggregazione e in linea di principio le fasi possono essere ∞, mentre gli stati d'aggregazione possono essere solo 4 (solido, liquido, gassoso e plasma). Inoltre il numero di fasi non è determinabile a priori mentre lo stato d'aggregazione è noto a priori.

Osservazione: non esistono sistemi gassosi bifase e bicomponente.

Si può intuire che non tutte le fasi possono coesistere fra loro e quindi possiamo allora introdurre la regola delle fasi di GIBBS. Supponiamo di avere un sistema A con volume V, componenti $n_1, \ldots, n_r$ e con m fasi. Il sistema sarà in equilibrio stabile se le grandezze intensive delle varie fasi sono uguali fra loro:

$$A_1(SES) \Leftrightarrow \begin{cases} T^{(1)} & = & \ldots & = & T^{(n)} \\ p^{(1)} & = & \ldots & = & p^{(n)} \\ \mu_1^{(1)} & = & \ldots & = & \mu_1^{(n)} \\ \ldots & & & & \\ \mu_r^{(1)} & = & \ldots & = & \mu_r^{(n)} \end{cases} \qquad (3.82)$$

Il sistema delle condizioni d'equilibrio è costituito da $r + 2$ righe ciascuna delle

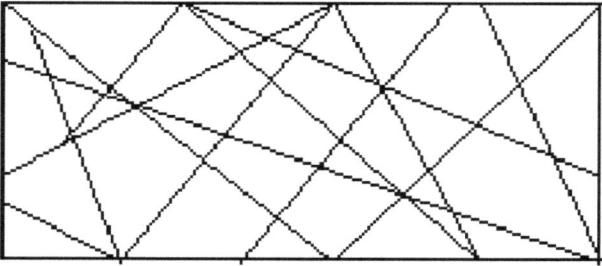

Figura 3.13: Spesso i sistemi eterogenei sono rappresentati come suddivisi da linee che distinguono una fase dall'altra, ma ci si ricordi bene che tale linee sono linee di discontinuità solo per le grandezze estensive mentre non lo sono per le grandezze intensive. Sono dunque linee ideali, mobili, diatermiche e permeabili.

quali contente $m - 1$ equazioni, in $m(r + 2)$ variabili. Le variabili indipendenti saranno allora $m(r + 1)$. Per ammettere soluzione il numero delle fasi deve essere minore o uguale a M_{max}, indicato quest'ultimo come massimo numero delle fasi ammissibili ovvero coesistenti. Tale valore massimo è determinato come:

$$(r+2)(M_{max}-1) = (r+1)M_{max}$$
$$\downarrow \tag{3.83}$$
$$M_{max} = r+2$$

ad esempio, un sistema monocomponente potrà avere al massimo 3 fasi coesistenti.

Calcoliamo allora in base al numero di fasi i gradi di libertà termodinamici di un generico sistema:

$$f = M_{max} - m = r + 2 - m \tag{3.84}$$

Un'ulteriore conseguenza del sistema di condizioni scritto è che ogni fase deve contenere tutti i componenti:

$$\text{se dunque } \mu_i^{(k)} = 0 \Rightarrow \mu_j^{(k)} = 0 \forall j : 1 \leq j \leq r \tag{3.85}$$

Vediamo ora cosa succede nel passare da uno stato d'equilibrio a un altro. In generale, se lo stato di partenza è caratterizzato da m_1 fasi, lo stato finale sarà caratterizzato da m_2 fasi, dove, in linea di principio

- $m_1 \neq m_2$;

- $m_1 = m_2$, ma le fasi sono differenti;

Consideriamo per esempio un sistema monocomponente e monofase, costituto da acqua a $T_1 = 20°C$ e p_1=101325 Pa. Supponiamo di operare a pressione costante. Portiamo il sistema allo stato A_2 di equilibrio stabile, caratterizzato da una temperatura T_2 inferiore alla precedente. Se T_2 è superiore a $0°C$, il sistema rimane monocomponente. Se altresì $T_2 = 0°C$, compaiono cristalli di ghiaccio, quindi, benché il sistema sia in uno SES, esso cessa di essere omogeneo e si suddivide in due parti eterogenee fra loro. Nella fattispecie: $m_2 = 2$.

Se ora ci spostiamo nello stato A_3 di equilibrio stabile, sempre a pressione costante, con temperatura inferiore a zero, il sistema ritornerà monofase, ma tale fase è differente dalla prima.

Def. 54 *il processo che consiste in una variazione del numero e/o del tipo delle fasi viene definito* transizione di fase.

Approfondiamo queste considerazioni ponendoci nello spazio di GIBBS :

$$G = U - TS + pV$$
$$\downarrow$$
$$G = (TS - pV + \sum_i \mu_i n_i) - TS + pV \tag{3.86}$$
$$\downarrow$$
$$G = \sum_i \mu_i n_i$$

da cui

$$\boxed{G = \sum_{i=1}^{r} \mu_i n_i} \tag{3.87}$$

In particolare, se $r = 1$, $G = \mu n =$, ovvero

$$\boxed{g \triangleq \frac{G}{n} = \mu} \tag{3.88}$$

Affinché lo stato A_2 sia di equilibrio stabile è necessario che le fasi siano in equilibrio fra loro, ovvero:

$$A_2(SES) \Leftrightarrow \begin{cases} T^{(1)} &= T^{(2)} \\ p^{(1)} &= p^{(2)} \\ \mu^{(1)} &= \mu^{(2)} \end{cases} \tag{3.89}$$

L'ultima condizione inibisce il flusso di massa e per quanto visto sopra, può essere riscritta come:

$$g^{(1)} = g^{(2)} \tag{3.90}$$

Si osservi che per un sistema multicomponente si ha

$$\boxed{g = \left(\frac{\partial G}{\partial n_i} \right)_{T,p,n_{j \neq i}}} \tag{3.91}$$

ma si ha ancora

$$\boxed{g = \mu_i} \tag{3.92}$$

Imporre che all'equilibrio le energie siano uguali significa sottintendere che fuori dall'equilibrio le energie assumeranno valori differenti e che dunque ogni fase ha

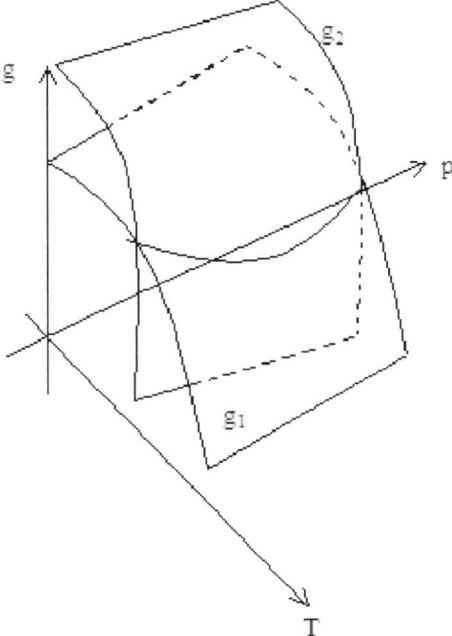

Figura 3.14: La condizione di equilibrio dice allora che, in equilibrio, le due relazioni fondamentali si intersecano formando cosi una linea nello spazio , che rappresenta il luogo dei parametri per fasi consistenti.

una propria relazione fondamentale. La condizione di equilibrio dice allora che, in equilibrio, le due relazioni fondamentali si intersecano formando cosi una linea nello spazio , che rappresenta il luogo dei parametri per fasi consistenti (figura 3.14).

Vediamo ora di caratterizzare queste curve:

$$g \quad = \quad u - Ts + pv$$

$$\downarrow$$

$$dg \quad = \quad \left(\frac{\partial g}{\partial T}\right)_p dT + \left(\frac{\partial g}{\partial p}\right)_T dp \tag{3.93}$$

$$\downarrow$$

$$dg \quad = \quad -sdT + vdp$$

Ora

$$\left(\frac{\partial g}{\partial p}\right)_T = v > 0 \tag{3.94}$$

mentre

$$\left(\frac{\partial^2 g}{\partial p^2}\right)_T = \left(\frac{\partial v}{\partial p}\right)_T = -k_T v \tag{3.95}$$

Questo valore è negativo, quindi vuol dire che

- $\left(\frac{\partial^2 g}{\partial p^2}\right)_T < 0 \rightarrow$ g è una funzione concava in p;

- $\left(\frac{\partial v}{\partial p}\right)_T < 0 \rightarrow v$ decresce al crescere della pressione p;

Intersechiamo ora le curve con un piano a T costante, come in figura 3.15. Poiché

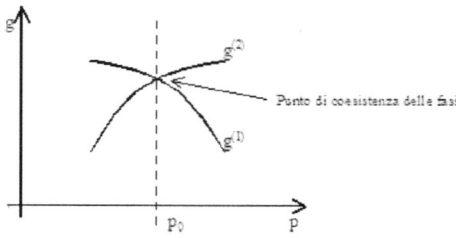

Figura 3.15: Intersezioni delle curve g. Il punto d'intersezione prende il nome di *punto di coesistenza delle fasi*.

una sostanza non può avere che una relazione fondamentale, dobbiamo scegliere su quale curva muoversi. Utilizziamo il principio di minima energia: gli stati di equilibrio stabile sono quelli caratterizzati da minima energia a parità di altri parametri (3.16). Per $p < p_0$, utilizziamo la curva definita da $g^{(2)}$, mentre per

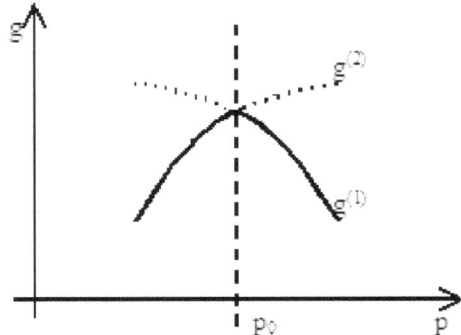

Figura 3.16: Gli stati di equilibrio stabile sono quelli caratterizzati da minima energia a parità di altri parametri.

$p < p_0$ utilizziamo $g^{(1)}$. Poiché si forma un punto angoloso si verifica il fatto che la relazione fondamentale è C^2 *quasi* ovunque.

Diagrammiamo ora l'andamento del volume specifico $v = \frac{\partial g}{\partial p}$ (figura 3.17): in corrispondenza del punto di coesistenza il volume presenta una discontinuità. *Le grandezze estensive specifiche non sono allora definite nel punto di coesistenza.*

Vediamo ora come si comporta l'entropia e g nei confronti di T. Siccome

$$\left(\frac{\partial g}{\partial T}\right)_p = -s < 0 \tag{3.96}$$

in quanto s è semidefinita positiva. Inoltre,

$$\left(\frac{\partial^2 g}{\partial T^2}\right)_p = -\left(\frac{\partial s}{\partial T}\right)_p = -\frac{c_p}{T} < 0 \tag{3.97}$$

avremo dunque:

- $\left(\frac{\partial^2 g}{\partial T^2}\right)_p < 0 \rightarrow$ g è una funzione concava in T;

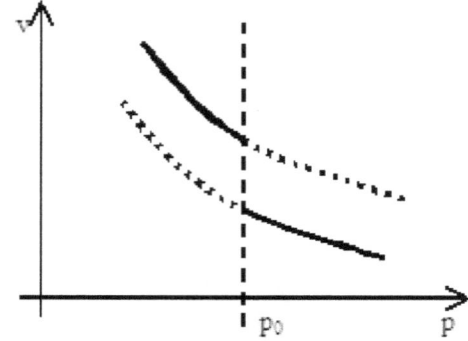

Figura 3.17: Il volume specifico presenta una discontinuità in corrispondenza del punto di coesistenza delle fasi.

- $\left(\frac{\partial s}{\partial T}\right)_p > 0 \rightarrow s$ cresce al crescere della temperatura T;

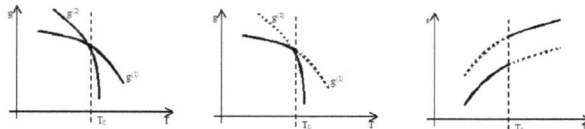

Figura 3.18: Intersezione delle curve $g - T$ con un piano a pressione costante. La determinazione delle curve avviene come sopra con il principio di energia minima.

Se intersechiamo allora il grafico con un piano ora a pressione costante, ottenendo il piano $g - T$. Come sopra, dobbiamo scegliere le curve su cui spostarsi: analogamente a sopra, l'applicazione del principio di minima energia ci permette di determinare le curve corrette. L'andamento dell'entropia ha un punto di discontinuità.

In un intorno di T_0 entrambe le curve possono coesistere, avendo due valori di energia. Naturalmente non si tratta di uno stato di equilibrio stabile, ma di uno stato di equilibrio metastabile o di equilibrio instabile. Poiché in $T = T_0$ si ha una discontinuità di prima specie per l'entropia, si otterrà una discontinuità di seconda specie per il calore specifico c_p.

Negli stati bifase c_p, k_T e α_p non sono quantità definite, essendo infatti delle derivate seconde di g. Poiché invece c_V non è una derivata seconda di g, essa sarà definita: siccome è la funzione g ad avere una piega, cambiando spazio (ad esempio ponendoci in $\{S, V\}$) l'energia ivi definita non avrà una piega, in quanto non si richiede $u^{(1)} = u^{(2)}$.

La condizione di equilibrio stabile, per $r = 1$, richiede:

$$\mu^{(1)} = \mu^{(2)} \tag{3.98}$$

che per l'identificazione fatta fra ? e g, diviene:

$$g^{(1)} = g^{(2)} \tag{3.99}$$

Poiché $g = g(T, p)$, si potrebbe invertire la funzione in modo da avere:

$$T = T(p)_{g^{(1)} = g^{(2)}} \tag{3.100}$$

Questa funzione rappresenta, nel piano $T - p$ il luogo dei punti in cui è verificata la condizione $g^{(1)} = g^{(2)}$, ovvero è la proiezione sul piano $T - p$ della linea di coesistenza.

Poiché $f = r + 2 - m = 1$ per un sistema monocomponente, si ma che T e p non possono variare indipendentemente ma fissata una di loro, l'altra sarà necessariamente determinata. Proviamo allora a determinare questa relazione: siano A^i e A^{ii} due punti appartenenti alla linea che descrive tale relazione nel piano $T - p$, ovvero punti tali per cui:

$$\mu_{A^i}^{(1)} = \mu_{A^i}^{(2)} \tag{3.101}$$
$$\mu_{A^{ii}}^{(1)} = \mu_{A^{ii}}^{(2)} \tag{3.102}$$

Se supponiamo che questi due stati siano infinitamente prossimi, possiamo scrivere:

$$\mu_{A^{ii}}^{(1)} = \mu_{A^i}^{(1)} + d\mu^{(1)} \tag{3.103}$$
$$\mu_{A^{ii}}^{(2)} = \mu_{A^i}^{(2)} + d\mu^{(2)} \tag{3.104}$$

La condizione diviene allora:

$$d\mu^{(1)} = d\mu^{(2)} \tag{3.105}$$

dunque

$$g^{(1)} \quad = \quad g^{(2)}$$

$$\downarrow$$

$$-s^{(1)}dT + v^{(1)}dp \quad = \quad -s^{(2)}dT + v^{(2)}dp \qquad (3.106)$$

$$\downarrow$$

$$\left(s^{(2)} - s^{(1)}\right)dT \quad = \quad \left(v^{(2)} - v^{(1)}\right)dp$$

ovvero

$$\frac{dp}{dT} = \frac{\left(s^{(2)} - s^{(1)}\right)}{\left(v^{(2)} - v^{(1)}\right)} \qquad (3.107)$$

ma poiché $g = u - Ts + pv = h - Ts$, si ha anche

$$g^{(1)} \quad = \quad g^{(2)}$$

$$\downarrow$$

$$-s^{(1)}T + h^{(1)} \quad = \quad -s^{(2)}T + h^{(2)} \qquad (3.108)$$

$$\downarrow$$

$$\left(s^{(2)} - s^{(1)}\right)T \quad = \quad \left(h^{(2)} - h^{(1)}\right)$$

che sostituita nella relazione differenziale dà luogo all'equazione di CLAUSIUS - CLAPEYRON in forma differenziale:

$$\boxed{\frac{dp}{dT} = \frac{(h^{(2)} - h^{(1)})}{T(v^{(2)} - v^{(1)})}} \qquad (3.109)$$

Studiamo i punti salienti di questa curva. Se consideriamo un sistema monocomponente, $M_{max} = 3$, e dunque ci saranno 3 superfici $g^{(1)}$, $g^{(2)}$ e $g^{(3)}$, con 3 frontiere. Esse si incontreranno in un punto (figura 3.19), che è unico essendo $f = 0$, in cui coesisteranno allora tutte e tre le fasi: tale punto è detto *punto triplo*. Generalmente si può considerare tale punto come origine o fine delle linee di coesistenza.

Un altro punto notevole è il punto critico, un punto in cui si può concludere una linea di coesistenza senza essere tuttavia un punto triplo. Questo punto non esiste necessariamente e anzi solo una piccola parte di sostanze ne ammette l'esistenza. Caratterizziamo questo punto particolare: consideriamo due stati A_1 e A_2 appar-

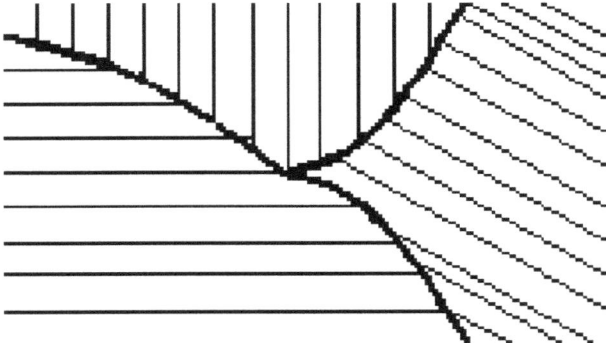

Figura 3.19: Punto triplo di un sistema a $M_{max} = 3$.

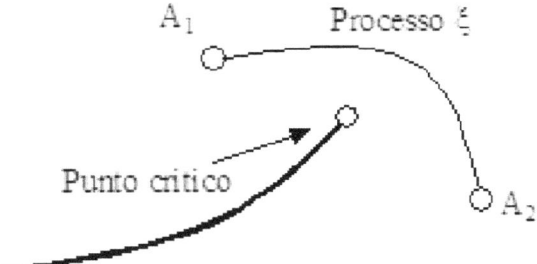

Figura 3.20: Punto critico di un sistema. É possibile passare da una fase all'altra senza attraversare la linea di coesistenza.

tenenti a due fasi distinte e in prossimità del punto critico. Possiamo collegare questi due stati con infinite curve o processi. In generale questi processi attraversano la linea di coesistenza, ma possiamo sempre trovare una linea ξ tale da collegare i due stati senza attraversare la linea di coesistenza (figura 3.20). Affinchè ciò accada è necessario che il processo sia tale da far variare con continuità il parametro che distingue le fasi:

Teorema 12 *ammettono punto critico allora quelle transizioni di fase in cui la distinzione fra le fasi è regolata da un parametro che varia con continuità.*

Ad esempio la cristallizzazione non può ammettere punto critico in quanto il parametro descrivente, la presenza di cristalli, varia in modo discontinuo, in quanto può assumere valori binari (sì/no). Altresì la transizione di fase fra liquido e vapore, ammette punto critico, in quanto il parametro differenziatore è la distanza fra le molecole e tale valore può variare con continuità.

L'acqua possiede un unico punto critico ma più punti tripli, in quanto esistono 6 tipi di fase solida: i vari tipi di ghiaccio si differenziano per la struttura cristallina (il normale ghiaccio, tra l'altro, è l'unico ad essere trasparente). Analizziamo più approfonditamente il diagramma di stato dell'acqua riportato in figura 3.21 nella zona relativa alle condizioni più vicine a quelle quotidiane. Partiamo dal punto (T_a, p_a), corrispondente alle condizioni standard considerando una massa unitaria (numericamente allora $v = V$). In condizioni standard

$$v_a = 1.002 \frac{dm^3}{Kg} \tag{3.110}$$

Manteniamo costante la pressione e facciamo aumentare la temperatura. Finchè non raggiungeremo i $100°C$, il volume specifico v non subisce variazioni apprezzabili, rimanendo sui $1.004 \frac{dm^3}{Kg}$ nell'intorno sinistro di $100°C$. Se continuiamo a fornire energia, inizieranno a formarsi bolle di gas, benchè la temperatura rimanga costante a $100°C$. Si noti che il sistema rimane in equilibrio stabile ma si presenta in due parti omogenee ma eterogenee fra di loro.

Finché la massa non si è completamente trasformata in vapore, la temperatura non cambia, mentre il volume varia con continuità e raggiunge il valore di $1673 \frac{dm^3}{Kg}$, quando la massa si è completamente trasformata ma si hanno ancora due fasi.

Si nota allora che nel piano $T - p$ il sistema bifase è rappresentato da un punto: infatti, avendo fissato la pressione, la temperatura non può che essere univocamente determinata, avendo un solo grado di libertà. Nel piano $T - v$ invece la transizione di fase è rappresentata da un segmento orizzontale. Per un sistema bifase abbiamo

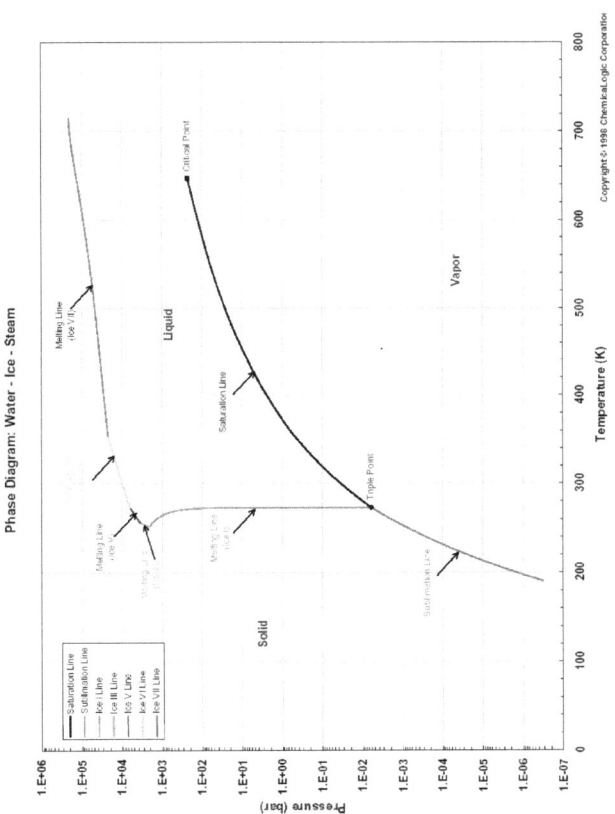

Figura 3.21: Diagramma di stato dell'acqua.

allora una famiglia di infiniti stati caratterizzati da infiniti valori di v.

Possiamo introdurre la *frazione massica*:

$$x \triangleq \frac{M_g}{M}$$

(3.111)

Ritorniamo nel punto di partenza dello stato ambiente, (T_a, p_a), e diminuiamo la temperatura. A zero gradi, il sistema diviene nuovamente bifase, in quanto iniziamo a comparire dei cristalli di ghiaccio. Analogamente, finché tutta la sostanza non si è ghiacciata, la temperatura rimane costante e il sistema bifase. Come sopra, nel piano $T - p$, tale stato è rappresentato da un punto, mentre nel piano $T - v$ si ha una retta orizzontale, in quanto il volume specifico varia linearmente da 1.002 a 1.091 $\frac{dm^3}{Kg}$. Possiamo riassumere questi dati nel grafico riportato in

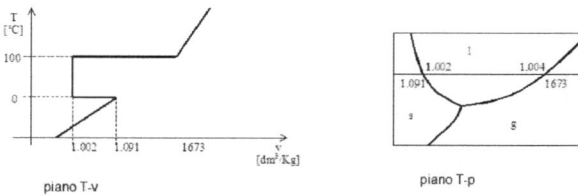

piano T-v   piano T-p

Figura 3.22: Punto triplo dell'acqua.

figure 3.22.
Si poteva fare un ragionamento analogo mantenendo costante la temperatura e variando la pressione: ad esempio, a 300 bar il volume si riduce da 1.002 a 0.990 $\frac{dm^3}{Kg}$, mentre a 1000 bar, si hanno 0.963 $\frac{dm^3}{Kg}$, pur rimanendo il sistema sempre liquido. Si noti che il punto critico si trova a $371°C$ e 221 bar. Potremmo chiederci come ci apparirebbe la sostanza in tale punto, se liquida o gassosa. In effetti, tra liquido e gas, la distinzione è fatta in base a molte considerazioni, quali il volume specifico, la viscosità e l'indice di rifrazione. A 1000 bar, alla T_c, si ha $v = 1356\frac{dm^3}{Kg}$, dunque, basandoci sul valore di v, dovremmo dire che è un liquido.
Nel punto critico, $v = 3.155\frac{dm^3}{Kg}$: come sopra dovremmo dire che è un liquido. Tuttavia, per definizione di punto critico, il valore del volume specifico è uguale sia a destra che a sinistra della curva.

Valutiamo ora il punto triplo:

$$T_3 = 0.01°C$$
$$p_3 = 611\,\text{Pa} = 6.11 \cdot 10^{-3}\,\text{bar}$$

il che significa che a $0.01°C$, a 6.11 millibar, si formano cristalli di ghiaccio. Poiché a pressione standard di 101325 Pa, i cristalli si formano a $0°C$, la pendenza locale della curva di transizione di fase è negativa. Muovendoci a T costante, incrementando la pressione, ci ritroveremo in uno stato monofase liquido (in figure 3.23 si riporta il diagramma dell'acqua nel piano $T - p$ a pressione standard.) L'acqua occupa il minor volume specifico a $4°C$ e tale fenomeno viene detto *ano-*

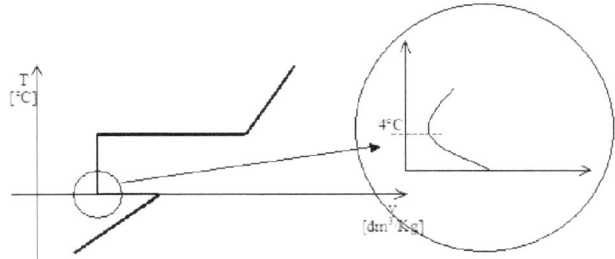

Figura 3.23: Punto triplo dell'acqua - piano T-v

malia dell'acqua. Ci può essere letto anche nella curva α_p: 0.5cm
Disegniamo ora i grafici $T - v$ ripetendo per varie pressioni le osservazioni fatte sopra. Si nota che aumentando la pressione, il *pianerottolo* in cui la temperatura rimane costante si riduce man mano. Possiamo indicare anche l'inviluppo dei punti angolosi (figura 3.25). L'area sottesa dalla curva a campana rappresenta gli infiniti stati possibili in cui coesistono liquido e vapore, corrispondenti alla linea di transizione di fase nel piano $T - p$. Possiamo anche rappresentare le curve di stato nei differenti piani (figura 3.26). In tutti questi diagrammi compare una grandezza intensiva, il cui compito è quello di definire il campo d'esistenza: la coesistenza delle fasi è stata allora definita sa una superficie. Quando invece compaiono due grandezze intensive, la coesistenza delle fasi è rappresentata attraverso una linea. 0.5cm
Se passiamo sul piano $h - s$, dove abbiamo due grandezze estensive, avremo allora difficoltà nel tracciamento del campo d'esistenza, in quanto dovrebbe avere tre dimensioni. D'altra parte, poiché $h = h(s, p)$ abbiamo $dh = sdT + vdp = sdT$

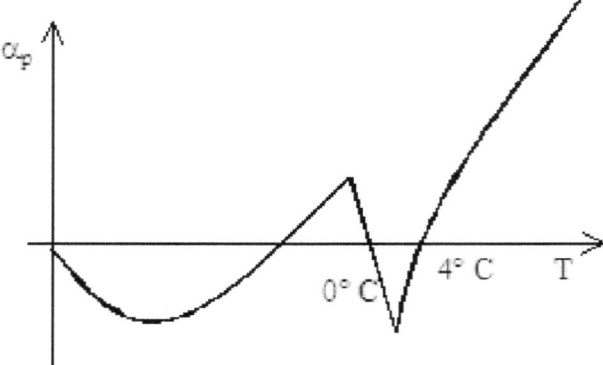

Figura 3.24: Anomalia dell'acqua - andamento di α_p.

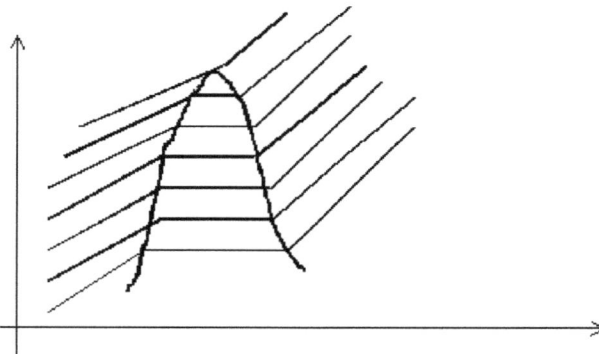

Figura 3.25: Anomalia dell'acqua - inviluppo dei punti angolosi.

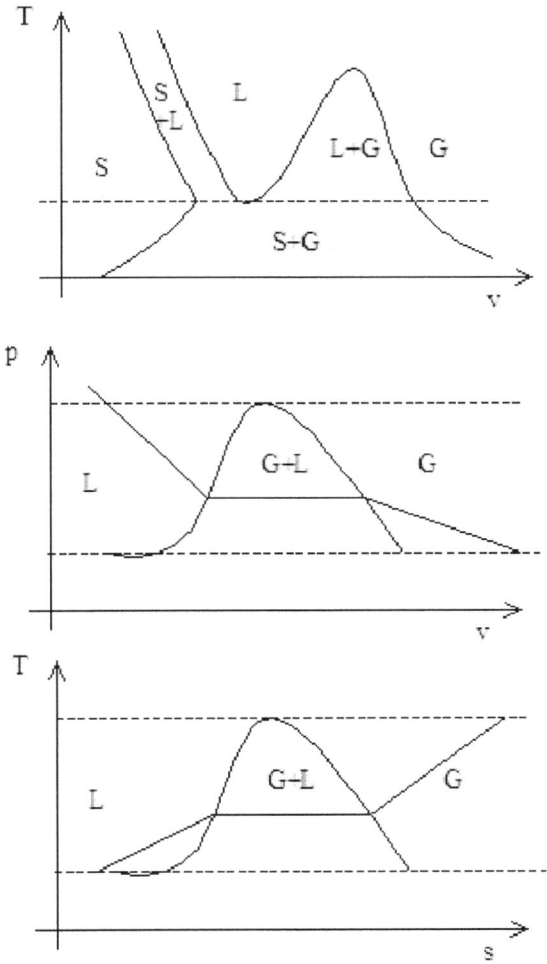

Figura 3.26: Anomalia dell'acqua - curve di stato.

a pressione costante. Inoltre, essendo interessati agli stati bifase, anche T sarà costante, da cui $\frac{dh}{ds}$ = costante, mentre le isoterme appaiono come rette.

Se scegliamo i parametri di riferimento in modo che passino per l'origine, i limiti del campo d'esistenza saranno le rette di inclinazione T_3 e T_c. Otterremo allora il diagramma di MOLLIER (riportato in figura 3.27).

Def. 55 *Definiamo* ordine delle transizione *di fase l'ordine della derivata della relazione fondamentale che cessa di essere continua.*

Nei sistemi semplici, come quelli fin qui considerati, la derivata che cessa di essere continua è la prima: avremo quindi transizioni di ordine uno. Per sistemi non semplici possono esistere transizioni di ordine superiore, ad esempio di ordine due: in questo caso la superficie fondamentale non presenta uno spigolo ma un punto di flesso.

Esempio di transizioni di ordine 2 sono il passaggio da conduttore a superconduttore, oppure quella da fluido a superfluido (il superfluido ideale è un fluido in cui $\mu = 0$ ma si noti che effetti quantistici non permettono di raggiungere questo risultato).

3.6   Nota sull'equilibrio metastabile

Sopra abbiamo visto che ogni fase presenta una propria relazione fondamentale e perciò siamo stati costretti a scegliere alcune parti e scartarne altre, in base al principio di minimizzazione dell'energia (figure 3.28. Consideriamo ora ad esempio una gocciolina di acqua soggetta a una pressione uniforme e mettiamola a contatto con un serbatoio a $100°C$. Partiamo da uno stato appartenete a $g^{(1)}$ e pressione $p > p_0$. Facciamo percorrere al sistema il ramo accettabile di $g^{(1)}$: affinché appartenga a tale ramo è necessario che la pressione diminuisca.

Supponiamo di raggiungere p_0: se procediamo con molta calma, è probabile che il sistema non si sposti sulla curva $g^{(2)}$ ma che rimanga nella fase $g^{(1)}$. Ciò può accadere in quanto $g^{(1)}$ rappresenta un minimo dell'energia, per quanto sia un minimo locale, mentre $g^{(2)}$, è, con $p < p_0$ il minimo assoluto (figura 3.29).

Ci ritroviamo allora in una condizione di *equilibrio metastabile*, in quanto una variazione macroscopica farebbe saltare istantaneamente il sistema in $g^{(2)}$. Il sistema continua a rimanere su $g^{(1)}$ in quanto per $p = p_0$ i due valori di energia si uguagliano e dunque il sistema di per sé non ha preferenze su quale curva scegliere. Nel punto critico minimo locale e minimo assoluto vanno a coincidere.

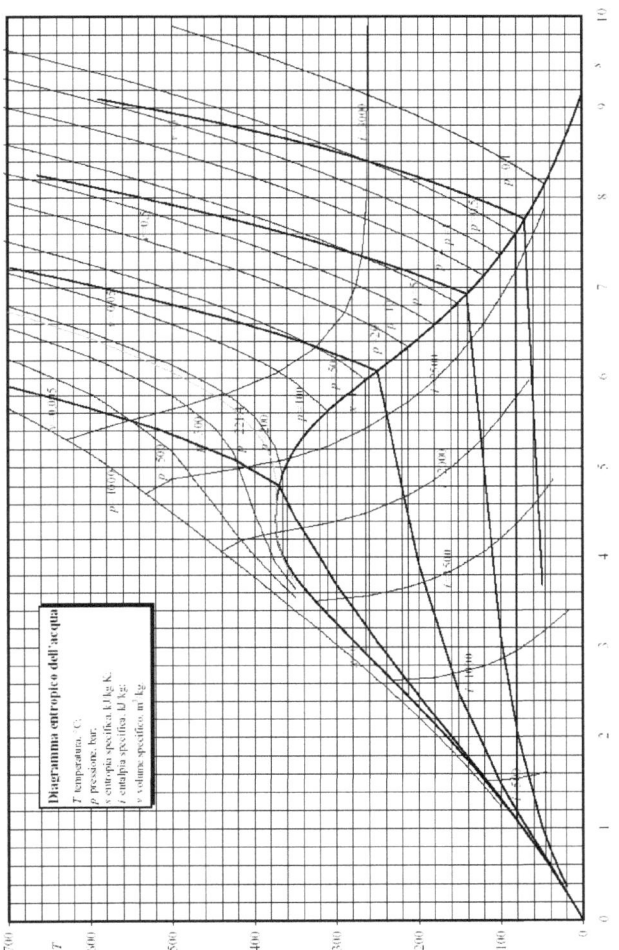

Figura 3.27: Diagramma di MOLLIER

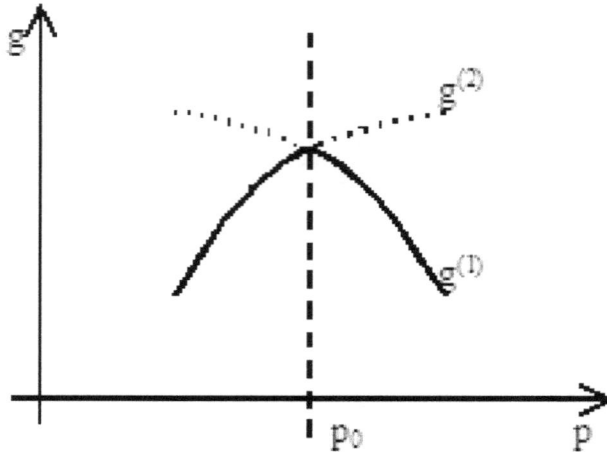

Figura 3.28: Relazioni fondamentali delle fase, valori ammissibili

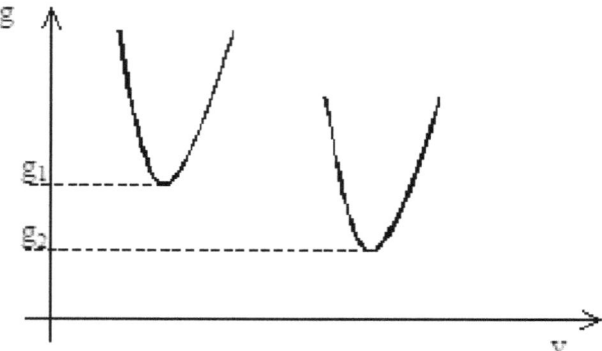

Figura 3.29: Minimi assoluti e relativi delle relazioni delle fasi.

Parte II

TERMODINAMICA TECNICA O DEI PROCESSI

CHAPTER 4

EQUAZIONI DI BILANCIO

4.1 Portate notevoli

Finora abbiamo considerato solo sistemi semplici, ovvero sistemi soggetti unicamente alle forse esercitate dalle pareti sterne e senza pareti interne, in stati di
equilibrio stabile, situazione che ci ha permesso di trovare le relazioni di stato
quali

$$U = U(S, V, \vec{n}) \tag{4.1}$$

Consideriamo ora due sistemi, A e A^1, cloni di un sistema semplice e siano questi
in uno stato di equilibrio stabile, in modo da avere la relazione fondamentale U^A.
Isoliamo un sistema, ed esempio A^1 e operiamo sul primo, immergendolo in un
campo gravitazionale $\vec{g}$, smettendo così di trascurare gli effetti gravitazionali: il

Figura 4.1: Spaccato della centrale nucleare di Goesgen. Sono visibili gli edifici del reattore e del gruppo turbine e generatori.

sistema A non sarà più quindi assimilabile ad un sistema semplice., sebbene sotto particolari condizioni possa sussistere ancora la condizione di stato d'equilibrio stabile.

Sia CM il centro di massa del sistema e indichiamo con w_{CM} la velocità con cui si muove. Quando la velocità w_{CM} è differente da zero, ovvero quando il centro di massa si sta muovendo rispetto ad un sistema di riferimento inerziale, dovremo considerare anche le forze d'inerzia: il sistema A non sarà quindi semplice e in generale sarà in uno stato di non equilibrio.. In base tuttavia al PRIMO PRINCIPIO DELLA TERMODINAMICA, esso ha una certa proprietà, l'ENERGIA. siano inoltre

- $E_k \triangleq \frac{1}{2}mw_{cm}^2$ energia cinetica;

- $E_p \triangleq mgz_{cm}$ energia potenziale gravitazionale;

dove abbiamo indicato con z_{cm} la coordinata spaziale del centro di massa associata al campo gravitazionale.

Fra tutti i possibili stati di non equilibrio, scegliamo quei particolari stati di non equilibrio per cui valga la relazione:

$$E = U^A + E_k + E_p \tag{4.2}$$

dove U^A è l'energia interna del sistema A se questo fosse semplice, in uno stato di equilibrio stabile e non soggetto a campi gravitazionali ed inerziali.

Si tenga bene in mente che non tutti gli stati di non equilibrio sono tali per cui:

$$E - (E_k + E_p) = U(S, V, \vec{n}) \tag{4.3}$$

Poiché A soggetto al campo gravitazionale e alle forze inerziali è in uno stato di non equilibrio, non è corretto parlare di temperatura, pressione e delle altre grandezze definite sotto la condizione di stato di equilibrio stabile. Si tenga perciò conto che quando si utilizzano le suddette grandezze definite sotto la condizione di stato di equilibrio, lo si farà riferendoci ad un sistema identico ad A (il suo clone A^1) in uno stato di equilibrio stabile.

Caratterizziamo gli stati di non equilibrio tale per cui valga la relazione

$$E = U^A + E_k + E_p$$

Consideriamo ad esempio una tazza di caffè in cui versiamo del latte: se non interveniamo dall'esterno, il latte si mescolerà al caffè attraverso un moto di diffusione naturale, e le scale relative a questo mescolamento sono microscopiche. Supponiamo invece di forzare il mescolamento con un cucchiaino: avremo allora un moto di convenzione forzato che avviene su pozioni di fluido di *dimensioni finite e macroscopiche* (per quanto all'occhio dell'osservatore possano sembrare piccole). Si rileva che gli stati di non equilibrio che hanno un moto convettivo godono della proprietà di sommatoria dell'energia riportata sopra, mentre quelli in cui c'è solo diffusione non godono della proprietà caratteristica. In base a questa osservazione possiamo dare la seguente definizione:

Def. 56 *Definiamo* stati di flusso di massa *o* SFM *gli stati di non equilibrio tali per cui*

$$E = U^A + E_k + E_p \tag{4.4}$$

Per rappresentare la materia e la sua distinzione spaziale adottiamo l'ipotesi del *modello del continuo*: a ciascun punto geometrico è associata una massa infinitesima ovvero ogni punto geometrico è un *punto materiale*. In base a questo modello, la parte si comporta come il tutto e si potrebbe continuare a suddividere la materia all'infinito senza giungere a un elemento *atomico* (nel senso greco del termine): nella realtà, a livello atomico (nel senso della scienza moderna), si giunge al punto che un'ulteriore suddivisione comporta la perdita d'identità della sostanza e si ha anche una discretizzazione spaziale. A livello atomico, il modello del continuo non rappresenta più la realtà e va sostituito da un modello quantizzato. Considereremo continuo un mezzo costituto da *almeno* tre molecole. Si noti bene che punto materiale e molecola *non* sono sinonimi, poiché la molecola costituisce, da un certo punto di vista, un mattone di base indivisibile, mentre il modello del continuo ammette infinite suddivisioni.

Un'ulteriore ipotesi che facciamo è quella del'*equilibrio locale* o del *flusso di massa locale*: fra tutti gli stati di non equilibrio consideriamo quelli che ci permettono di suddividere il sistema in tante porzioni che singolarmente sono in equilibrio stabile o in uno stato di flusso di massa. Portando al limite questa suddivisone, possiamo supporre che ciascun punto materiale possa essere visto come un sistema semplice in stato di equilibrio stabile o in uno stato di flusso di massa, e dunque ivi definire le grandezze quali la temperatura o la pressione.

Consideriamo il sistema semplice A, inizialmente isolato dal mondo esterno e

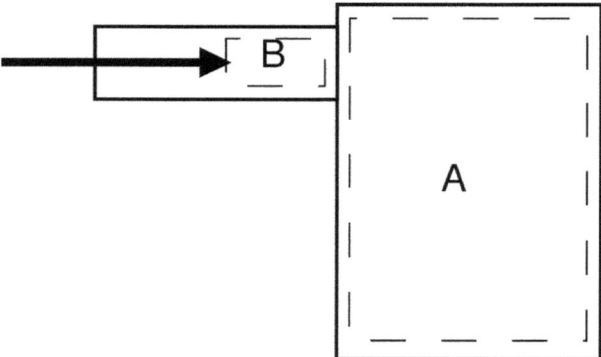

Figura 4.2: Volume di controllo A con condotto B di alimentazione per scambio massa.

caratterizzato dalle seguenti proprietà: U^A, V^A, M^A e S^A. Supponiamo ora di fargli un'apertura collegata ad un condotto per cui sia possibile scambiare massa:

individuiamo all'interno di questo nuovo sistema, una regione di spazio che coincida col volume del sistema originario isolato. Chiamiamo questa regione *volume di controllo*, regione che sarà delimitata da una *superficie di controllo*. Sia ora Ω l'area, costante e finita, del condotto attraverso cui scambiamo massa. Consideriamo ora il sistema B, costituito da una porzione di condotto e caratterizzato da m^B e da V^B. Vale inoltre che:

$$\boxed{m^B = \rho V^B} \tag{4.5}$$

Supponiamo che il volume V^B sia un volume infinitesimo e poiché l'area Ω è finita, è necessario allora che l'ampiezza del condotto sia un infinitesimo Δx:

$$\boxed{m^B = \rho V^B = \rho \Omega \Delta x} \tag{4.6}$$

Sia ora w la velocità del centro di massa di B e sia B uno stato di flusso di massa. Per definizione $dE^B = dU^B + dE_k^B + dE_p^B$. supponiamo per semplicità che w non vari nella sezione del condotto.
Fotografiamo il sistema A nello stato A_1 all'instante t:

$$A_1 \left\{ V_t^A, M_t^A, U_t^A, S_t^A \right\}$$

Facciamo una seconda fotografia all'istante $t + \Delta t$, dove Δt è un tempo sufficiente affinché B sia entrato completamente in A. Scriviamo allora i bilanci:

$$M_{t+\Delta t}^A - M_t^A = m^B \tag{4.7}$$

$$U_{t+\Delta t}^A - U_t^A = E^B + p^B \Omega^B \Delta x^B \tag{4.8}$$

$$S_{t+\Delta t}^A - S_t^A = S^B + S_i \tag{4.9}$$

La variazione energetica è dovuta, quando si ha uno scambio di massa:

- all'energia della porzione di fluido che entra (o esce);

- al lavoro necessario affinché tale porzione entri 8o esca) dal sistema;

Quest'ultimo termini è necessario in quanto B è in uno stato di mutuo equilibrio localmente con A, in particolare con la porzione di A che è vicino all'imbocco del condotto: poiché allora siamo in uno stato di mutuo equilibrio, B non entrerà naturalmente in A e bisogna quindi forzarlo. Il lavoro necessario sarà banalmente calcolabile con la classica relazione forze per spostamento, dunque pressione per area per spostamento.

Il termine entropico è dovuto al fatto che quando B sarà completamente entrato in A, esso non sarà in equilibrio globale con A e quindi avverrà un processo spontaneo di rilassamento.

Possiamo introdurre le quantità specifiche:

$$e^b \triangleq \frac{E^B}{m^B} \quad s^b \triangleq \frac{S^B}{m^B} \quad v^b \triangleq \frac{V^B}{m^B}$$

da cui

$$E^B = m^B e^B \quad S^B = m^B s^B \quad V^B = m^B v^B$$

Introduciamo queste quantità nei bilanci e dividiamo tutte le equazioni per Δt:

$$\frac{M^A_{t+\Delta t} - M^A_t}{\Delta t} = \frac{m^B}{\Delta t} \tag{4.10}$$

$$\frac{U^A_{t+\Delta t} - U^A_t}{\Delta t} = \frac{m^B e^B}{\Delta t} + p\frac{m^B v^B}{\Delta t} \tag{4.11}$$

$$\frac{S^A_{t+\Delta t} - S^A_t}{\Delta t} = \frac{m^B s^B}{\Delta t} + \frac{S_i}{\Delta t} \tag{4.12}$$

Applicando il limite per $\Delta t \to 0$, otteniamo:

$$\dot{M}^A = \lim_{\Delta t \to 0} \frac{M^A_{t+\Delta t} - M^A_t}{\Delta t} = \lim_{\Delta t \to 0} \frac{m^B}{\Delta t} = \lim_{\Delta t \to 0} \frac{\rho \Omega^B \Delta x}{\Delta t} = \rho \Omega w_{cm} \tag{4.13}$$

Def. 57 *Definiamo* portata in massa *la quantità passante in una data area* Ω *per unità di tempo:*

$$\boxed{\dot{m} \triangleq \rho \Omega w_{cm}} \tag{4.14}$$

Analogamente possiamo introdurre i limiti:

$$\dot{U}^A = \lim_{\Delta t \to 0} \frac{U^A_{t+\Delta t} - U^A_t}{\Delta t} = \ldots = \lim_{\Delta t \to 0} e^B \frac{m^B}{\Delta t} + p^B v^B \frac{m^B}{\Delta t}$$

$$\dot{S}^A = \lim_{\Delta t \to 0} \frac{S^A_{t+\Delta t} - S^A_t}{\Delta t} = \ldots = \lim_{\Delta t \to 0} s^B \frac{m^B}{\Delta t} + \frac{S_i}{\Delta t}$$

Definendo

$$\boxed{\dot{S}_i \triangleq \lim_{\Delta t \to 0} \frac{S_i}{\Delta t}} \tag{4.15}$$

avremo

$$
\begin{array}{c}
\dot{M}^A = \dot{m}^{A\leftarrow} \\[2mm]
\dot{U}^A = (e^B + p^B v^B)\dot{m}^{A\leftarrow} \\[2mm]
\dot{S}^A = s^B \dot{m}^{A\leftarrow} + \dot{S}_i
\end{array}
\tag{4.16}
$$

D'altra parte, poiché $E^B = U^B + E_k^B + E_p^B$, avremo $e^B = u^B + e_k^b + e_p^B$, dove

$$
e_k^B = \frac{w^2}{2}
$$
$$
e_p^B = gz
$$

avremo anche

$$
\dot{U}^A = \dot{m}^{A\leftarrow}(u^B + e_k^b + e_p^B + p^B v^B) = \dot{m}^{A\leftarrow}((u+pv)^B + e_k^B + e_p^B) \tag{4.17}
$$

da cui

$$
\dot{U}^A = \dot{m}^{A\leftarrow}(h + e_k + e_p) \tag{4.18}
$$

L'entalpia, oltre al proprio significato intrinseco, assume un'ulteriore caratterizzazione fisica[1]: negli stati di flusso di massa, l'entalpia rappresenta gli scambi energetici connessi al flusso di massa, ovvero l'energia massica e l'energia necessaria per effettuare lo scambio massico.

4.2 Equazioni di bilancio generalizzate

Consideriamo un sistema A, rappresentato in figura 4.3, su cui interagiamo con alcuni processi:

1. interazione tramite variazione volumetrica a pressione costante (*lavoro*);

2. scambio di calore con serbatoi R_i, dove $\dot{Q}_i = \frac{dQ_i}{dt}$ e R_0 è l'ambiente esterno[2];

---

[1] Nei processi quasi statici, l'entalpia aveva assunto il significato di calore scambiato.
[2] Lo scambio di calore avviene in condizioni di equilibrio locale, rappresentato in figura da quella specie di mezzaluna. Localmente si avranno le temperatura T_i.

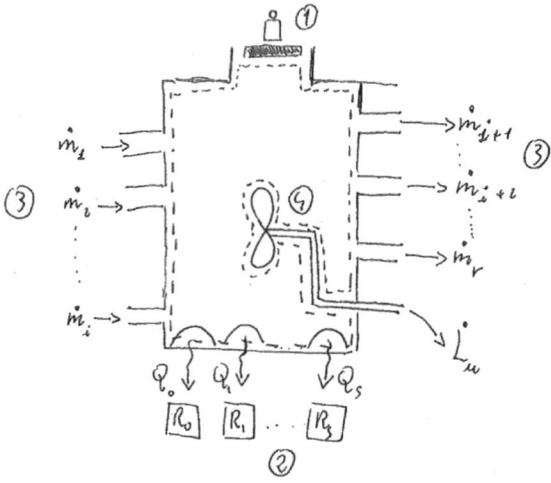

Figura 4.3: Schema generale di un sistema sottoposto a processi ed interazioni.

3. scambio di massa;

4. lavoro meccanico (ad esempio ottenuto tramite un'elica mossa dal fluido), detto anche **lavoro utile** o **lavoro d'albero**, $\dot{L}_u^{A\rightarrow}$.

Lo scambio di calore avviene in condizioni di equilibrio locale, rappresentato in figura da quella specie di mezzaluna. Localmente si avranno le temperatura T_i e sotto quest'ipotesi, possiamo scrivere anche $\dot{S}_i = \frac{\dot{Q}_i}{T_i}$

Dobbiamo identificare il volume e la superficie di controllo del sistema: si noti bene (4.4) che la superficie avvolge l'elica e l'albero di trasmissione e non possiamo conglobare questi due elementi nel nostro sistema, in quanto $\dot{L}_u^{A\rightarrow}$ è dato fisicamente proprio dal lavoro delle forze agenti su questa superficie mobile.

Si avranno allora i bilanci:

$$\dot{M}^A \doteq \frac{dM^A}{dt} = \sum_{i=1}^{r} \dot{m}_i^{A\leftarrow}$$

(4.19)

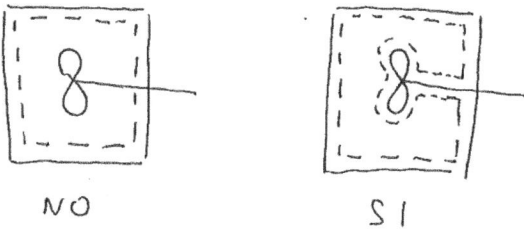

$N\,O$ $S\,I$

Figura 4.4: Definizione del volume di controllo del sistema.

$$\dot{E}^A \doteq \frac{dE^A}{dt} = \sum_{i=1}^{r} \dot{m}_i^{A\leftarrow}(h_i + e_{k,i} + e_{p,i}) - \dot{Q}_0^{A\rightarrow} + \sum_{k=1}^{s} \dot{Q}_k^{A\leftarrow} - \dot{L}_u^{A\rightarrow} - p\dot{V}^A$$

(4.20)

$$\dot{S}^A \doteq \frac{dS^A}{dt} = \sum_{i=1}^{r} \dot{m}_i^{A\leftarrow} s_i - \frac{\dot{Q}_0^{A\rightarrow}}{T_0} + \sum_{k=1}^{s} \frac{\dot{Q}_k^{A\leftarrow}}{T_k} + \dot{S}_i^A \qquad (4.21)$$

Si noti che ogni massa entrante avrà infatti la propria temperatura, pressione, entalpia, velocità, entropia ed energia potenziale. Per quanto riguarda le grandezze definite negli stati di equilibrio stabile, si fa implicitamente riferimento all'equivalente sistema in stato d'equilibrio stabile, ovvero le masse entranti sono in uno stato di flusso di massa.

Parliamo di E^A e non di un generico U^A poiché il sistema A è in stato di flusso di massa, globale o locale.

Possiamo inoltre definire la seguente grandezza, detta **entalpia generalizzata** dell'i-esimo flusso di massa:

$$h_i^* \doteq h_i + e_{k,i} + e_{p,i} = h_i + \frac{w_i^2}{2} + gz_i \qquad (4.22)$$

Ricaviamo l'espressione del calore scambiato con l'ambiente dal bilancio entropico:

$$\dot{Q}_0^{A\rightarrow} = \sum_{i=1}^{r} \dot{m}_i^{A\leftarrow} T_0 s_i + \sum_{k=1}^{s} \frac{T_0}{T_k} \dot{Q}_k^{A\leftarrow} + T_0 \dot{S}_i^A - T_0 \dot{S}^A \qquad (4.23)$$

Sostituendo quest'espressione in quella dell'energia e raccogliendo i fattori comuni:

$$\begin{aligned}
\dot{E}^A &= \sum_{i=1}^{r} (h_i^* - T_0 s_i) \dot{m}_i^{A\leftarrow} \\
&\quad + \sum_{k=1}^{s} \left(1 - \frac{T_0}{T_k}\right) \dot{Q}_k^{A\leftarrow} \\
&\quad - T_0 \dot{S}_i^A + T_0 \dot{S}^A - \dot{L}_u^{A\rightarrow} - p \dot{V}^A
\end{aligned}$$

Riscriviamola portando a primo membro le variazioni temporali:

$$\dot{E}^A - T_0 \dot{S}^A + p\dot{V}^A = \sum_{i=1}^{r} \dot{m}_i^{A\leftarrow}(h_i^* - T_0 s_i) + \sum_{k=1}^{s} \left(1 - \frac{T_0}{T_k}\right)\dot{Q}_k^{A\leftarrow} - T_0 \dot{S}_i^A - \dot{L}_u^{A\rightarrow}$$

$$(4.24)$$

Introduciamo ora l'ipotesi di **stato stazionario**, ovvero uno stato in cui le derivate temporali delle proprietà del sistema A e delle variabili di processo sono tutte identicamente nulle. Dal punto di vista fisico, ciò equivale a dire che s'annullano tutti i termini d'accumulo:

$$\begin{aligned}
\dot{M}^A &= 0 & \dot{E}^A &= 0 \\
\dot{V}^A &= 0 & \dot{S}^A &= 0 \\
\ddot{m} = \frac{d\dot{m}}{dt} &= 0 & \ddot{Q}_i = \frac{d\dot{Q}_i}{dt} &= 0 \\
\ddot{L}_u^{A\rightarrow} = \frac{d\dot{L}_u^{A\rightarrow}}{dt} &= 0 & \ddot{S}_i = \frac{d\dot{S}_i}{dt} &= 0
\end{aligned}$$

Avremo allora:

$$\boxed{\dot{L}_u^{A\rightarrow} = \sum_{i=1}^{r} \dot{m}_i^{A\leftarrow}(h_i^* - T_0 s_i) + \sum_{k=1}^{s} \left(1 - \frac{T_0}{T_k}\right) \dot{Q}_k^{A\leftarrow} - T_0 \dot{S}_i^A} \qquad (4.25)$$

e

$$\dot{Q}_0^{A\rightarrow} = \sum_{i=1}^{r} \dot{m}_i^{A\leftarrow} T_0 s_i + \sum_{k=1}^{s} \frac{T_0}{T_k} \dot{Q}_k^{A\leftarrow} + T_0 \dot{S}_i^A \qquad (4.26)$$

Si noti che i termini presenti nella prima equazione sono tutti omogenei con $\dot{L}_u^{A\rightarrow}$, dunque sono flussi energetici meccanici, ovvero hanno il significato di *potenze meccaniche*.

4.3 Exergia ed energia disponibile

Queste equazioni rappresentano le equazioni più generali per un sistema A in stato di flusso di massa stazionario, contemplando ogni tipo di interazione (calore, flusso di massa, moti interni, ecc.) - vediamo ora alcuni casi particolari che ci permettono di identificare i termini meccanici e soluzioni notevoli.

Consideriamo allora un sistema in cui ci siano solamente degli scambi di energia meccanica e degli scambi di calore con due serbatoi, l'ambiente e un generico serbatoio R_1, senza avere scambi di massa (figura 4.5) Le equazioni di bilancio si riducono a:

$$\dot{L}_u^{A\rightarrow} = \left(1 - \frac{T_0}{T_1}\right) \dot{Q}_1^{\leftarrow} - T_0 \dot{S}_i^A$$

$$\dot{Q}_0^{\rightarrow} = \frac{T_0}{T_1} \dot{Q}_1^{\leftarrow} + T_0 \dot{S}_i^A$$

Poiché il lavoro utile è una funzione del calore scambiato, delle temperature di entrambi i serbatoi e dell'entropia, ricerchiamo il massimo lavoro utile in funzione di quest'ultimo parametro, tenendo gli altri costanti. Poiché la funzione è lineare decrescente in $\dot{S}$, avremo un massimo assoluto in corrispondenza di $\dot{S}_i = 0$ - vedi figura 4.6 Avremo quindi che la massima potenza utile si ha in condizioni di *reversibilità*:

$$\dot{L}_u^{A\rightarrow}|_{max} = \dot{L}_u^{A\rightarrow}|_{rev} = \left(1 - \frac{T_0}{T_1}\right) \dot{Q}_1^{\leftarrow} \qquad (4.27)$$

Se analizziamo il calore, notiamo che al lavoro massimo corrisponde anche la potenza termica minore - figura 4.7

Se riprendiamo il bilancio entropico, per una generica trasformazione abbiamo:

$$\dot{S}^A = -\frac{1}{T_0}\dot{Q}_0^{\rightarrow} + \frac{1}{T_1}\dot{Q}_1^{\leftarrow} + \dot{S}_i^A \qquad (4.28)$$

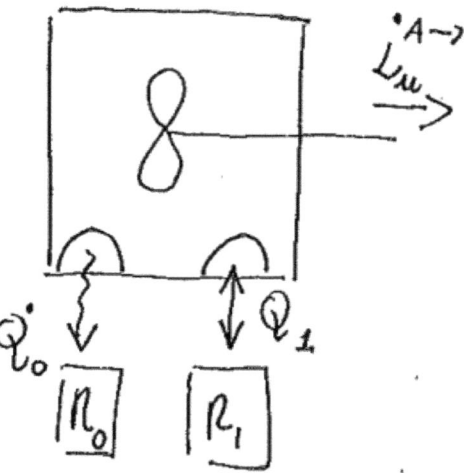

Figura 4.5: Sistema semplificato on scambi di calore e lavoro d'albero.

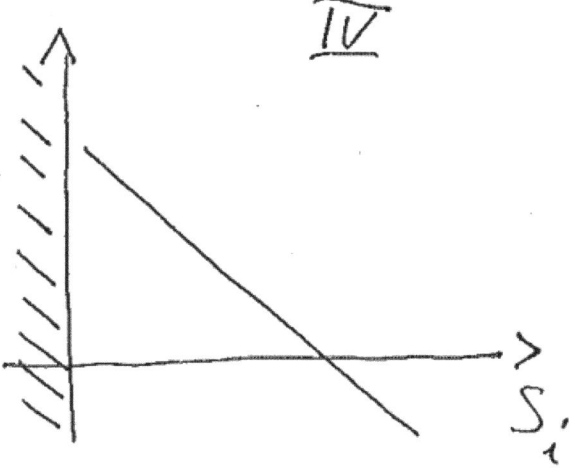

Figura 4.6: Andamento del lavoro utile in funzione della variazione dell'entropia.

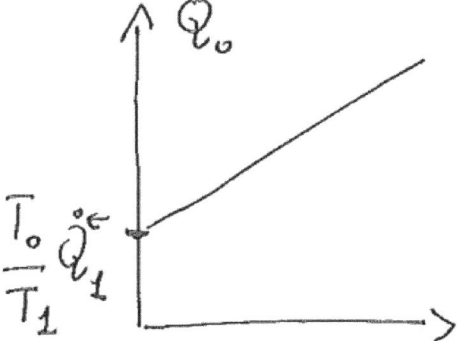

Figura 4.7: Potenza termica nel sistema semplificato

É allora necessario essere allora a contatto con l'ambiente per ottenere la condizione necessaria di reversibilità: $\dot{S}_i^A = 0$, in quanto dobbiamo scaricare sull'ambiente il flusso entropico associato al serbatoio R_1. In condizioni di reversibilità, è necessario allora che la temperatura dell'ambiente sia inferiore a quella del serbatoio aggiuntivo, per ottenere una potenza utile d'uscita positiva. Indichiamo allora il **coefficiente di Carnot** il termine:

$$\boxed{\left(1 - \frac{T_0}{T_1}\right)} \tag{4.29}$$

Def. 58 *Definiamo flusso di energia disponibile connesso all'interazione calore la quantità*

$$\boxed{\left(1 - \frac{T_0}{T_1}\right)\dot{Q}_1^{\leftarrow}} \tag{4.30}$$

Consideriamo ora un sistema interagente col solo serbatoio ambiente (per quanto riguarda lo scambio termico) e con dei flussi di massa - figura 4.8: Possiamo

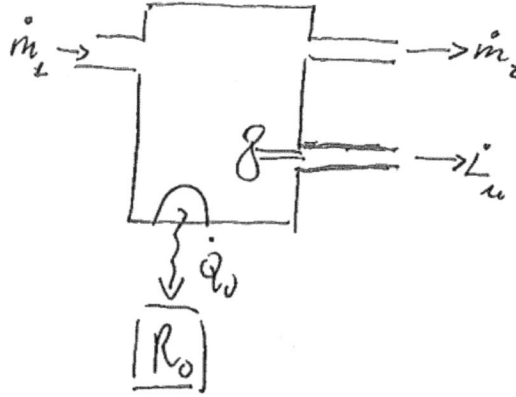

Figura 4.8: sistema interagente col solo serbatoio ambiente per quanto riguarda lo scambio termico e con dei flussi di massa.

già affermare che per il bilancio di massa:

$$\dot{m}_1 \equiv \dot{m}_2 \tag{4.31}$$

Il bilancio energetico diviene allora:

$$\dot{L}_u^{A\to} = \dot{m}(h_1^* - T_0 s_1) - \dot{m}(h_2^* - T_0 s_2) - T_0 \dot{S}_i^A$$
$$\dot{Q}_0^{\to} = \dot{m}T_0 s_1 - \dot{m}T_0 s_2 + T_0 \dot{S}_i^A$$

Come sopra, possiamo vedere che il lavoro utile è una funzione lineare decrescente in $\dot{S}_i^A$, quindi il suo massimo assoluto si avrà in corrispondenza di processi reversibili in cui s'annulla il termine entropico irreversibile:

$$\dot{L}_u^{A\to}|_{max} = \dot{L}_u^{A\to}|_{rev} = \dot{m}\left[(H_1^* - T_0 s_1) - (h_2^* - T_0 s_2)\right] \qquad (4.32)$$

Def. 59 *Definiamo **flusso di energia disponibile connesse al flusso di massa** la quantità*

$$\boxed{\dot{m}(h_i^* - T_0 s_i)} \qquad (4.33)$$

In realtà siamo interessati alla **differenza di flusso di energia connessa al flusso di massa**:

$$\boxed{\dot{m}_1(h_1^* - T_0 s_1) - \dot{m}_2(h_2^* - T_0 s_2)} \qquad (4.34)$$

In particolare, siamo interessati allo scarico verso il serbatoio ambiente, ovvero quando $T_2 \equiv T_0$, e la pressione equivale a quella ambientale, $p_2 \equiv p_0$. In tal frangente,

Def. 60 *Definiamo **exergia** o **disponibilità** o **availability** la differenza di flusso di energia disponibile connesso al flusso di massa con scarico nell'ambiente:*

$$\boxed{exergia \doteq \dot{m}\left[(h_1^* - T_0 s_1) - (h_2^* - T_0 s_2)\right]} \qquad (4.35)$$

Si noti che abbiamo sempre bisogno di interagire con l'ambiente esterno, in quanto lo scambio di entropia con quest'ultimo bilancia lo scambio entropico che interviene a seguito dello scambio di massa:

$$-\dot{S}_0 + \dot{m}s_1 - \dot{m}s_2 + \dot{S}_i = 0 \qquad (4.36)$$

Si potrebbe fare a meno dell'ambiente esterno solamente nel caso:

- il processo è irreversibile;

- $s_1 \equiv s_2$

ma queste condizioni non sono verificate nella pratica quotidiana.

Unificando il caso di flusso di massa e flusso di calore, abbiamo, applicando la sovrapposizione degli effetti:

$$\dot{L}_u^{A\rightarrow}|_r = \sum_i \dot{m}_i(h_i^* - T_0 s_i) + \sum_k \left(1 - \frac{T_0}{}\right) \dot{Q}_k^{\leftarrow} \qquad (4.37)$$

mentre in generale abbiamo

$$\dot{L}_u^{A\rightarrow} = \dot{L}_u^{A\rightarrow}|_r - T_0 \dot{S}_i \qquad (4.38)$$

Rimaneggiando l'ultima espressione possiamo interpretare il termine dovuto ai processi irreversibili come un'**exergia dissipata o distrutta**:

$$T_0 \dot{S}_i = \dot{L}_u^{A\rightarrow}|_r - \dot{L}_u^{A\rightarrow} \qquad (4.39)$$

4.4   Equazione dell'energia meccanica

Vediamo di ricavare l'equazione dell'energia meccanica. Consideriamo un sistema che abbia flusso di massa e scambio di calore con l'ambiente, nonché un albero per scambio di energia meccanica (vedi ancora figura 4.8).

Le equazioni di bilancio sono sempre le seguenti:

$$\frac{dM}{dt} = \dot{m}_1 - \dot{m}_2$$

$$\frac{dE}{dt} = \dot{m}_1 h_1^* - \dot{m}_2 h_2^* - \dot{L}_u^{A\rightarrow} + \dot{Q}^{\leftarrow}$$

$$\frac{dS}{dt} = \dot{m}_1 s_1 - \dot{m}_2 s_2 + \frac{\dot{Q}^{\leftarrow}}{T_0} + \dot{S}_i$$

che in condizioni stazionarie si riducono a

$$\dot{m}_1 = \dot{m}_2 \doteq \dot{m}$$

$$\dot{Q}^{\leftarrow} = -\dot{m}(s_1 - s_2) - T\dot{S}_i$$

$$\dot{m}(h_1^* - h_2^*) - \dot{L}_u^{A\rightarrow} + \dot{Q}^{\leftarrow} = 0$$

Supponiamo che le variabili d'uscita siano infinitamente vicine tali per cui $i_2 = i_1 + di$ e introduciamo quindi le quantità infinitesime relative al lavoro e all'entropia:

$$\dot{m}(h_1^* - h_1^* - dh^*) - d\dot{L}_u^{A\to} - \dot{m}(s_1 - s_2 - ds) - Td\dot{S}_i = 0 \qquad (4.40)$$

da cui

$$d\dot{L}_u^{A\to} = -\dot{m}dh^* + \dot{m}Tds - TdS_i \qquad (4.41)$$

siccome d'altra parte

$$dh^* = dh + d(e_k + e_p) \qquad (4.42)$$

e

$$dh = du + pdv + vdp = Tds + vdp \qquad (4.43)$$

avremo

$$d\dot{L}_u^{A\to} = -\dot{m}Tds - \dot{m}vdp - \dot{m}d(e_k + e_p) + \dot{m}Tds - TdS_i \qquad (4.44)$$

Integrando otterremo l'**equazione dell'energia meccanica**:

$$\boxed{\dot{L}_u^{A\to} = -\dot{m}\int_{p_1}^{p_2} vdp - \dot{m}\Delta(e_k + e_p) - T\dot{S}_i} \qquad (4.45)$$

con caso notevole:

$$\boxed{\dot{L}_u^{A\to}|_{rev} = -\dot{m}\int_{p_1}^{p_2} vdp - \dot{m}\Delta(e_k + e_p)} \qquad (4.46)$$

Esplicitando i termini di energia cinetica e di energia potenziale, avremo:

$$\boxed{\dot{L}_u^{A\to}|_{rev} = -\dot{m}\int_{p_1}^{p_2} vdp + \dot{m}\left(\frac{w_1^2 - w_2^2}{2}\right) + \dot{m}g(z_1 - z_2) - T\dot{S}_i} \qquad (4.47)$$

Vediamo il significato dei singoli termini. Consideriamo il primo termine, correlato alla variazione barometrica che subisce il fluido. Se infatti consideriamo un fluido incomprimibile, avremo:

$$\dot{L}_u^{A\to} = -\dot{m}v(p_2 - p_1) = \dot{m}v(p_1 - p_2) \qquad (4.48)$$

Si avrà lavoro utile positivo solamente quando la pressione p_1 è superiore alla p_2. Inoltre, il nostro fluido compie lavoro anche senza variare il proprio volume: questo lavoro non è infatti relativo alla variazione volumetrica / deformazione del fluido stesso, ma alla lavoro di immissione ed espulsione del fluido, epurato appunto dell'eventuale lavoro di deformazione - praticamente è un termine correlato allo sbilanciamento energetico dovuto all'immissione di un fluido in un recipiente.

Il secondo termine è connesso alla variazione di energia cinetica del fluido:

$$\dot{L}_u^{A\to} = \dot{m}\left(\frac{w_1^2 - w_2^2}{2}\right) \tag{4.49}$$

ed è positivo quando l'energia cinetica in uscita è minore di quella in ingresso.

In maniera analoga possiamo valutare il terzo termine, connesso alle forze di campo gravitazionali:

$$\dot{L}_u^{A\to} = \dot{m}g(z_1 - z_2) \tag{4.50}$$

che sarà positivo quando la quota d'ingresso nel sistema è superiore alla quota d'uscita, convertendo così l'energia gravitazionale in lavoro.

Si noti che questi primi tre termini definiscono il lavoro massimo *per unità di tempo*:

$$\dot{L}_u^{A\to} = -\dot{m}\int vdp + \dot{m}\left(\frac{w_1^2 - w_2^2}{2}\right) + \dot{m}g(z_1 - z_2) \tag{4.51}$$

da questo, si ha che il termine $T\dot{S}_i$ rappresenta un termine dissipativo per unità di tempo:

$$T_0\dot{S}_i = \dot{L}_u^{A\to}|_r - \dot{L}_u^{A\to} = \dot{L}_u^{A\to}|_{\text{dis}} \tag{4.52}$$

ed essendo un termine costituito dal prodotto di due termini positivi, sarà sempre positivo e dunque la dissipazione non potrà che essere a scapito del lavoro utile.

4.5   Equazione dell'energia in una condotta semplice

Consideriamo ora un ultimo caso in cui abbiamo solo scambio termico e flusso di massa, *senza lavoro meccanico.* - vedi figura 4.9. Avremo allora dal bilancio di energia:

$$T\dot{S}_i = -\dot{m}v(p_2 - p_1) + \dot{m}\left(\frac{w_1^2 - w_2^2}{2}\right) + \dot{m}g(z_1 - z_2) \tag{4.53}$$

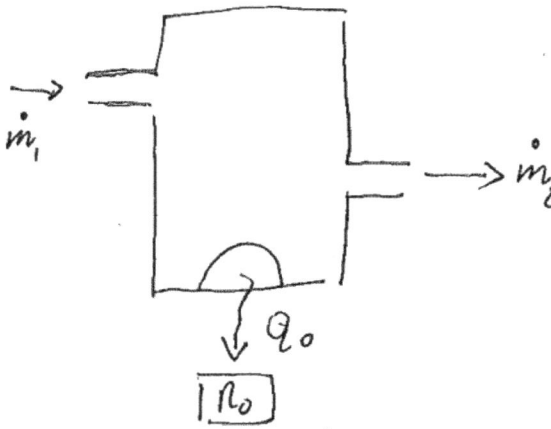

Figura 4.9: Sistema interagente con solo scambio termico e con dei flussi di massa.

In caso di processo reversibile, avremo

$$\dot{m}v(p_2 - p_1) = \dot{m}\left(\frac{w_1^2 - w_2^2}{2}\right) + \dot{m}g(z_1 - z_2) \qquad (4.54)$$

Semplificando e sostituendo a v il suo corrispettivo in densità massica, avremo la ben nota espressione:

$$\boxed{p_1 + \frac{1}{2}\rho w_1^2 + \rho g z_1 = p_2 + \frac{1}{2}\rho w_2^2 + \rho g z_2} \qquad (4.55)$$

Abbiamo così ottenuto un risultato analogo all'equazione di BERNOULLI , ma si noti bene che queste non è in generale l'equazione di BERNOULLI : nel caos di un fluido incomprimibile, potenza utile nulla e reversibilità, l'equazione di bilancio dell'energia va a coincidere identicamente con l'equazione di bilancio delle forze lungo una linea di corrente di un fluido non viscoso e incomprimibile. Tuttavia, se dovessimo trattare un flusso turbolento, l'equazione di BERNOULLI non sarebbe più definita, mentre l'equazione sul bilancio di energia trovata sopra rimarrebbe ancora valida, sebbene nella forma generalizzata con i fenomeni irreversibili:

$$p_1 + \frac{1}{2}\rho w_1^2 + \rho g z_1 = p_2 + \frac{1}{2}\rho w_2^2 + \rho g z_2 + \frac{T}{\dot{m}}\dot{S}_i \qquad (4.56)$$

4.6 Nota sul piano $p - v$

Consideriamo il piano $p-v$. In caso di reversibilità e di nessun scambio di energia

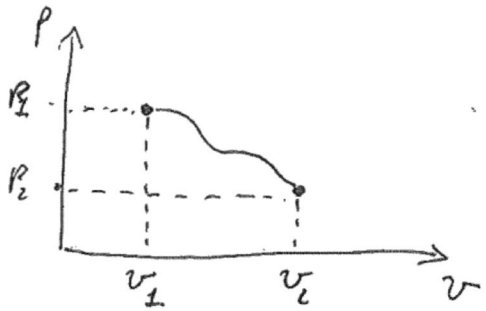

Figura 4.10: Calcolo del lavoro meccanico - processo generico.

cinetico o potenziale:

$$\dot{L}_u^{A\rightarrow} = -\dot{m}\int v\,dp \qquad (4.57)$$

Unendo i due stati con un processo quasi statico, ovvero con una linea continua, come in figura 4.10, notiamo che il lavoro è graficamente rappresentato dall'area sottesa sull'asse p, mentre l'area sottesa sull'asse v è correlato al lavoro di deformazione per unità di tempo.

Qui vediamo allora che nel caso in cui $v_1 = v_2$ si ha comunque un lavoro positivo, perché in questo frangente si annulla solamente l'area sottesa sull'asse v, associato appunto al lavoro di deformazione, ma non l'area sottesa sull'asse p - figura 4.11.

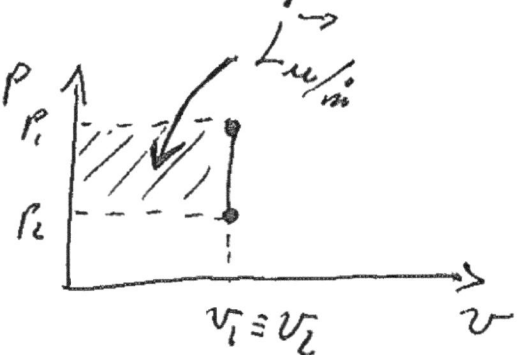

Figura 4.11: Calcolo del lavoro meccanico - processo isocoro.

CHAPTER 5

ELEMENTI DI MACCHINE A FLUIDO

Lo schema di una macchina termica è in generale quello raffigurato in figura 5.2. In base al loro comportamento possiamo distinguere in:

- *macchine motrici* quando il lavoro o la potenza meccanica sono uscenti e si ha $Q_1 > Q_2$

- *macchine operatrici* quando il lavoro o la potenza meccanica sono entranti e si ha $Q_1 < Q_2$

In analogia al potenziale gravitazionale, in tempi passati si è introdotto il concetto di **livello termico**, una specie di *quota potenziale* analoga alla quota per l'energia potenziale del campo gravitazionale.

Elementi di Fisica Tecnica.
By Giulio Malinverno.
Copyright © 2016 .

Figura 5.1: Secondo la tradizione, ERONE di Alessandria è l'autore della prima eolipila - un'antenata della turbina a reazione: l'acqua all'interno del serbatoio, capace di ruotare su un perno, viene riscaldata finché non raggiunge lo stadio di vapore. Il vapore viene fatto uscire da due ugelli uguali diretti come la tangente alla sfera, generando così il movimento rotatorio del serbatoio.

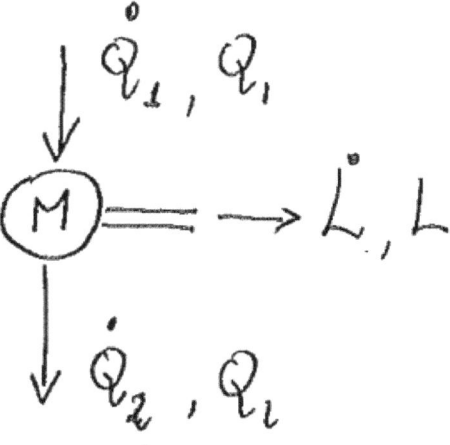

Figura 5.2: Schema generale di una macchina termica.

Ad esempio, per passare da un livello termico basso ad uno più alto bisogna apportare lavoro al sistema, così come se si volesse sollevare il sistema in un campo gravitazionale. Analogamente, se il sistema passa da un livello termico alto ad uno più basso, il sistema rilascia energia.

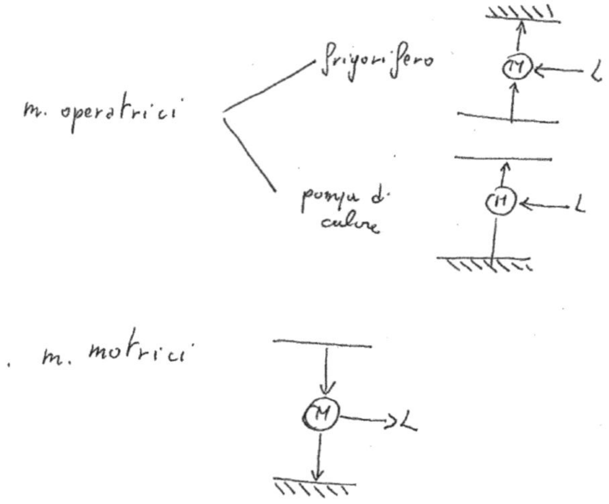

Figura 5.3: Distinzione fra macchine operatrici e macchine motrici.

Notazioni storiche a parte, consideriamo alcuni casi particolari di interesse ingegneristico, in cui il sistema interagisce tramite alcune distinte interazioni[1]. Si noti che il sistema termodinamico oggetto dello studio è costituito dal fluido che compie o subisce le interazioni, mentre il contorno costituito dagli organi di macchina non è oggetto di studio ed è quindi considerato solamente come una superficie geometrica, sebbene la tecnologia di costruzione della macchina influisca pesantemente sul funzionamento della macchina stessa.

Si noti che le caratteristiche richieste da una particolare interazione sono spesso in contrasto con quelle richieste da un'altra interazione: ad esempio, lo scambio termico richiede macchine di superficie estesa, mentre le interazioni meccaniche richiedono componenti di dimensioni contenute. In base a quest'osservazione, poiché le caratteristiche richieste sono contrastanti, si tende a progettare mac-

---

[1]ovviamente, ciò significa che le interazioni considerate sono preponderanti rispetto a quelle trascurate.

chine specializzate per un'interazione specifica e non esistono per forza di cose macchine *general purpose*. In generale avremo quindi:

- macchine specializzate per lo scambio termico (scambiatori di calore);

- macchine specializzate per le interazioni di tipo lavoro (macchine operatrici e motrici);

- macchine specializzate nel miscelamento e nelle reazioni chimiche (reattori);

Consideriamo al momento solo le macchine specializzate nelle interazioni di tipo lavoro. Scriviamo le equazioni di bilancio sotto l'ipotesi di stato stazionario:

$$\frac{dM^A}{dt} = \dot{m}_1 - \dot{m}_2 = 0 \tag{5.1}$$

$$\frac{dE^A}{dt} = \dot{m}_1 h_1^* - \dot{m}_2 h_2^* - \dot{L}_u^{A\to} = 0 \tag{5.2}$$

$$\frac{dS^A}{dt} = \dot{m}_1 s_1 - \dot{m}_2 s_2 + \dot{S}_i = 0 \tag{5.3}$$

da cui

$$\dot{L}_u^{A\to} = \dot{m}_1(h_1^* - h_2^*) = \dot{m}_1[(h_1 - h_2) + \frac{w_1^2 - w_2^2}{2} + g(z_1 - z_2)] \tag{5.4}$$

ovvero

$$\dot{L}_u^{A\to} = \dot{m}_1(h_1 - h_2)[1 + \frac{1}{2}\frac{(w_1^2 - w_2^2)}{(h_1 - h_2)} + g\frac{(z_1 - z_2)}{(h_1 - h_2)}] \tag{5.5}$$

Possiamo introdurre delle ipotesi semplificative, fra cui:

- $g\frac{(z_1 - z_2)}{(h_1 - h_2)} << 1$ - sempre valida per macchine aeronautiche (che sono quasi sempre assiali o con piccolissime variazioni di quota fra ingresso e uscita);

- $\frac{1}{2}\frac{(w_1^2 - w_2^2)}{(h_1 - h_2)} << 1$

riducendoci così alla più semplice relazione:

$$\dot{L}_u^{A\to} \simeq \dot{m}_1(h_1 - h_2) \tag{5.6}$$

Per continuare ora dobbiamo fare delle ipotesi sulla natura del fluido: utilizze-
remo il modello del gas perfetto, poiché è più interessante e ha più riscontri del
modello con un mezzo incomprimibile (nelle applicazioni aeronautiche). Sotto
quest'ipotesi, possiamo scrivere:

$$h \;=\; h_0 + c_p(T - T_0) \tag{5.7}$$

$$s \;=\; s_0 - R^* \ln \frac{p}{p_0} + c_p \ln \frac{T}{T_0} \tag{5.8}$$

da cui

$$\dot{L}_u^{A\to} \simeq \dot{m}_1 c_p (T_1 - T_2) \tag{5.9}$$

mentre

$$(s_2 - s_1) = c_p \ln \frac{T_2}{T_1} - R^* \ln \frac{p_2}{p_1} = \frac{\dot{S}_i}{\dot{m}} \tag{5.10}$$

Ricavando la temperatura finale dal bilancio entropico,

$$T_2 = T_1 \cdot \left(\frac{p_2}{p_1} \right)^{\frac{R^*}{c_p}} e^{\frac{\dot{S}_i}{\dot{m} c_p}} \tag{5.11}$$

Abbiamo allora:

$$\dot{L}_u^{A\to} = \dot{m} c_p T_1 \left[\left(\frac{p_2}{p_1} \right)^{\frac{R^*}{c_p}} e^{\frac{\dot{S}_i}{\dot{m} c_p}} \right] \tag{5.12}$$

La relazione di T in funzione di s può essere generalizzata come:

$$\boxed{ T = T_0 \cdot \left(\frac{p}{p_0} \right)^{\frac{R^*}{c_p}} e^{\frac{\dot{S}_i}{\dot{m} c_p}} = T(s, p) } \tag{5.13}$$

Nel piano $T - s$, le isobare sono quindi rappresentate da curve esponenziali - vedi
figura 5.4. Essendo un sistema semplice, dati la pressione e la temperatura, lo stato
A_1 è univocamente determinato nel piano $T - s$, ovvero $s - 1$ è univocamente
determinato. Se consideriamo lo stato finale - figura 5.4 a destra - la pressione
sarà p_2, ma la temperatura può assumere il valore $T_{2,s}$ solamente nel particolare
caso in cui $s_1 = s_2$, ovvero nel caso di reversibilità. Poiché in generale $s_1 \neq s_2$,
T_2 può assumere a priori infiniti valori. Inoltre essendo $S_i \geq 0$, si avrà sempre
che $s_2 \geq s_1$ e dunque T_2 non può assumere valori corrispondenti ad un'entropia
minore di quella iniziale. Graficamente, T_2 assumerà valori compresi fra T_1 e
$T_{2,s}$.

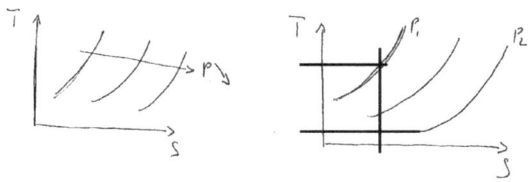

Figura 5.4: Nel piano $T - s$, le isobare sono rappresentate da curve esponenziali.

Inoltre, la temperatura finale sarà una funzione non solo della temperatura iniziale, delle pressioni ma anche del contributo entropico:

$$T_2 = \tilde{T}(T_1, p_1, p_2, S_i) \tag{5.14}$$

Fissati gli altri parametri, la temperatura finale sarà in funzione del contributo entropico: assumerà un valore estremante quando S_i sarà agli estremi del proprio campo di valori. Poiché $0 \le S_i \le \infty$, l'estremo che ci interessa è proprio nel caso $S_i = 0$:

$$T_2(S_i = 0) = T_{2,s} = T_1 \left(\frac{p_2}{p_1}\right)^{\frac{R^*}{c_p}} \tag{5.15}$$

ovvero il minimo valore di temperatura che il sistema può raggiungere è quello che si ottiene con un processo reversibile.

Poiché $T_{2,s}$ è la minima temperatura raggiungibile, in condizione di reversibilità si ottiene il lavoro massimo per unità di tempo:

$$\boxed{\dot{L}_u^{A\to}|_{max} = \dot{m}c_p T_1 \left[1 - \left(\frac{p_2}{p_1}\right)^{\frac{R^*}{c_p}}\right]} \tag{5.16}$$

In figura 5.5 possiamo visualizzare graficamente le variazioni di temperatura e il lavoro ad esse associato - poiché h è infatti lineare in T per un gas perfetto (o per un fluido incomprimibile semplificato) possiamo scalare le ordinate in modo che queste siano lette sia in gradi di temperatura che in unità di misura dell'entalpia.

Poiché non ci interessano i casi di lavoro negativo, abbiamo inoltre la condizione:

$$T_{2,s} \le T_2 \le T_1 \tag{5.17}$$

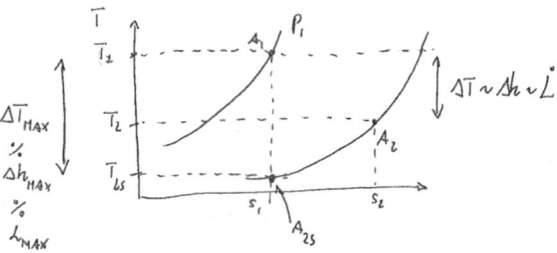

Figura 5.5: Piano $T - s$ - scambi energetici e lavori ottenibili.

Si noti che il caso infatti in cui $T_2 > T_1$ è possibile da un punto di vista fisico, ma non ha rilevanza pratica.

Introduciamo ora il

Def. 61 *rendimento isoentropico della macchina*

$$\eta_T \doteq \frac{\dot{L}_u^{A\rightarrow}}{\dot{L}_u^{A\rightarrow}\big|_{max}} = \frac{\dot{m}(h_1 - h_2)}{\dot{m}(h_1 - h_{2,s})} = \frac{(h_1 - h_2)}{(h_1 - h_{2,s})} \qquad (5.18)$$

Nell'ipotesi di gas perfetto o fluido incomprimibile semplificato:

$$\eta_T = \frac{\dot{m}c_p(T_1 - T_2)}{\dot{m}c_p(T_1 - T_{2,s})} = \frac{(T_1 - T_2)}{(T_1 - T_{2,s})} \qquad (5.19)$$

5.1 Turbina

Def. 62 *La macchina che opera ricavando lavoro utile da un fluido che si espande adiabaticamente da una pressione p_1 ad una pressione p_2 minore è definita* **turbina**

La turbina è una delle macchine fondamentali che costituiscono i cicli termici attuali - il suo simbolo è rappresentato in figura 5.7: il trapezio è orientato in modo che il fluido sia in ingresso sul lato parallelo stretto e in uscita sul lato parallelo maggiore, proprio per indicare un'espansione. Dal punto di vista tecnologico è costituita da una serie di elementi detti **stadi** in cui viene fatto passare il fluido.

Figura 5.6: Installazione di una turbina a vapore per generazione elettrica. Fonte: CHRISTIAN KUHNA, SIEMENS

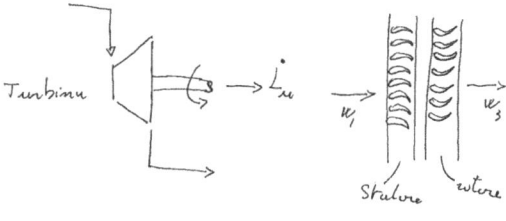

Figura 5.7: Simbolo grafico di una turbina e schema della palettatura

Generalmente, una turbina è costituita da un numero non indifferente di stadi. Ogni stadio è costituito da due parti - vedasi sempre 5.7:

- **statore**: costituito da una calettatura di palette profilate aerodinamicamente, **fisse** che definiscono un condotto a sezione variabile convergente.

- **rotore**: costituito come lo statore da una calettatura di palette aerodinamiche, **mobili** con una concavità opposta a quella delle palette dello statore.

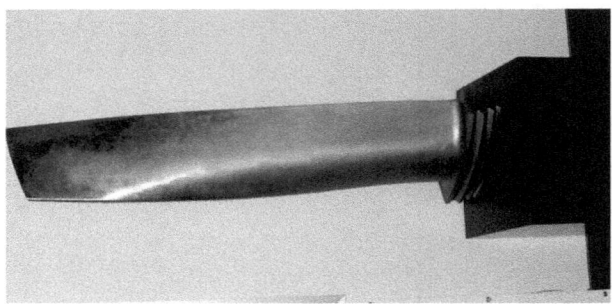

Figura 5.8: Pala di una turbina - in particolare si tratta della pala di una delle turbine a bassa pressione dell'impianto della centrale nucleare di Gösgen (CH).

La velocità w_1 viene ruotata in w_2 nello statore, mentre nel rotore esse viene sommata alla velocità relativa data dalla rotazione per ottenere alla fine w_3.

A seconda delle modalità di estrazione dell'energia utile abbiamo:

- macchina ad **azione**: l'espansione avviene esclusivamente nella parte statorica, mentre nella parte rotorica si preleva l'energia cinetica;

- macchina a **reazione**: l'espansione non avviene esclusivamente nella parte statorica e nella parte rotorica oltre a prelevare l'energia cinetica si ha ancora una parte di espansione;

Si trova che si ha una maggiore efficienze a parità di condizioni, nelle macchine a reazione.

Per semplicità, considereremo le turbine come macchine adiabatiche, in cui il calore non viene scambiato - nella realtà di ha un notevole problema termomeccanico dovendo progettare e costruire palette che resistano ad alte temperature senza deformarsi eccessivamente.

5.2 Compressore

Figura 5.9: Compressore centrifugo. Fonte: U.S. DEPT. OF ENERGY

Def. 63 *La macchina che opera utilizzando lavoro utile in un fluido per comprimerlo adiabaticamente da una pressione p_1 ad una pressione p_2 maggiore è definita* **compressore**

Il compressore è la macchina duale della turbina - essendo il duale della turbina, il suo simbolo è il simmetrico della turbina: un trapezio in cui il fluido entra nel lato parallelo maggiore ed esce da quello minore, trattandosi di una compressione - vedi figura 5.10.

Da un punto di vista matematico, la funzione analitica è sempre la stessa. Tuttavia, siccome dobbiamo fornire lavoro e non estrarlo, definiamo qui l'efficienza sempre in relazione al caso reversibile , sebbene nel caso del compressore, la situazione ottimale è quella di lavoro minimo:

$$\eta_c = \frac{\dot{L}_u^{A\rightarrow}|_{min}}{\dot{L}_u^{A\rightarrow}} = \frac{h_1 - h_{2,s}}{h_1 - h_2} = \frac{T_1 - T_{2,s}}{T_1 - T_2} \tag{5.20}$$

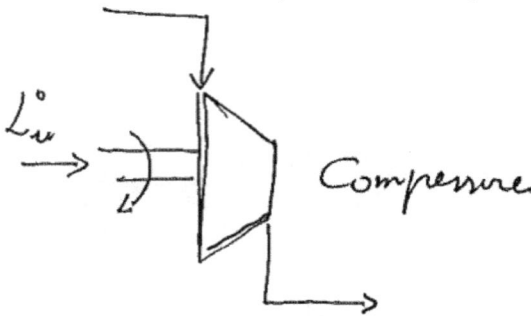

Figura 5.10: Simbolo grafico del compressore: un trapezio in cui il fluido entra nel lato parallelo maggiore ed esce da quello minore, trattandosi di una compressione

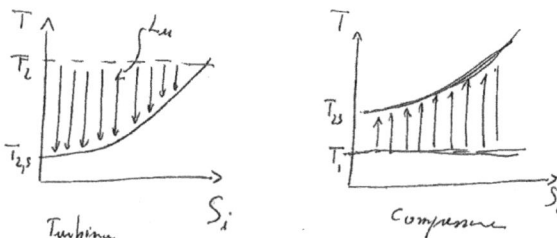

Figura 5.11: Lavoro utile di turbina e compressore nel piano $T - s$.

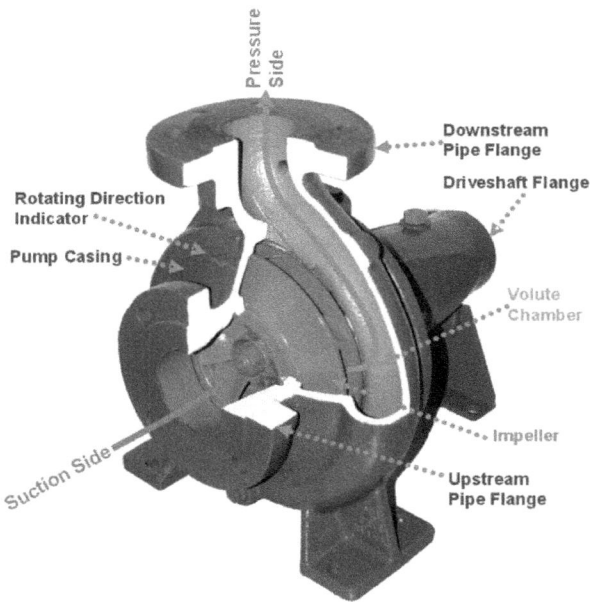

Figura 5.12: Spaccata di una pompa centrifuga (fonte: FANTAGU - wikipedia).

5.3   Turbine e pompe idrauliche

Consideriamo le macchine che utilizzano liquidi, ovvero pompe e turbine idrauliche. Utilizzando le semplificazioni di fluido incomprimibile viste precedentemente,i bilanci del sistema divengono:

$$\dot{m}_1 = \dot{m}_2$$
$$\dot{L}_u^{A\rightarrow} = \dot{m}(h_1 - h_2)$$
$$s_2 = s_1 + \frac{\dot{S}_i}{\dot{m}}$$

Poiché utilizziamo l'ipotesi di mezzo incomprimibile, abbiamo inoltre che

$$h = h_o + c_p(T - T_0) + v(p - p_0)$$
$$s = s_0 + c_p \ln \frac{T}{T_0}$$

avremo

$$\dot{L}_u^{A\rightarrow} = \dot{m}[c_p(T_1 - T_2) + v(p_1 - p_2)]$$
$$s_2 - s_1 = c_p \ln \frac{T_2}{T_1} \Rightarrow T_2 = T_1 e^{\frac{\dot{S}_i}{\dot{m}c_p}}$$

Dunque

$$\dot{L}_u^{A\rightarrow} = \dot{m}[c_p T_1 (-e^{\frac{\dot{S}_i}{\dot{m}c_p}} + 1) + v(p_1 - p_2)] \tag{5.21}$$

che in caso di reversibilità diviene

$$\dot{L}_u^{A\rightarrow} = \dot{m}v(p_1 - p_2) \tag{5.22}$$

che equivale alla differenza fra lavoro di immissione e lavoro di espulsione. Nel caso in cui allora la pressione d'uscita è maggiore di quella d'ingresso avremo delle pompe, nel caso opposto delle turbine idrauliche.

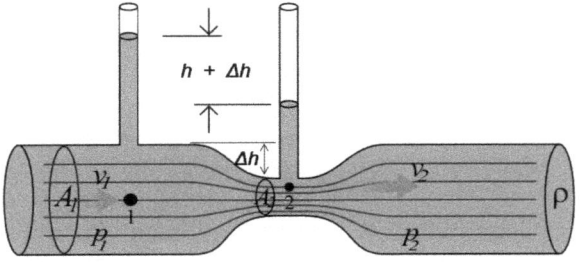

Figura 5.13: Tubo di VENTURI - esempio di condotto in cui avviene una variazione entalpica ed entropica. Autore: JOANNA KOŚMIDER

5.4 Condotti e ugelli

Consideriamo il caso particolare in cui non ci sia lavoro scambiato ma solo calore. In condizioni stazionarie avremo:

$$\dot{m}_1 = \dot{m}_2$$

$$\dot{m}_1 h_1^* - \dot{m}_2 h_2^* = 0 \Rightarrow h_1^* = h_2^*$$

$$s_2 - s_1 = \frac{\dot{S}_i}{\dot{m}}$$

Si può vedere che l'entalpia generalizzata rimane inalterata, sebbene l'entropia prodotta non è in generale nulla. il processo isoentalpico è indipendente dalla produzione entropica:

$$h_2^* - h_1^* = (h_2 - h_1) + \frac{(w_2^2 - w_1^2)}{2} + g(z_2 - z_1) = 0 \Rightarrow h_2 - h_1 = -\frac{(w_2^2 - w_1^2)}{2} \tag{5.23}$$

trascurando le componenti gravitazionali. Sotto l'ipotesi di gas perfetto,

$$w_2 = \sqrt{w_1^2 + 2(h_1 - h_2)} = \sqrt{w_1^2 + c_p(T_1 - T_2)} \tag{5.24}$$

siccome d'altra parte

$$s_2 - s_1 = \frac{\dot{S}_i}{\dot{m}} \Rightarrow \ln \frac{T_2}{T_1} - \frac{R^*}{c_p} \ln \frac{p_2}{p_1} = \frac{\dot{S}_i}{\dot{m}} \Rightarrow T_2 = T_1 \left(\frac{p_2}{p_1} \right)^{\frac{R^*}{c_p}} e^{\frac{\dot{S}_i}{\dot{m}}} \tag{5.25}$$

avremo

$$w_2 = \sqrt{w_1^2 + 2c_p T_1 \left(1 - \left(\frac{p_2}{p_1}\right)^{\frac{R^*}{c_p}} e^{\frac{\dot{S}_i}{\dot{m}}}\right)} \qquad (5.26)$$

Abbiamo quindi espresso la velocità d'uscita in funzione di quella d'entrate , della temperatura del fluido in ingresso e delle pressioni, nonché della produzione entropica.

Si può facilmente calcolare che la velocità massima d'uscita si ottiene in un processo reversibile:

$$w_2 = \sqrt{w_1^2 + 2c_p T_1 \left(1 - \left(\frac{p_2}{p_1}\right)^{\frac{R^*}{c_p}}\right)} \qquad (5.27)$$

Si può vedere che, nel caso di macchine acceleratrici, l'incremento di velocità è ottenuto a scapito dell'entalpia del fluido - il gas si raffredda quindi. Inoltre, la temperatura d'uscita diviene una funzione delle pressioni esistenti all'imbocco e all'uscita della macchina:

$$T_2 = T_1 \left(\frac{p_2}{p_1}\right)^{\frac{R^*}{c_p}} \qquad (5.28)$$

La variazione di velocità può essere ottenuta tramite una variazione delle sezioni del condotto in cui scorre il fluido, ed esempio in un condotto di DELAVAL oppure in un tubo di VENTURI . Tale variazione è facilmente valutabile in base all'equazione di conservazione della massa - consideriamo per semplicità un processo reversibile:

$$\dot{m}_1 = \dot{m}_2$$
$$\dot{m}_1 h_1^* = \dot{m}_2 h_2^*$$
$$s_1 = s_2$$

Supponiamo inoltre che lo stato di uscita sia infinitesimamente vicino allo stato d'ingresso, in modo da esprimere i valori in uscita con un incremento infinitesimo di quelli in ingresso:

$$\dot{m}_1 = \dot{m}_1 + d\dot{m} \Rightarrow d\dot{m} = 0$$
$$\dot{m}_1 h_1^* = (\dot{m}_1 + d\dot{m})h_1^* + (\dot{m}_1 + d\dot{m})dh^* \Rightarrow \dot{m}_1 dh^* = 0$$
$$s_1 = s_1 + ds \Rightarrow ds = 0$$

d'altra parte

$$dm \equiv d(\rho w A) = 0$$

$$dh^* \equiv d(h + \frac{w^2}{2} + gz) = 0$$

$$ds = 0$$

Trascurando gli effetti gravitazionali - ad esempio considerando un condotto orizzontale,

$$wAd\rho + \rho Adw + \rho w dA = 0$$

$$dh + wdw = 0$$

$$ds = 0$$

Dividendo la prima equazione per $\rho w A$ otteniamo

$$\frac{d\rho}{\rho} + \frac{dw}{w} + \frac{dA}{A} = 0 \qquad (5.29)$$

$$dh + wdw = 0 \qquad (5.30)$$

$$ds = 0 \qquad (5.31)$$

Supponendo un fluido incomprimibile, tale per cui $d\rho \equiv 0$, abbiamo

$$\boxed{\frac{dw}{w} = -\frac{dA}{A} \Rightarrow \ln\frac{w_2}{w_1} = -\ln\frac{A_2}{A_1} \Rightarrow A_2 w_2 \equiv A_1 w_1} \qquad (5.32)$$

che è la consueta espressione della **portata volumetrica** di un condotto per fluidi incomprimibili: per un fluido incomprimibile, la variazione dell'area della sezione del condotto corrisponde ad una variazione inversamente proporzionale della velocità del fluido nel condotto.

Nel caso di fluidi comprimibili, è necessario introdurre un modello del fluido nello spazio h, s:

$$\rho = \tilde{\rho}(h, s) \qquad (5.33)$$

da cui

$$d\rho = \left(\frac{\partial\rho}{\partial h}\right)|_s dh + \left(\frac{\partial\rho}{\partial s}\right)|_h ds \qquad (5.34)$$

che in caso di processi riversibili ($ds = 0$), diviene

$$d\rho = \left(\frac{\partial\rho}{\partial h}\right)|_s dh = \frac{dh}{\left(\frac{\partial h}{\partial\rho}\right)|_s} = \frac{dh}{\left[\frac{\partial\tilde{h}(s,p)}{\partial\rho}\right]_s} \qquad (5.35)$$

Analizziamo il significa fisico della derivata a denominatore:

$$\left[\frac{\partial}{\partial \rho} h(s,p)\right]_s = \left[\left(\frac{\partial h}{\partial s}\right)_p \frac{\partial s}{\partial \rho} + \left(\frac{\partial h}{\partial p}\right)_s \frac{\partial p}{\partial \rho}\right]_s = \left[T\frac{\partial s}{\partial \rho} + v\frac{\partial p}{\partial \rho}\right]_s \quad (5.36)$$

Poiché è valutata ad entropia costante, abbiamo

$$\left[\frac{\partial}{\partial \rho} h(s,p)\right]_s = \left[v\frac{\partial p}{\partial \rho}\right]_s \quad (5.37)$$

Sostituendo quindi:

$$d\rho = \frac{dh}{\left[v\frac{\partial p}{\partial \rho}\right]_s} = \rho\frac{dh}{\left[\frac{\partial p}{\partial \rho}\right]_s} \quad (5.38)$$

ovvero

$$\boxed{\frac{d\rho}{\rho} = \frac{dh}{\left[\frac{\partial p}{\partial \rho}\right]_s}} \quad (5.39)$$

Per valutare la derivata a denominatore consideriamo un condotto rettilineo semi-

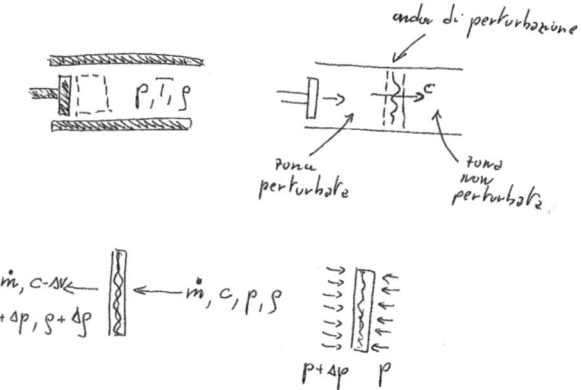

Figura 5.14: Condotto rettilineo con un'onda di pressione

infinito (figura 5.14), a pareti adiabatiche con un'estremità costituita da un pistone. Sottoponiamo il gas contenuto nel condotto a dei processi quasi-statici e mettiamo in movimento il pistone con una velocità ΔV piccola ma finita. Se il gas fosse un corpo (idealmente) rigido, ogni suo punto avrebbe allora una velocità ΔV e ogni punto assumerebbe tale velocità istantaneamente al momento della sua applicazione. In realtà possiamo pensare al gas come una insieme di sferette rigide collegate ciascuna da una molla elastica: le molle verrebbero compresse via via, e le varie sferette si metterebbero in moto non simultaneamente. Possiamo quindi identificare due velocità:

- velocità del mezzo, ΔV;

- velocità di propagazione dell'informazione, c;

Ad esempio, al sferetta ad una certa distanza x del pistone, si metterebbe in moto all'istante ΔT tale per cui $c = \frac{X}{\Delta T}$. Si noti bene che al momento consideriamo $\Delta V < c$. Il corpo (idealmente) rigido è tale allora per cui $\Delta T \equiv 0$, da cui $c = \infty$.

L'onda di perturbazione si propaga all'interno del mezzo con una velocità c, con il fluido che subisce un processo quando attraversa quest'onda - vedi sempre figura 5.14. Consideriamo un volumetto di controllo a cavallo dell'onda e valutiamo le perturbazioni che il fluido subisce - possiamo supporre che l'onda sia ferma e il fluido la attraversi con una velocità c, ovvero poniamo un osservatore che si muove solidale all'onda:

prima	dopo
$\dot{m}$	$\dot{m}$
c	$c - \Delta V$
p	$p + \Delta p$
ρ	$\rho + \Delta \rho$

Consideriamo il bilancio di massa sotto l'ipotesi di stazionarietà:

$$\dot{m}_1 = \dot{m}_2 \Rightarrow \rho c A = (\rho + \Delta \rho)(c - \Delta V)A \Rightarrow \rho c = \rho c + c\Delta \rho - \rho \Delta V - \Delta \rho \Delta V \tag{5.40}$$

ovvero

$$\boxed{\Delta V = c\frac{\Delta \rho}{\rho}\left(1 - \frac{\Delta \rho}{\rho}\right)^{-1}} \tag{5.41}$$

In un mezzo (idealmente) incomprimibile, dove la variazione di massa volumetrica è nulla, al fine di avere una variazione finita di velocità dobbiamo avere necessariamente una velocità di propagazione delle perturbazioni infinita.

Consideriamo ora il bilancio di quantità di moto, ricordandoci che le forze presente sono quelle dovute alla pressione:

$$-(p + \Delta p)A + pA + \dot{m}c - \dot{m}(c - \Delta V) = 0 \Rightarrow \dot{m}\Delta V = A\Delta p \qquad (5.42)$$

Sostituendo alla portata massica la sua espressione così come quanto trovato per la variazione di velocità, abbiamo

$$\boxed{c^2 \Delta \rho = \left(1 - \frac{\Delta \rho}{\rho}\right) \Delta p} \qquad (5.43)$$

Dividiamo tutto per $\Delta \rho$ e applichiamo il passaggio al limite per $\Delta p \to 0$ (e quindi anche $\Delta \rho \to 0$):

$$\lim_{\Delta p, \Delta \rho \to 0} c^2 = \lim_{\Delta p, \Delta \rho \to 0} \left(1 - \frac{\Delta \rho}{\rho}\right) \frac{\Delta p}{\Delta \rho} \qquad (5.44)$$

trovando così una definizione della velocità di propagazione delle perturbazioni:

$$\boxed{c^2 \doteq \left(\frac{\partial p}{\partial \rho}\right)_s} \qquad (5.45)$$

Poiché il suono è un'onda di perturbazione del campo delle pressioni, possiamo definire c anche **velocità del suono**.

Inoltre, poiché $d\rho = \rho \frac{dh}{\partial p \, \partial \rho}$, abbiamo anche

$$\frac{d\rho}{\rho} = \frac{dh}{c^2} \qquad (5.46)$$

ovvero:

$$\frac{d\rho}{\rho} = -\frac{w \, dw}{c^2} \qquad (5.47)$$

Siccome il bilancio di massa in forma differenziale è

$$\frac{d\rho}{\rho} + \frac{dw}{w} + \frac{dA}{A} = 0 \qquad (5.48)$$

otteniamo

$$\left(1 - \frac{w^2}{c^2}\right) \frac{dw}{w} + \frac{dA}{A} = 0 \qquad (5.49)$$

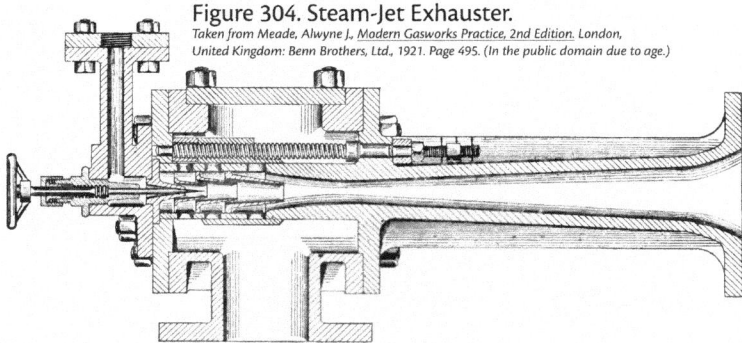

Figure 304. Steam-Jet Exhauster.
Taken from Meade, Alwyne J., Modern Gasworks Practice, 2nd Edition. London, United Kingdom: Benn Brothers, Ltd., 1921. Page 495. (In the public domain due to age.)

Figura 5.15: Iniettore / pompa a getto: si utilizza un getto ad altissima pressione / energia cinetica per mettere in movimento il fluido circostante

da cui

$$\frac{dw}{dA} = -\frac{1}{\left(1 - \frac{w^2}{c^2}\right)}\frac{W}{A} = 0 \tag{5.50}$$

Se siamo in campo subsonico, ovvero $w < c$, la variazione di velocità in funzione della sezione è tale per cui $\frac{dw}{dA} < 0$, il che equivale a quanto già detto precedentemente per i fluidi incomprimibili (la variazione di velocità è inversamente proporzionale alla variazione dell'area della sezione): per accelerare un fluido dobbiamo utilizzare un condotto convergente, mentre per decelerare il fluido, dobbiamo utilizzare un condotto divergente.

Se tuttavia andiamo in un campo supersonico, ovvero un campo in cui $w > c$, abbiamo che le variazioni sono di segno concorde, essendo $\frac{dw}{dA} > 0$. Ciò significa che immettendo un flusso supersonico in un divergente la velocità aumenterà.

Unendo questi due risultati, possiamo progettare un condotto, costituito da un convergente seguito da un divergente - come quello riportato in figura 5.16 - in cui acceleriamo un fluido da una velocità subsonica ad una supersonica. Il condotto deve essere tale che la sezione di gola, ovvero la sezione ad area minima, sia tale per cui $w_g \equiv c$.

Consideriamo ora il condotto in figura 5.17, in cui abbiamo un convergente che finisce a scaricare sull'ambiente. Sia p_0 la pressione d'ingresso, p_e la pressione nella sezione d'uscita (lato convergente) e p_b la pressione dell'ambiente esterno. Se la pressione d'ingresso è uguale alla pressione ambientale, la velocità del fluido

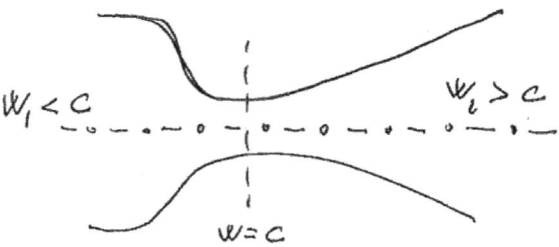

Figura 5.16: Condotto convergente-divergente in cui il fluido viene accelerato da una velocità subsonica $w_1 < c$ ad una velocità supersonica $w_2 > c$, arrivando alla velocità del suono nella gola.

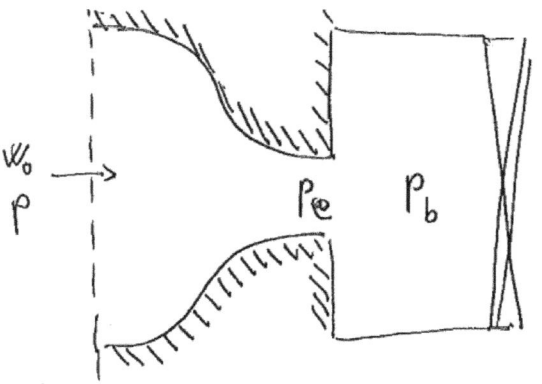

Figura 5.17: Convergente con sbocco sull'ambiente.

non subisce variazioni, mentre se è superiore a quella ambientale, il fluido verrà accelerato verso l'uscita. Possiamo supporre di innalzare la pressione d'ingresso (o di abbassare quella ambientale) in modo tale da avere una velocità d'uscita tale da coincidere con quella del suono. Indichiamo con P^* la pressione che si ha sull'uscita (lato convergente) quando $w_e = c$. Poiché il convergente non è seguito

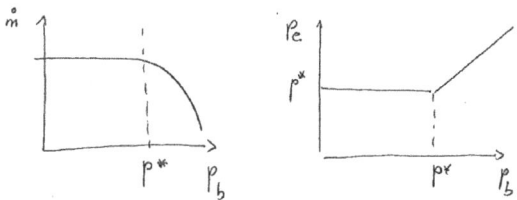

Figura 5.18: Andamento delle pressioni e della portata in un convergente con sbocco sull'ambiente.

da un divergente, se continuassimo ad innalzare la pressione d'ingresso (ovvero abbassare la p_b), p_e non può fare altro che rimanere stabile al valore critico, P^*, così come la velocità non potrà che rimanere uguale a c^2. Poiché ci sarà allora una discontinuità fra p_b e p_e, si creerà una zona di estrema instabilità, un'**onda d'urto a giacenza obliqua**. L'espansione avviene *libera* fuori del condotto.

Aggiungiamo ora un divergente al nostro condotto - figura 5.19. Se abbassiamo p_0 al di sotto della pressione critica, p^*, la velocità può superare il valore di c e la pressione in p_e può scendere al di sotto di quella critica. Nella gola dell'ugello, si localizza allora la pressione critica, e ivi il fluido raggiunge la velocità del suono. Se il divergente è troppo corto, una parte dell'espansione avviene liberamente fuori dell'ugello come nel caso del condotto senza divergente, mentre se il divergente è troppo lungo, l'espansione dovrebbe portare ad una pressione d'uscita inferiore a quella esterna: ad un certo punto del condotto divergente si crea un'onda d'urto tale per cui la pressione subisce una brusca variazione tale da farle poi assumere un'espansione classica, andando così ad assumere il valore dell'esterno - la pressione varia con discontinuità dal valore p_e per poter raggiungere

---

[2]Alla costanza di w_e è associata anche la costanza della portata: le variazioni di sezione sono allora controbilanciate dalle variazioni di densità. Questa proprietà è detta **proprietà bloccante sulla portata.**

p_b all'uscita.

Tale discontinuità è **normale** all'asse di propagazione del fluido, si parla dunque di **onda d'urto normale**. Qualora l'onda d'urto fosse posta oltre lo sbocco, si avrà una giacitura non più normale (come nel caso dello scarico di un motore a getto di un moderno jet).

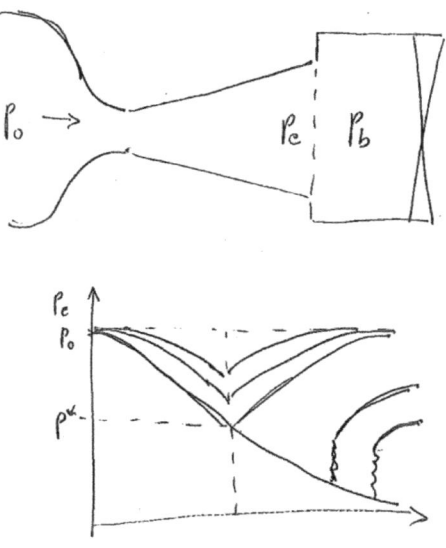

Figura 5.19: Andamento delle pressioni e della portata in un convergente/divergente con sbocco sull'ambiente.

5.5 Nota sulla velocità del suono

Consideriamo l'espressione della velocità del suono e sviluppiamo le derivate:

$$c^2 \doteq \left(\frac{\partial p}{\partial \rho}\right)_s = \left(\frac{\partial p}{\partial v}\right)_s \left(\frac{\partial v}{\partial \rho}\right)_s = \left(\frac{\partial p}{\partial v}\right)_s \left(-\frac{1}{\rho^2}\right)_s = \frac{1}{\rho^2}\frac{\left(\frac{\partial s}{\partial v}\right)_p}{\left(\frac{\partial s}{\partial p}\right)_v} \quad (5.51)$$

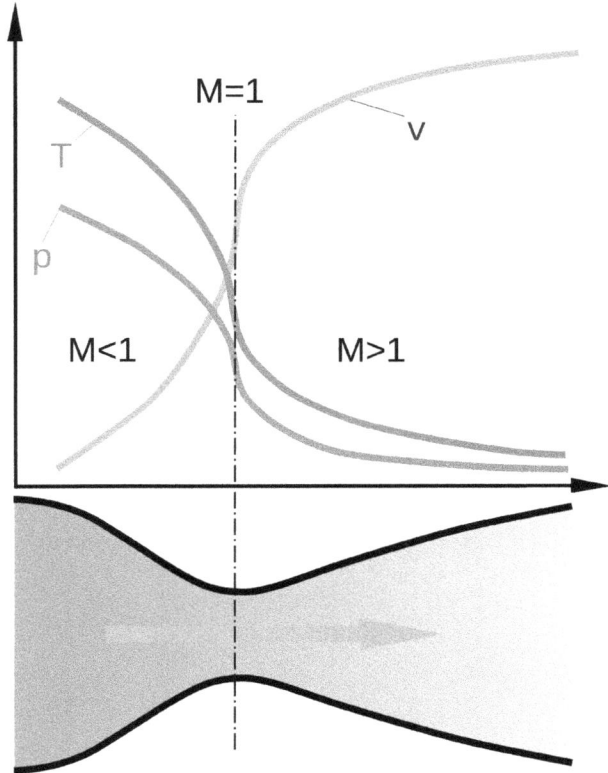

Figura 5.20: Condotto di DeLaval - variazioni delle quantità critiche

Nel caso di un fluido assimilabile ad un gas perfetto:

$$\left(\frac{\partial s(T,v)}{\partial v}\right)_p = \left[\left(\frac{\partial s}{\partial T}\right)_v \frac{\partial T}{\partial v} + \left(\frac{\partial s}{\partial v}\right)_T \frac{\partial v}{\partial v}\right]_p = \left[\frac{c_v}{T}\frac{\partial T}{\partial v} + \left(\frac{\partial s}{\partial v}\right)_T\right]_p \tag{5.52}$$

Sfruttando le relazioni di MAXWELL , abbiamo

$$\left(\frac{\partial s(T,v)}{\partial v}\right)_p = \left[\frac{c_v}{T}\frac{\partial T}{\partial v} + \left(\frac{\partial p}{\partial T}\right)_v\right]_p = \frac{c_v}{T}\frac{1}{\left(\frac{\partial v}{\partial T}\right)_p} - \frac{\left(\frac{\partial v}{\partial T}\right)_p}{\left(\frac{\partial v}{\partial p}\right)_T} \tag{5.53}$$

ovvero:

$$\boxed{\left(\frac{\partial s(T,v)}{\partial v}\right)_p = \frac{c_v}{T\alpha_p v} + \frac{\alpha_p}{k_T}} \tag{5.54}$$

che in un gas perfetto diviene:

$$\boxed{\left(\frac{\partial s(T,v)}{\partial v}\right)_p = \frac{c_v}{v} + \frac{p}{T}} \tag{5.55}$$

mentre

$$\boxed{\left(\frac{\partial s(T,v)}{\partial p}\right)_v = \frac{c_v}{T}} \tag{5.56}$$

Inserendo questi risultati nell'espressione della velocità del suono, abbiamo:

$$c^2 = \frac{1}{\rho^2}\left[\frac{\left(\frac{c_v}{v} + \frac{p}{T}\right)}{\frac{c_v}{T}}\right] = \left(c_v v + \frac{pv}{T}v\right)\frac{p}{c_v} = pv\left(1 + \frac{R^*}{c_v}\right) = pv\frac{c_p}{c_v} \tag{5.57}$$

ovvero, posto $K \doteq \frac{c_p}{c_v}$

$$\boxed{c = \sqrt{KR^*T}} \tag{5.58}$$

Consideriamo il bilancio dell'energia associato al flusso di massa in condizioni di stazionarietà:

$$\frac{dE}{dt} = \dot{m}(h_1^* - h_2^*) = 0 \Rightarrow h_1^* = h_2^* \Rightarrow h_1 + \frac{w_1^2}{2} = h_2 + \frac{w_2^2}{2} \tag{5.59}$$

Nell'ipotesi di gas perfetto,

$$w_2^2 = w_1^2 + 2(h_1 - h_2) = w_1^2 + 2c_p(T_1 - T_2) \tag{5.60}$$

In caso la velocità d'uscita sia quella del suono, con una velocità d'ingresso trascurabile:

$$KR^*T^* \simeq 2c_p(T_1 - T^*) \tag{5.61}$$

ovvero:

$$T^* = \frac{T_1}{(KR^* + 2c_p)} = \frac{T_1}{\left(\frac{R^*}{c_v} + 2\right)} \tag{5.62}$$

La temperatura critica dipende dal tipo di sostanza una volta fissata la condizione d'ingresso.

Dal bilancio entropico, procedendo in maniera analoga, possiamo ricavare anche i valori della pressione critica:

$$p_2 = p_1 \left(\frac{T_2}{T_1}\right)^{\frac{c_p}{R^*}} \tag{5.63}$$

da cui

$$p^* = p_1 \left(\frac{2}{2 + \frac{R^*}{c_v}}\right)^{\frac{c_p}{R^*}} = p_1 \left(\frac{2}{K + 1}\right)^{\frac{K}{K-1}} \tag{5.64}$$

Possiamo riassumere i valori dei gas notevoli nella tabella 5.1. Ad esempio, nell'aria $\frac{p^*}{p_0} \simeq 0.528$: per ottenere la velocità del suono è sufficiente che all'entrata del condotto ci sia una pressione almeno doppia rispetto a quella dello sbocco.

tipo di gas	$\frac{c_v}{R^*}$	$\frac{R^*}{c_v}$	$\frac{c_p}{R^*}$	$\frac{T^*}{T_0}$	$\frac{p^*}{p_0}$
monoatomico	$\frac{3}{2}$	$\simeq 0,66$	$\frac{5}{2}$	$0,75$	$\simeq 0,486$
biatomico	$\frac{5}{2}$	$0,4$	$\frac{7}{2}$	$\simeq 0,873$	$\simeq 0,528$
triatomico	$\frac{7}{2}$	$\simeq 0,29$	$\frac{9}{2}$	$\simeq 0,875$	$\simeq 0,548$

Tabella 5.1: Valori notevoli per modelli di gas

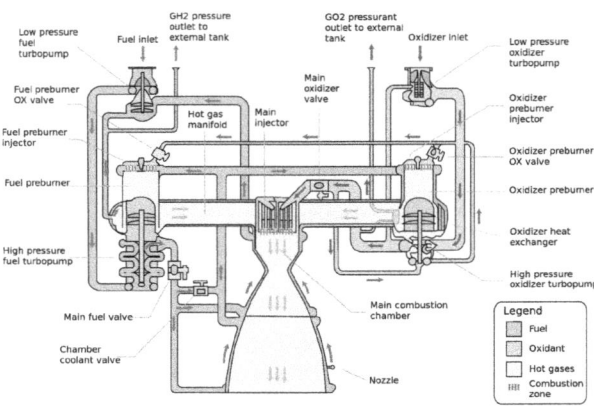

Figura 5.21: Diagramma funzionale del motore RS25 dello *Space Shuttle*. Si può notare l'utilizzo di un convergente divergente a valle della camera di combustione per aumentare la velocità del fluido in uscita e quindi la spinta.

CHAPTER 6

MACCHINE E CICLI TERMICI

L'analisi dei cicli termici saranno affrontate sotto le seguenti condizioni e ipotesi:

- I cicli termici sono analizzati nello stesso modo sia per le macchine operatrici che per le macchine motrici;

- prendiamo in considerazione sistemi chiusi (cilindri / pistoni) con possibili variazioni di volume;

- consideriamo sistemi semplici;

- i fluidi considerati sono approssimabili come gas perfetti;

- consideriamo il ciclo come *chiuso* sull'universo in quanto i gas combusti espulsi all'esterno sono sostituiti da una nuova miscela;

Elementi di Fisica Tecnica.
By Giulio Malinverno.
Copyright © 2016 .

Figura 6.1: Il Capitano Nemo illustra al professor Arronaux le meraviglie della sala macchine del Nautilus. Questa immagine è stata originariamente utilizzata nell'edizione Hetzel di *Ventimila leghe sotto i mari*. I suoi creatori sono stati Alphonse de Neuville e Edouard Riou.

- consideriamo processi quasi-statici, quindi descritti da curve continue;

Def. 64 *Definiamo il rendimento del ciclo il rapporto tra il lavoro netto ottenuto e il calore apportato al sistema:*

$$\boxed{\eta \doteq \frac{L^{\rightarrow}}{Q^{\leftarrow}}} \tag{6.1}$$

Dal bilancio energetico abbiamo, considerando un processo stazionario:

$$L^{\rightarrow} = Q_{in} - Q_{out} \tag{6.2}$$

dunque

$$\boxed{\eta = \frac{Q_{in} - Q_{out}}{Q_{in}} = 1 - \frac{Q_{out}}{Q_{in}}} \tag{6.3}$$

Questo risultato ha validità generale sotto l'ipotesi di stato stazionario, in base ai principi base della termodinamica. A seconda del ciclo considerato, le espressioni del calore ceduto e ottenuto dipenderanno dalle modalità del processo che il ciclo prevede, nonché dalla tipologia di fluido considerato.

6.1 Ciclo di CARNOT

Def. 65 *Il ciclo di* CARNOT *è costituito da*

- *espansione isoterma;*

- *espansione adiabatica isoentropica;*

- *compressione isoterma;*

- *compressione adiabatica isoentropica.*

La peculiarità di questo ciclo è che nel piano $T - s$ esso risulta costituito da un rettangolo, in quanto i processi che lo costituiscono sono rappresentati da delle rette in questo piano.

Il rendimento del ciclo di CARNOT è facilmente calcolabile in base alla definizione - in quanto le curve sono delle rette e quindi l'area sottesa da esse (il calore scambiato) è facilmente calcolabile:

$$\eta = 1 - \frac{Q_{out}}{Q_{in}} = 1 - \frac{T_C(s_2 - s_1)}{T_H(s_2 - s_1)} = 1 - \frac{T_C}{T_H} \tag{6.4}$$

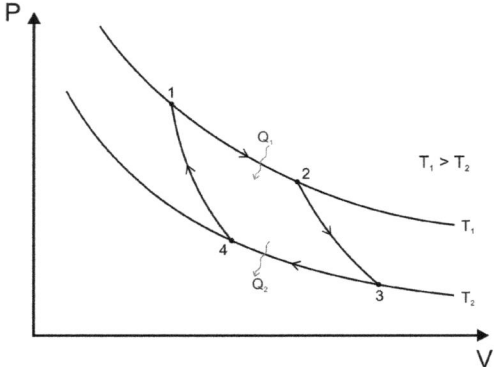

Figura 6.2: Ciclo di CARNOT , piano $p - v$

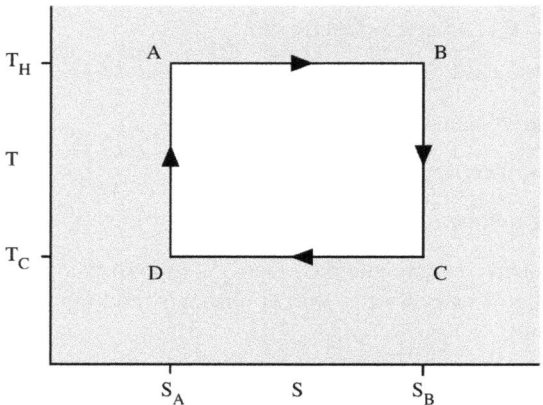

Figura 6.3: Ciclo di CARNOT , piano $T - s$

Si può dimostrare che date le temperature massima e minima a cui opera il ciclo, il rendimento del ciclo di CARNOT è il massimo rendimento ottenibile con questo range di temperature. Da un punto di vista grafico, ciò è facilmente spiegabile dal fatto che in qualunque altro ciclo, i processi sono descritti da curve e non da rette, quindi l'area sottesa è sempre inferiore (date le temperature estreme) - l'eventuale ciclo è contenuto sempre all'interno del rettangolo di CARNOT e quindi la sua area netta (il lavoro netto) è sempre inferiore al lavoro netto del ciclo di CARNOT (vedi figura 6.4)

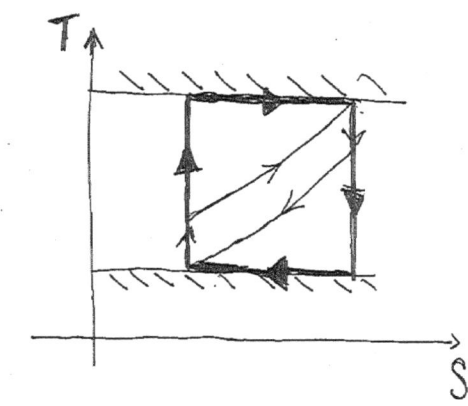

Figura 6.4: Il teorema di CARNOT afferma che nessuna macchina può avere un rendimento maggiore di quello della macchina di CARNOT operante alle stesse temperature.

6.2 Ciclo OTTO

Def. 66 *Il ciclo* OTTO *ideale è costituito da*

- *una compressione adiabatica dal volume iniziale v_1 - volume massimo - al volume v_2 - volume minimo;*

- *riscaldamento a volume costante, $v_3 = v_2$;*

- *espansione adiabatica, che riporta il volume a v_1;*

Figura 6.5: Motore a combustione motociclistico di produzione italiana - *Moto Guzzi*.

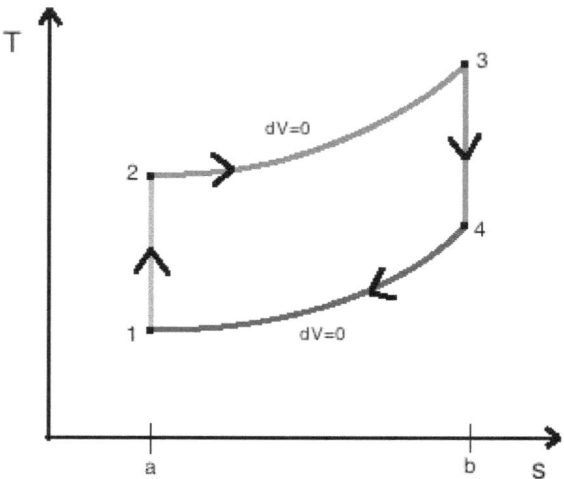

Figura 6.6: Ciclo OTTO ideale, piano $T - s$

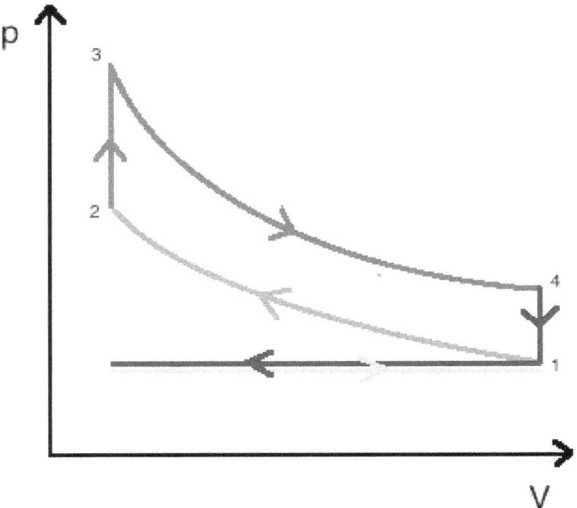

Figura 6.7: Ciclo OTTO ideale, piano $p - v$.

- *il ciclo è chiuso da un raffreddamento a volume costante.*

Il ciclo OTTO è rappresentato in figura 6.7 e 6.6.

$$A_1\{v_1, p_1, T_1, s_1\} \rightarrow A_2\{v_2, p_2, T_2, s_1\}$$
$$A_2\{v_2, p_2, T_2, s_1\} \rightarrow A_3\{v_2, p_3, T_3, s_3\}$$
$$A_3\{v_2, p_3, T_3, s_3\} \rightarrow A_4\{v_1, p_4, T_4, s_3\}$$
$$A_4\{v_1, p_4, T_4, s_1\} \rightarrow A_1\{v_1, p_1, T_1, s_1\}$$

Consideriamo l'espansione adiabatica nel piano $T - s$: essendo adiabatica, il processo è isoentropico e in questo piano la curva è costituita da una retta verticale. Sotto l'ipotesi di gas perfetto, abbiamo l'espressione dell'entropia:

$$s = s_0 + c_p \ln \frac{T}{T_0} - R \ln \frac{p}{p_0} = s_0 + c_p \ln \frac{v}{v_0} + c_v \ln \frac{p}{p_0} \qquad (6.5)$$

da cui

$$T = T_0 e^{\frac{s-s_0}{c_p}} \left(\frac{p}{p_0}\right)^{-\frac{R}{c_p}} = T_0 e^{\frac{s-s_0}{c_v}} \left(\frac{v}{v_0}\right)^{-\frac{R}{c_v}} \qquad (6.6)$$

Fissata la pressione, la temperatura è una funzione esponenziale dell'entropia e poiché $c_p > c_v$, la curva isocora è più inclinata di quella isobara.
Sotto l'ipotesi di reversibilità, abbiamo

$$\frac{c_p}{c_v} \ln \left(\frac{v}{v_0}\right) = -\ln \left(\frac{p}{p_0}\right) \Rightarrow \ln \left(\frac{v}{v_0}\right)^K = \ln \left(\frac{p}{p_0}\right) \qquad (6.7)$$

Abbiamo quindi la curva che descrive l'espansione adiabatica in condizioni di reversibilità in processi quasi-statici per gas perfetti:

$$\boxed{pV^K = p_0 V_0^K} \qquad (6.8)$$

- nel processo $1 \rightarrow 2$ si ha un consumo di energia, quindi il lavoro è entrante;

- nel processo $2 \rightarrow 3$ si deve fornire energia termica, quindi il lavoro è nullo e si ha calore entrante;

- nel processo $3 \rightarrow 4$ si ha del lavoro uscente;

- nel processo $4 \rightarrow 1$ si ha un raffreddamento, quindi calore uscente;

Il lavoro netto utile sarà allora:

$$L^{\rightarrow} = \sum L_{i,j} = -L_{1,2} + L_{3,4} \qquad (6.9)$$

Inoltre, dal bilancio energetico

$$L = Q_{in} - Q_{out} = Q_{2,3} - Q_{4,1} \qquad (6.10)$$

dunque

$$\eta = \frac{Q_{in} - Q_{out}}{Q_{in}} = 1 - \frac{Q_{4,1}}{Q_{2,3}} \qquad (6.11)$$

Sotto l'ipotesi di gas perfetto possiamo valutare i contributi termici:

$$Mc_v(T_3 - T_2) = U_3 - U_2 = Q_{2,3} + L_{2,3} = Q_{2,3}$$
$$Mc_v(T_1 - T_4) = U_1 - U_4 = -Q_{4,1} + L_{4,1} = -Q_{4,1}$$

(il segno meno nell'ultima equazione deriva dal fatto che il calore è uscente).
Abbiamo quindi:

Figura 6.8: Motore bicilindrico a quattro tempi, $744\ cm^3$ produzione *Moto Guzzi*, utilizzato come propulsore su UAV israeliani.

$$\eta = 1 - \frac{Mc_v(T_4 - T_1)}{Mc_v(T_3 - T_2)} = 1 - \frac{T_4 - T_1}{T_3 - T_2} \qquad (6.12)$$

Ricordandoci che $T = T_0 e^{\frac{s-s_0}{c_v}} \left(\frac{v}{v_0}\right)^{-\frac{R}{c_v}}$ abbiamo:

$$\frac{T_4}{T_1} = e^{\frac{s_4-s_1}{c_v}} \left(\frac{v_4}{v_1}\right)^{-\frac{R}{c_v}} = e^{\frac{s_4-s_1}{c_v}}$$

$$\frac{T_3}{T_2} = e^{\frac{s_3-s_2}{c_v}} \left(\frac{v_3}{v_2}\right)^{-\frac{R}{c_v}} = e^{\frac{s_3-s_2}{c_v}}$$

in base al fatto che sono processi isocori, il volume non cambia. Inoltre, i processi adiabatici sono per ipotesi reversibili, quindi $s_2 = s_1$ e $s_3 = s_4$. Abbiamo quindi che $s_4 - s_1 \equiv s_3 - s_2$, da cui

$$\frac{T_4}{T_1} \equiv \frac{T_3}{T_2} \tag{6.13}$$

Il rendimento del ciclo OTTO si riduce alla forma:

$$\boxed{\eta = 1 - \frac{T_1}{T_2} = 1 - \left(\frac{v_1}{v_2}\right)^{-\frac{R^*}{c_v}}} \tag{6.14}$$

Def. 67 *Definiamo* **rapporto di compressione volumetrico** *il rapporto tra il volume maggiore e il volume minore del ciclo:*

$$\boxed{r \doteq \frac{v_1}{v_2}} \tag{6.15}$$

Il rendimento del ciclo OTTO viene allora calcolato come

$$\boxed{\eta = 1 - r^{-\frac{R^*}{c_v}} = 1 - r^{-(K-1)}} \tag{6.16}$$

il cui andamento è rappresentato in figure 6.9.

6.3 Ciclo DIESEL

Def. 68 *Il ciclo* DIESEL *ideale è costituito da*

- *una compressione adiabatica isoentropica dal volume iniziale v_1 - volume massimo - al volume v_2 - volume minimo;*

- *riscaldamento a pressione costante, $p_3 = p_2$;*

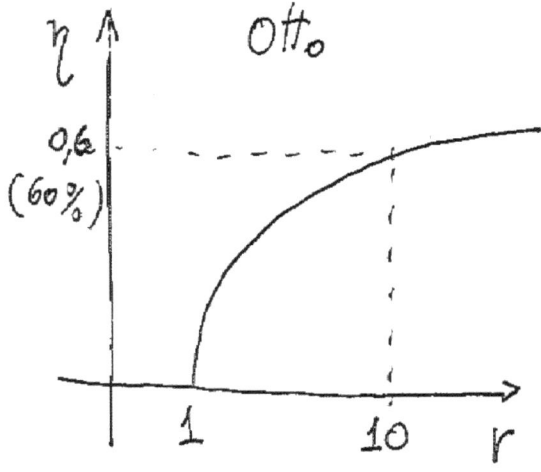

Figura 6.9: Rendimento del Ciclo OTTO ideale.

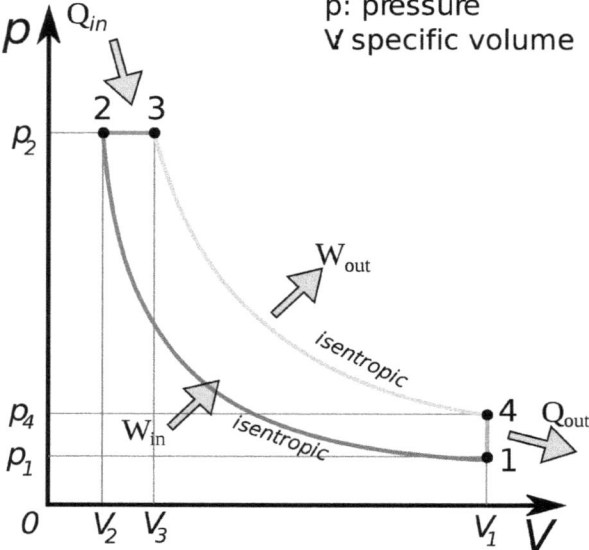

Figura 6.10: Ciclo DIESEL ideale nel piano $p - v$.

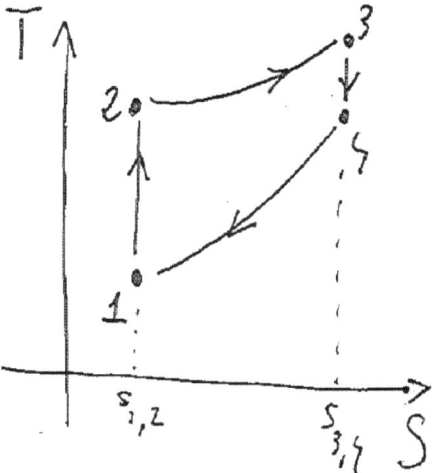

Figura 6.11: Ciclo DIESEL ideale nel piano $T - s$.

- *espansione adiabatica, che riporta il volume a v_1;*

- *il ciclo è chiuso da un raffreddamento a volume costante.*

Il ciclo DIESEL è rappresentato in figura 6.10 e 6.11.

$$A_1\{v_1, p_1, T_1, s_1\} \to A_2\{v_2, p_2, T_2, s_1\}$$
$$A_2\{v_2, p_2, T_2, s_1\} \to A_3\{v_3, p_2, T_3, s_3\}$$
$$A_3\{v_3, p_2, T_3, s_3\} \to A_4\{v_1, p_4, T_4, s_3\}$$
$$A_4\{v_1, p_4, T_4, s_1\} \to A_1\{v_1, p_1, T_1, s_1\}$$

Calcoliamo il rendimento del ciclo DIESEL . In maniera generale, il rendimento è sempre dato dal rapporto fra lavoro utile e calore fornito al sistema, e quindi per il bilancio energetico, il rapporto fra la differenza fra i calori e il calore in ingresso al sistema:

$$\eta = 1 - \frac{Q_{4,1}}{Q_{2,3}} \tag{6.17}$$

Considerando come sopra un sistema semplice e chiuso, il bilancio energetico fornisce le seguenti relazioni:

$$U_1 - U_4 = -Q_{4,1} + L_{4,1} = -Q_{4,1}$$
$$U_3 - U_2 = Q_{2,3} - L_{2,3} = Q_{2,3} - \int_{v_2}^{v_3} p \, dv = Q_{2,3} - p(v_3 - v_2)$$

dove il segno meno a $-Q_{4,1}$ dipende sempre dal fatto che è un calore uscente, così come il lavoro $L_{2,3}$. si noti infatti che nel tratto $2-3$ abbiamo una variazione di energia interna dovuta anche ad un contributo volumetrico, essendo un riscaldamento a pressione costante (a differenza del ciclo OTTO).
I calori scambiati saranno allora:

$$Q_{4,1} = U_4 - U_1 \qquad Q_{2,3} = (U_3 + p_3 v_3) - (U_2 + p_2 - v_2) = H_3 - H_2$$

Riscrivendo il rendimento:

$$\boxed{\eta = 1 - \frac{U_4 - U_1}{(H_3 - H_2)} = 1 - \frac{M(u_4 - u_1)}{M(h_3 - h_2)} = 1 - \frac{(u_4 - u_1)}{(h_3 - h_2)}} \tag{6.18}$$

Per continuare nella valutazione del rendimento dobbiamo imporre delle ipotesi sulla natura del fluido - come detto, supponiamo di avere a che fare con un gas perfetto

$$\eta = 1 - \frac{c_v(T_4 - T_1)}{c_p(T_3 - T_2)} = 1 - \frac{c_v T_1(\frac{T_4}{T_1} - 1)}{c_p T_2(\frac{T_3}{T_2} - 1)} \qquad (6.19)$$

dobbiamo calcolare i rapporti fra le varie temperature al fine di semplificare le relazioni come abbiamo fatto precedentemente.

Poiché T_1 e T_2 sono gli estremi di un'adiabatica isoentropica, utilizziamo la relazione fondamentale:

$$\frac{T_2}{T_1} = e^{\frac{s_2 - s_1}{c_v}} \left(\frac{v_2}{v_1}\right)^{-\frac{R^*}{c_v}} = \left(\frac{v_2}{v_1}\right)^{-\frac{R^*}{c_v}} = \left(\frac{1}{r}\right)^{1-K} \qquad (6.20)$$

ricordando la definizione di rapporto di compressione.

Analizziamo l'isobara utilizzando la definizione di gas perfetto $T = p\frac{V}{mR^*}$:

$$\frac{T_3}{T_2} = \frac{p_3 V_3}{mR^*} \frac{mR^*}{p_2 V_2} = \frac{V_3}{V_2} \qquad (6.21)$$

Def. 69 *Definiamo **rapporto di compressione volumetrico a fine riscaldamento** il rapporto*

$$\boxed{r_c \doteq \frac{V_3}{V_2}} \qquad (6.22)$$

L'ultimo rapporto fra le temperatura può essere scomposto in più rapporti:

$$\frac{T_4}{T_1} = \frac{T_4}{T_3} \frac{T_3}{T_2} \frac{T_2}{T_1} \qquad (6.23)$$

di cui due sono già stati valutati. L'ultimo rapporto, $\frac{T_4}{T_3}$ è il rapporto fra le temperature alle estremità di una trasformazione isoentropica, quindi:

$$\frac{T_4}{T_3} = e^{\frac{s_4 - s_3}{c_v}} \left(\frac{v_4}{v_3}\right)^{-\frac{R^*}{c_v}} = \left(\frac{v_1}{v_3}\right)^{-\frac{R^*}{c_v}} = \left(\frac{v_1}{v_2}\right)^{-\frac{R^*}{c_v}} \left(\frac{v_2}{v_3}\right)^{-\frac{R^*}{c_v}} \qquad (6.24)$$

Sfruttando le varie definizioni dei rapporti di compressione, abbiamo:

$$\frac{T_4}{T_3} = r^{(1-K)} \left(\frac{1}{r_c}\right)^{(1-K)} \qquad (6.25)$$

da cui

$$\frac{T_4}{T_1} = \left(\frac{r}{r_c}\right)^{(1-K)} r_c \left(\frac{1}{r}\right)^{(1-K)} = r_c^K \qquad (6.26)$$

Sostituendo tutto nel calcolo del rendimento troviamo finalmente:

$$\eta = 1 - \frac{(r_c^K - 1)}{Kr^{(K-1)}(r_c - 1)} \qquad (6.27)$$

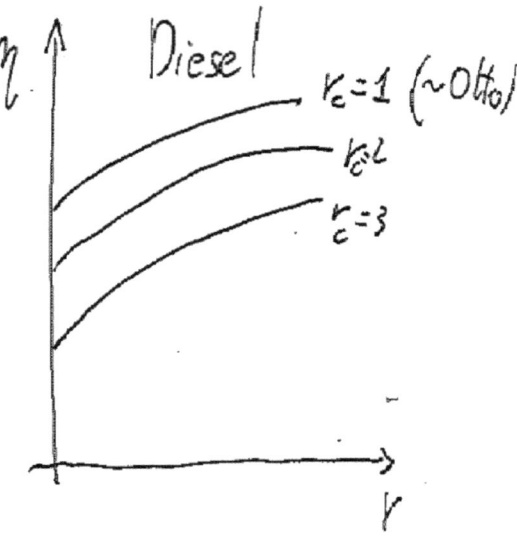

Figura 6.12: Rendimento ciclo DIESEL parametrizzato in funzione di r_c.

Nel caso particolare in cui il rapporto di compressione volumetrico a fine riscaldamento tenda ad uno, ovvero nel caso lo si possa esprimere come $r_c \simeq 1 + \varepsilon$ e considerassimo il tendere di ε a zero:

$$
\begin{aligned}
\lim_{\varepsilon \to 0} \eta &= \lim_{\varepsilon \to 0} \left[1 - \frac{((1+\varepsilon)^K - 1)}{Kr^{(K-1)}((1+\varepsilon) - 1)} \right] \\
&= 1 - \lim_{\varepsilon \to 0} \left[\frac{((1+\varepsilon)^K - 1)}{Kr^{(K-1)}((1+\varepsilon) - 1)} \right] \\
&= 1 - \lim_{\varepsilon \to 0} \left[\frac{(1 + K\varepsilon - 1)}{Kr^{(K-1)}\varepsilon} \right]
\end{aligned}
$$

da cui

$$\lim_{\varepsilon \to 0} \eta = 1 - r^{-(K-1)} \tag{6.28}$$

Abbiamo quindi che il rendimento del ciclo DIESEL tende al rendimento del ciclo OTTO quando il rapporto di compressione a fine riscaldamento tende ad uno. In linea teorica, quando questo rapporto è superiore all'unità, il rendimento del ciclo DIESEL è inferiore al rendimento del ciclo OTTO - figure 6.12.

6.4 Ciclo JOULE-BRAYTON

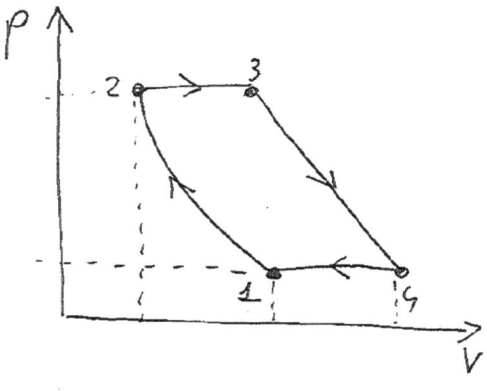

Figura 6.13: Ciclo di JOULE , piano $p - v$.

Def. 70 *Il ciclo di* JOULE *ideale è costituito da*

- *una compressione adiabatica isoentropica dal volume iniziale v_1 al volume v_2 - volume minimo;*

- *riscaldamento a pressione costante, $p_3 = p_2$;*

- *espansione adiabatica, che porta il volume al massimo valore v_4;*

- *raffreddamento a pressione costante, $p_4 = p_1$*

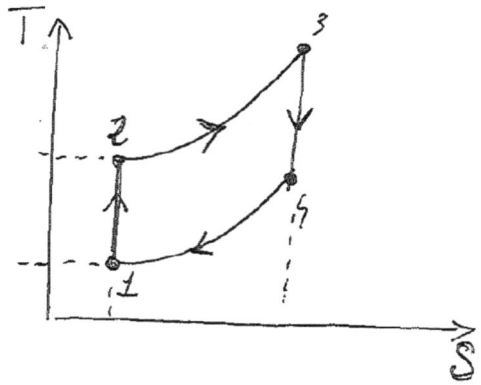

Figura 6.14: Ciclo di JOULE , piano $T - s$.

Valutiamo il rendimento di questo ciclo:

$$\eta = 1 - \frac{Q_{out}}{Q_{in}} = 1 - \frac{Q_{4,1}}{Q_{2,3}} \tag{6.29}$$

Poiché ci muoviamo su isobare, possiamo sostituire al calore scambiato la variazione di entalpia:

$$\eta = 1 - \frac{H_4 - H_1}{H_3 - H_2} = 1 - \frac{h_4 - h_1}{h_3 - h_2} \tag{6.30}$$

che sotto l'ipotesi di gas perfetto diviene:

$$\eta = 1 - \frac{c_p(T_4 - T_1)}{c_p(T_3 - T_2)} = 1 - \frac{T_1}{T_2} \frac{\frac{T_4}{T_1} - 1}{\frac{T_3}{T_2} - 1} \tag{6.31}$$

Caratterizzando come sopra i vari rapporti fra le temperature:

$$\frac{T_1}{T_2} = e^{\frac{s_2 - s_1}{c_p}} \left(\frac{p_2}{p_1}\right)^{\frac{R^*}{c_p}} = \left(\frac{p_2}{p_1}\right)^{\frac{R^*}{c_p}} = \beta^{\frac{K-1}{K}} \tag{6.32}$$

Def. 71 *dove si è definito il **rapporto di compressione** il rapporto fra la pressione massima e quella minima del ciclo:*

$$\beta \doteq \frac{p_2}{p_1} \tag{6.33}$$

Si ha inoltre che, sotto l'ipotesi di reversibilità:

$$\frac{T_3}{T_4} = \left(\frac{p_3}{p_4}\right)^{\frac{R^*}{c_p}} = \left(\frac{p_2}{p_1}\right)^{\frac{R^*}{c_p}} = \frac{T_2}{T_1} \qquad (6.34)$$

da cui

$$\frac{T_1}{T_4} = \frac{T_2}{T_3} \qquad (6.35)$$

Questo è un risultato notevole dei gas perfetti:

Teorema 13 *quando un ciclo operante su un gas perfetto risulta costituito da due trasformazioni isoentropiche (1,2 e 3,4) e da altre due trasformazioni identiche (2,3 e 4,1), vale la relazione:*

$$\frac{T_1}{T_4} = \frac{T_2}{T_3} \qquad (6.36)$$

Abbiamo quindi il rendimento del ciclo di JOULE :

$$\boxed{\eta = 1 - \beta^{-\frac{K-1}{K}} = 1 - \beta^{-\Phi}} \qquad (6.37)$$

dove $\Phi \doteq \frac{K-1}{K}$. Siccome il valore di K decresce al crescere della complessità molecolare dei gas, il valore massimo di K si avrà coi gas monoatomici. All'aumentare della complessità molecolare, K tende al valore unitario e quindi Φ tende ad annullarsi così come il rendimento.

Da un punto di vista tecnologico, i cicli di DIESEL e OTTO possono essere realizzati da un'unica macchina, la cui configurazione ad un dato istante coincide con uno specifico tratto del ciclo. Ad esempio, al movimento del pistone verso l'alto corrisponde la compressione, così come il punto morto superiore corrisponde alla fase di riscaldamento.

In particolare poi, ad ogni tratto la macchina reale scambia principalmente lavoro o calore (a parte per un tratto del ciclo DIESEL in cui scambia contemporaneamente calore e lavoro). Il ciclo di JOULE fin qui considerato, nelle isobare scambia sia calore che lavoro in ogni singolo tratto[1] e non è al momento possibile realizzare un'unica macchina capace di attualizzare questo ciclo. La soluzione consiste nell'unire in sequenza quattro macchine specializzate a cui associare un singolo tratto del ciclo:

---

[1] Nei tratti isobari, si tratta del **lavoro di pulsione**, $L_p = \dot{m}p \int dv$ necessario a far muovere il gas, mentre nei tratti adiabatici abbiamo lo scambio di energia meccanica, $L_u = \dot{m} \int vdp$.

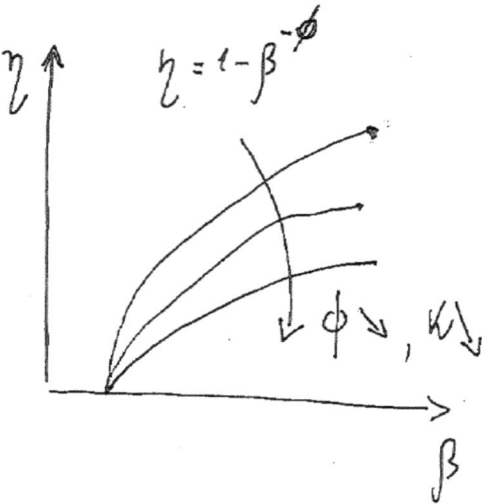

Figura 6.15: Rendimento del ciclo di JOULE in funzione di Φ e β

ciclo	rendimento ideale
CARNOT	$\eta = 1 - \frac{T_c}{T_h}$
OTTO	$\eta = 1 - r^{-(K-1)}$
DIESEL	$\eta = 1 - \frac{(r_c^K - 1)}{Kr^{(K-1)}(r_c - 1)}$
JOULE	$\eta = 1 - \beta^{-\frac{K-1}{K}}$

Tabella 6.1: Rendimenti dei cicli notevoli

- compressore;

- camera di combustione o scambiatore di calore (I);

- turbina;

- scambiatore di calore (II);

Il sistema siffatto prende il nome di ciclo di JOULE-BRAYTON - figura 6.16, in cui compare il sistema completamente chiuso. Si noti che se consideriamo l'insieme di queste macchine come un'unica entità abbiamo allora un'unica macchina che compie il ciclo chiuso di JOULE . Mentre nei cicli DIESEL e OTTO la successione spaziale coincide con la successione temporale degli stati, nel ciclo di JOULE-BRAYTON la successione temporale è svincolata dalla successione spaziale in quanto *contemporaneamente* abbiamo il fluido che viene compresso, riscaldato, espanso e raffreddato - la differenza è che queste trasformazioni avvengono in postazioni differenti.

Un'ulteriore differenza coi cicli DIESEL e OTTO è che questi due funzionano esclusivamente con la combustione della miscela di gas, e non funzionano quindi con aria semplicemente calda ma inerte. Il ciclo di JOULE-BRAYTON può funzionare anche con aria calda - sebbene siano necessari impianti di grosse dimensioni.

Esiste anche una versione *a combustione* del ciclo di JOULE-BRAYTON (figure 6.17, 6.18 e 6.19): lo scambiatore di calore con il serbatoio a temperatura maggiore è in realtà una camera di combustione. Questa soluzione è utilizzata nella propulsione aeronautica e il ciclo viene chiuso sull'ambiente circostante.

Si noti che il compressore e la turbina sono calettati sullo stesso albero, in modo da utilizzare parte della potenza utile della turbina per azionare il compressore.

6.4.1 Lavoro del ciclo di JOULE-BRAYTON

Da quanto visto, il lavoro utile netto che otteniamo dal ciclo di JOULE - BRAYTON è dato dalla differenza fra il lavoro estratto in turbina dal lavoro utilizzato dal compressore, che sotto l'ipotesi di gas perfetto e stato stazionario diviene:

$$\dot{L}_u = \dot{L}_t - \dot{L}_C = \dot{m}(h_3 - h_4) - \dot{m}(h_2 - h_1) = \dot{m}c_p\left[(T_3 - T_4) - (T_2 - T_1)\right]$$
$$(6.38)$$

Tentiamo di riscrivere quest'equazione mettendo in luce le quantità d'interesse ingegneristico, ovvero T_1 e T_3.

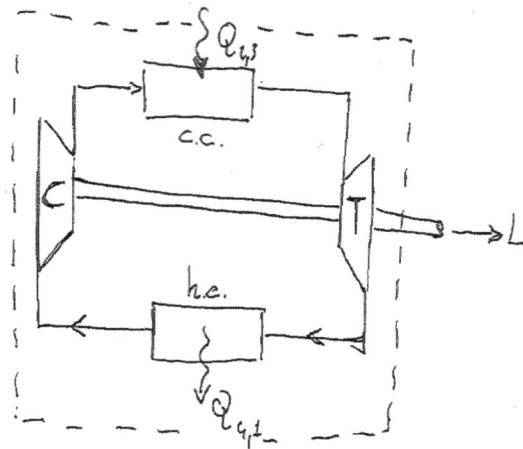

Figura 6.16: Ciclo di JOULE - BRAYTON costituito da quattro macchine distinte.

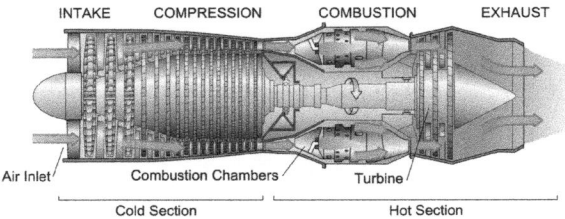

Figura 6.17: Schema di un propulsore turbogetto. Autore: JEFF DAHL .

Figura 6.18: Propulsore turbogetto GENERAL ELECTRIC J85-GE-17A, utilizzato ad esempio sui CESSNA A37 *Dragonfly*. Autore: SANJAY ACHARYA
.

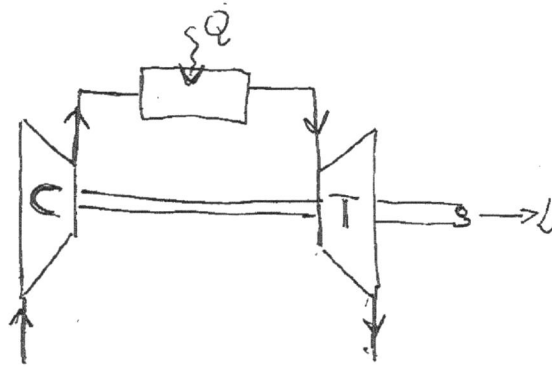

Figura 6.19: Ciclo di JOULE-BRAYTON costituito da tre macchine distinte: lo scambiatore di calore è stato eliminato o meglio sostituito dall'ambiente esterno.

Le temperature intermedie T_2 e T_4 dipendono infatti dagli altri parametri, essendo ad esempio:

$$T_2 = T_1 \left(\frac{p_2}{p_1} \right)^{\frac{R^*}{c_p}} \tag{6.39}$$

ovvero la temperatura di fine compressione dipende dai valori in ingresso ma anche dalla pressione cui si vuole giungere. Un discorso analogo può essere fatto per la temperatura in uscita dalla turbina, tenendo conto poi che la pressione in uscita p_4 non può assumere valori minori di p_1 (al limite può essere uguale alla pressione d'ingresso al compressore).

Consideriamo dunque T_1 e T_3 come dei parametri dati e mettiamo in luce T_1 nell'equazione.

$$\dot{L}_u = \dot{m} c_p T_1 \left(\frac{T_3}{T_1} - \frac{T_4}{T_1} - \frac{T_2}{T_1} + 1 \right) \tag{6.40}$$

ovvero, per le relazioni già viste nel calcolo del rendimento:

$$\dot{L}_u = \dot{m} c_p T_1 \left(\frac{T_3}{T_1} - \frac{T_3}{T_2} - \beta^\Phi + 1 \right) = \dot{m} c_p T_1 \left(\frac{T_3}{T_1} - \frac{T_3}{T_1} \frac{T_1}{T_2} - \beta^\Phi + 1 \right) \tag{6.41}$$

da cui

$$\dot{L}_u = \dot{m} c_p T_1 \left(\frac{T_3}{T_1} - \frac{T_3}{T_1} \beta^{-\Phi} - \beta^\Phi + 1 \right) \tag{6.42}$$

Calcoliamo il valore del rapporto di compressione tale da annullare il lavoro utile:

$$\left(\frac{T_3}{T_1} - \frac{T_3}{T_1} \beta^{-\Phi} - \beta^\Phi + 1 \right) = 0 \tag{6.43}$$

ovvero, moltiplicando tutto per β^Φ

$$-\beta^{2\Phi} + \left(\frac{T_3}{T_1} + 1 \right) \beta^\Phi - \frac{T_3}{T_1} = 0 \tag{6.44}$$

I valori che annullano il lavoro utile sono:

- $\beta_1 = 1$, ovvero pressioni uguali all'ingresso e all'uscita del compressore;

- $\beta_2 = \frac{T_3}{T_1}$, ovvero temperature uguali all'ingresso e all'uscita degli scambiatori.

Diagrammando i cicli relativi a questi valori del rapporto di compressione abbiamo l'andamento riportato sulla sinistra della figura 6.20: il ciclo degenera in una

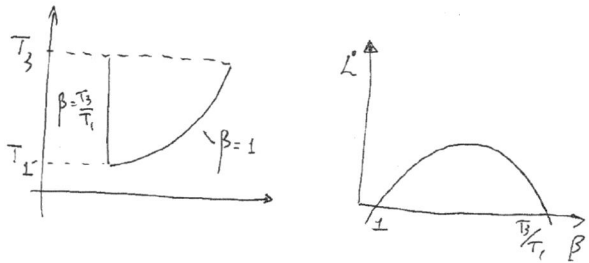

Figura 6.20: Valori critici del rapporto di compressione.

curva singola. Ciò è abbastanza ovvio in base a quanto già osservato: in entrambi i casi abbiamo delle fasi del ciclo i cui valori in uscita sono identici ai valori d'ingresso, quindi la curva corrispondente degenera in un punto.

All'interno del campo definito dai due valori critici del rapporto di compressione (parte destra della figura 6.20), il lavoro utile esiste ed è positivo. Esso sarà rappresentato da una curva parabolica con la concavità rivolta verso il basso. Ricerchiamo allora il massimo / punto di stazionarietà in funzione del rapporto di compressione.

$$\frac{\partial \dot{L}_u}{\partial \beta} = \dot{m} c_p T - 1 \left[-\frac{T_3}{T_1} \left(-\Phi \beta^{-\Phi-1} \right) - \Phi \beta^{\Phi-1} \right] = 0 \qquad (6.45)$$

Il massimo lavoro utile si ottiene quando:

$$\beta^{2\Phi} = \frac{T_3}{T_1} \rightarrow \beta^{\Phi}_{L_{max}} = \sqrt{\frac{T_3}{T_1}} \qquad (6.46)$$

Abbiamo quindi:

$$T_4^* = T_3 \left(\frac{p_4}{p_3} \right)^{\frac{R^*}{c-p}} = T_3 \left(\frac{p_1}{p_2} \right)^{\frac{R^*}{c-p}} = \beta^{-\Phi} = \sqrt{T_1 T_3} \qquad (6.47)$$

Valutando il valore della temperatura in uscita dal compressore per questa compressione ottimale:

$$T_2^* = \frac{T_1 T_3}{T_4} = \frac{T_1 T_3}{\sqrt{T_1 T_3}} = \sqrt{T_1 T_3} = T_4^* \qquad (6.48)$$

Il lavoro è dunque massimo quando la temperatura in uscita dalla turbina equivale alla temperatura in uscita dal compressore. Il lavoro utile massimo risulta essere:

$$\dot{L}_{u,max} = \dot{m}c_p T_1 \left[\frac{T_3}{T_1} + 1 - 2\sqrt{\frac{T_3}{T_1}} \right] \tag{6.49}$$

6.4.2 Ottimizzazioni del ciclo di JOULE - BRAYTON

Esistono tuttavia soluzioni tecnologiche atte a migliorare il ciclo di JOULE - BRAYTON e si suddividono in due grosse soluzioni concettuali, a seconda del risultato che si vuole ottenere:

- aumento dell'efficienza del ciclo, tramite la *rigenerazione*;

- aumento dell'efficacia del ciclo (aumento del lavoro utile), tramite il *raffreddamento intermedio* o la *postcombustione*;

6.4.2.1 Rigenerazione   La rigenerazione consiste nello sfruttare la differenza di temperatura che esiste fra l'uscita della turbina e all'uscita del compressore per scaldare il fluido in ingresso alla camera di combustione. Lo schema della macchina è riportato in figura 6.21: il fluido in uscita alla turbina, prima di essere scaricato in ambiente, viene convogliato in uno scambiatore di calore dove interagisce col fluido in uscita dal compressore.

Affinché ciò accada è però necessario che la temperatura in uscita dalla turbina (T_4) sia superiore alla temperatura del fluido all'uscita al compressore (T_2) (figure 6.22). Si può dimostrare che il calore $\dot{Q}_{2,4'}$ è uguale al calore $\dot{Q}_{4,2'}$: Costruiamo un ciclo ideale in cui per costruzione $T_2 \equiv T_{4'}$ e $T_{2'} \equiv T_4$. Calcoliamo i calori scambiati con l'esterno sui due tratti parziali che condividono lo stesso campo di temperature:

$$Q_{2,4'}^{\leftarrow} 0 \dot{m}(h_4 - h_{4'}) = \dot{m}c_p(T_4 - T_{4'}) = \dot{m}c_p(T_4 - T_2)$$
$$Q_{4,2'}^{\rightarrow} 0 \dot{m}(h_{2'} - h_2) = \dot{m}c_p(T_{2'} - T_2) = \dot{m}c_p(T_4 - T_2)$$

Siccome questo calore rimane all'interno del ciclo, il calore effettivamente richiesto all'esterno diviene

$$\dot{Q}_{in} = \dot{Q}_{4',3} = \dot{Q}_{23} - \dot{Q}_{2,4'} < \dot{Q}_{in,classico} \tag{6.50}$$

da cui

$$\eta_{j,classico} = \frac{\dot{L}}{\dot{Q}_{2,3}} < \frac{\dot{L}}{\dot{Q}_{4',3}} = \eta_{j,rigen} \qquad (6.51)$$

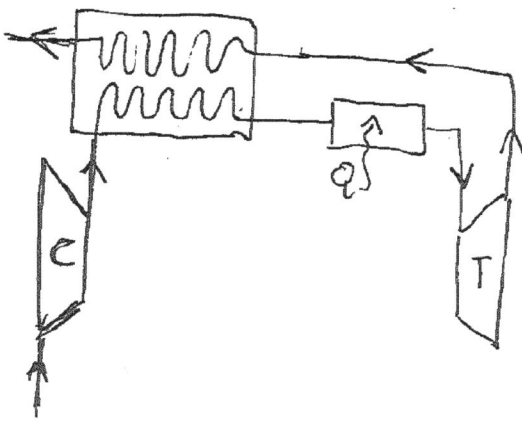

Figura 6.21: Schema della macchina di JOULE - BRAYTON con sistema di rigenerazione.

Gli svantaggi di un sistema a rigenerazione sono abbastanza semplici da riassumere:

- impianto più costoso;

- impianto più pesante e/o voluminoso;

6.4.2.2 *Intercooler* La seconda metodologia per migliorare il ciclo di JOULE - BRAYTON consiste nell'installare un sistema di raffreddamento intermedio o *intercooler*, in modo da aumentare il lavoro utile.

Benchè nei motori a combustione interna si ha un rapporto pressoché definito fra quantità di comburente e di combustibile, si tende tuttavia ad aumentare la quantità di aria (comburente) per migliorare la combustione stessa, installando a tal fine un compressore sulla linea di mandata. L'aspetto negativo è che così facendo si ha un incremento di temperatura del fluido e siccome la densità massica è inversamente proporzionale alla temperatura (a parità di altri parametri), dopo la compressione è necessario raffreddare il gas: invece che raffreddare tout court

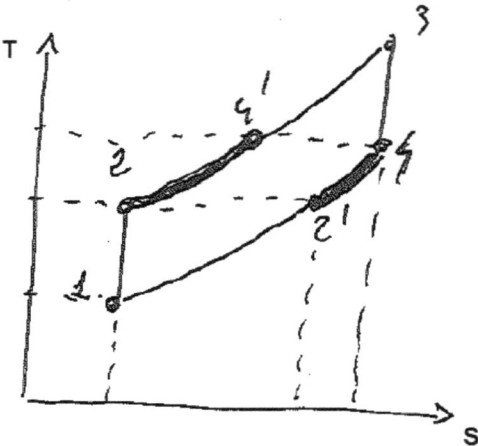

Figura 6.22: ciclo di JOULE - BRAYTON con rigenerazione: parte dal calore del fluido in uscita dalla turbina viene utilizzato per riscaldare il fluido in uscita dal compressore, riducendo cosè l'energia richiesta nella camera di combustione (calore entrante).

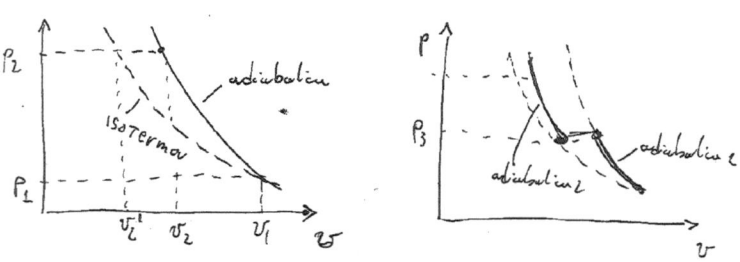

Figura 6.23: L'utilizzo di un sistema di raffreddamento (intercooler) permette di ridurre il lavoro di pulsione.

il gas, si preferisce procedere con un sistema a spezzoni, comprimendo il gas per stati e fra uno stadio di compressione e l'altro raffreddarlo.

Supponiamo di voler comprimere il gas da un volume specifico v_1 ad uno v_2. Senza refrigerazione, il gas si muoverà su un'unica adiabatica, che come tale ha una pendenza maggiore rispetto all'isoterma che passa per lo stesso punto iniziale - vedi parte sinistra della figura 6.23. Installando invece un refrigeratore che intercetta il fluido ad una certa pressione (ad esempio p_3), raffreddandolo a pressione costante. Il processo si sposta quindi su un'adiabatica passante per questo punto intermedio, giacente sull'isoterma di partenza. Installando una serie di refrigeratori, tendiamo ad approssimare l'isoterma con una serie di curve adiabatiche - vedi parte destra della figura 6.23

Il vantaggio di questa soluzione è che così facendo l'area sottesa dal processo sull'asse p è inferiore a quella del processo senza refrigeratore - quest'area è il lavoro necessario al compressore per comprimere il fluido, ovvero il lavoro che dobbiamo estrarre dalla turbina a scapito del lavoro utile. Il lavoro minimo richiesto dalla compressione si ottiene muovendoci su un'isoterma pura, ma ciò equivarrebbe ad utilizzare una serie infinita di refrigeratori e di compressori.

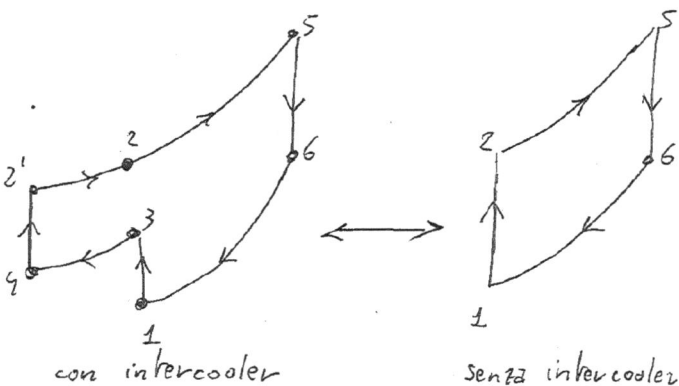

Figura 6.24: Ciclo di JOULE - BRAYTON nel piano $T - s$ con sistema di refrigerazione intermedio alla compressione.

Nel piano $T - s$ - vedi figura 6.24 - l'utilizzo del sistema di refrigerazione intermedia consiste nell'aggiungere al ciclo originario una piccola porzione a sinistra. Questa porzione è assimilabile ad un mini ciclo di JOULE -BRAYTON . Quest'osservazione è utile per calcolare il rendimento del ciclo refrigerato come media pesata dei due cicli - a livello generale si ottiene una diminuzione del rendimento complessivo della macchina:

$$\eta_{intercooler} = \frac{\eta_{1256}Q_{2',2} + \eta_{42'23}Q_{2,5}}{Q_{2',5}} \tag{6.52}$$

6.4.2.3 Postcombustore

Un discorso analogo può essere fatto ovviamente anche per la turbina - dove si cerca di massimizzare il lavoro estratto e quindi aumentare il lavoro utile netto a parità di lavoro richiesto dal compressore.

Anche in questo caso, cerchiamo di approssimare la curva isoterma passante per lo stato iniziale con una spezzata di adiabatiche. Blocchiamo quindi l'espansione adiabatica per riscaldare il gas a pressione costante, per poi riprendere l'espansione adiabatica. In questo caso avremo un *aumento* dell'area sottesa, che nel caso della turbina consiste in un aumento del lavoro estratto - figura 6.25 in alto.

Da un punto di vista tecnologico, la postcombustione si ottiene iniettando nel flusso in uscita del combustibile e riscaldando così il flusso. Normalmente, in campo propulsivo aeronautico, ciò viene fatto a valle della turbina, facendo passare il fluido in ugello convergente/divergente. Ciò è anche dovuto al fatto che in campo propulsivo, la turbina deve fornire solamente il lavoro per il compressore, mentre è più importante ottenere un elevato valore di energia cinetica - per il principio di azione-reazione, la variazione di quantità di moto del fluido è la stessa che subirà l'aviogetto (spinta utile).

In campo industriale, si può pensare di realizzare due schiere di turbine, frapponendo fra le due uno scambiatore di calore per riscaldare ancora il fluido.

6.4.3 Effetti dell'irreversibilità nei cicli reali

Consideriamo il ciclo di JOULE - BRAYTON nel piano $T - s$. Il ciclo reale si discosta da quello ideale - raffigurati rispettivamente in in figura 6.27 e 6.26- in quanto:

- le trasformazioni adiabatiche isoentropiche non sono tali nella realtà:
  - i processi sono irreversibili;
  - ci sono eventualmente degli scambi di calore;

  ;

- nelle isobare, l'irreversibilità si manifesta come perdite di carico;

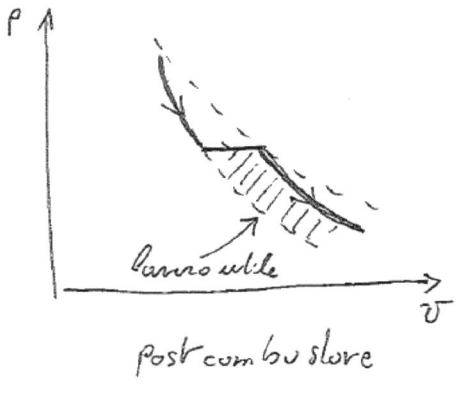

post combustore

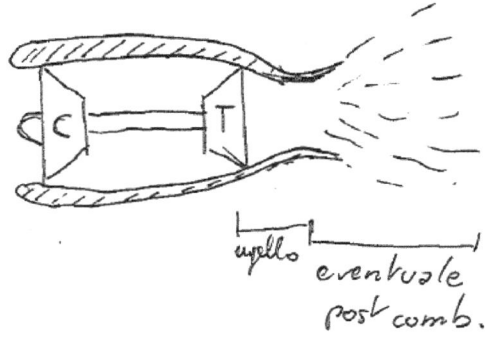

Figura 6.25: Con la postcombustione, aumentiamo il lavoro estratto dalla turbina, approssimando l'isoterma con una spezzata di adiabatiche - l'area sottesa aumenta.

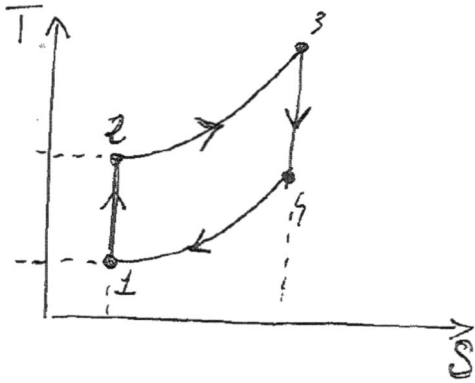

Figura 6.26: Ciclo ideale di JOULE-BRAYTON , piano $T - s$.

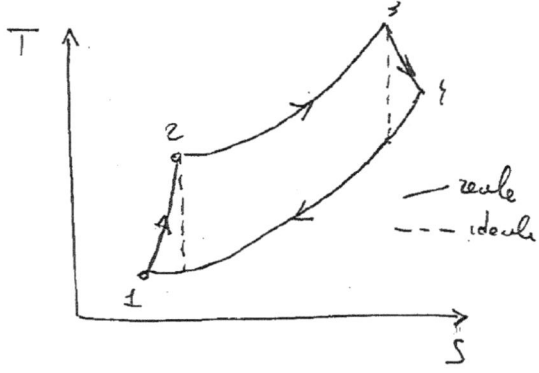

Figura 6.27: Ciclo reale di JOULE-BRAYTON , piano $T - s$.

La variazioni più significative sono quelle sui tratti adiabatici:

- l'entropia a fine espansione è maggiore di quella di inizio espansione;

- l'entropia a fine compressione è maggiore di quella di inizio compressione;

Abbiamo così delle aree sottese che **non** rappresentano però dei calori scambiati, tuttavia il lavoro utile netto scambiato è inferiore a quello ideale, in quanto.

- siccome T_4 reale è superiore a quella ideale, la differenza $h_3 - h_4$ è minore di quella ideale, ovvero avremo un lavoro estratto minore;

- siccome T_2 reale è superiore a quella ideale, la differenza $h_2 - h_1$ è maggiore di quella ideale, ovvero avremo un lavoro fornito maggiore;

L'irreversibilità nelle isobare - costituita da perdite di carico - comporta che il fluido debba essere soggetto a delle differenze di pressione affinché possa scorrere negli scambiatori.

6.5 Ciclo di ERICSSON

Def. 72 *Il ciclo di* ERICSSON *ideale è costituito da*

- *una compressione isoterma,* $T_1 = T_2$;

- *riscaldamento a pressione costante,* $p_3 = p_2$;

- *espansione isoterma,* $T_3 = T_4$;

- *raffreddamento a pressione costante,* $p_4 = p_1$

Riprendiamo il concetto di rigenerazione: esso può avvenire solamente se $T_4 > T_2$. Costruiamo un ciclo ideale (figura 6.28) in cui per costruzione $T_2 \equiv T_5$ e $T_6 \equiv T_4$. Calcoliamo i calori scambiati con l'esterno sui due tratti parziali che condividono lo stesso campo di temperature:

$$Q_{4,5}^{\rightarrow} = \dot{m}(h_4 - h_5) = \dot{m}c_p(T_4 - T_5) = \dot{m}c_p(T_4 - T_2)$$
$$Q_{2,6}^{\leftarrow} = \dot{m}(h_6 - h_2) = \dot{m}c_p(T_6 - T_2) = \dot{m}c_p(T_4 - T_2)$$

Abbiamo quindi che questi due calori sono identicamente uguali, come avevamo già trovato. Il rendimento risulta essere maggiore di quello del ciclo originario senza rigenerazione, perché, sebbene il lavoro utile sia lo stesso (non cambia infatti l'area sottesa), cambia il calore netto richiesto dall'esterno. Poiché dunque il rendimento aumenta al decrescere del calore in ingresso, si avrà che può ampio è il tratto di rigenerazione, maggiore sarà il rendimento. Ne consegue che il maggior rendimento si avrà quando si avrà la maggior quantità di calore riciclato, che corrisponde al caso in cui si massimizza la differenza fra T_2 e T_4.

Portando al limite questa differenza si trova il ciclo di ERICSSON - figura 6.29, in cui si sono quindi sostituiti i cicli adiabatici con quelli isotermi. Un ulteriore vantaggio è che così facendo si diminuiscono anche gli eventuali contributi d'irreversibilità introdotti con lo scambio di calore coi serbatoi.

Tutto il calore necessario al tratto $2-3$ è dunque fornito dal tratto $4-1$, sempre sotto l'ipotesi di gas perfetto. Il rendimento può essere quindi valutato in base ai calori assorbiti e rilasciati:

$$Q^{\rightarrow} = -\int T ds = T_1(s_1 - s_2)$$

$$Q^{\leftarrow} = \int T ds = T_3(s4 - s3)$$

da cui

$$\eta = 1 - \frac{T_1(s_1 - s_2)}{T_3(s4 - s3)} \tag{6.53}$$

che sotto l'ipotesi di gas perfetto diviene:

$$\eta = 1 - \frac{T_1(c_p \ln \frac{T_1}{T_2} - R \ln \frac{p_1}{p_2})}{T_3(c_p \ln \frac{T_4}{T_1} - R \ln \frac{p_4}{p_3})} = 1 - \frac{T_1}{T_3} \tag{6.54}$$

da cui

$$\boxed{\eta = 1 - \frac{T_1}{T_3}} \tag{6.55}$$

Abbiamo così trovato che il ciclo ideale rigenerato ha un rendimento analogo a quello del ciclo di CARNOT operante nello stesso range di temperature. Ciò si giustifica col fatto che tutti gli scambi di calore col mondo esterno avvengono alle due temperature estreme (nelle due isoterme).

6.6 Ciclo di STIRLING

Analogo al ciclo di ERICSSON è il ciclo di STIRLING, in quanto alle due isobare sono sostituite delle isocore:

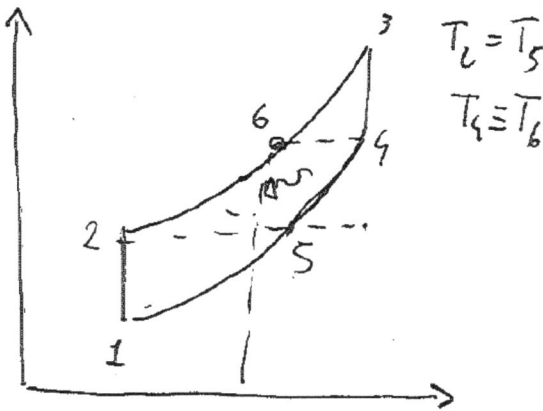

Figura 6.28: Ciclo dotato di rigenerazione

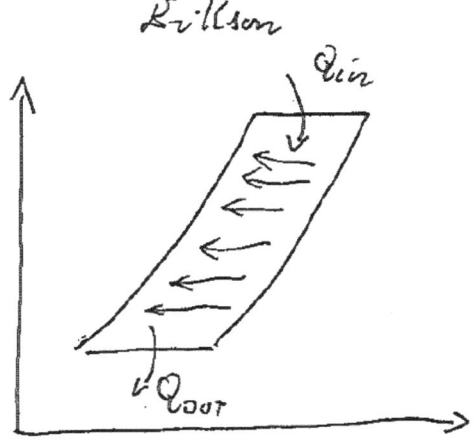

Figura 6.29: Ciclo ideale di ERICSSON .

Def. 73 *Il ciclo di* STIRLING *ideale è costituito da*

- *una compressione isoterma,* $T_1 = T_2$*;*

- *riscaldamento a volume costante,* $v_3 = v_2$*;*

- *espansione isoterma,* $T_3 = T_4$*;*

- *raffreddamento a volume costante,* $v_4 = v_1$

Essendo un ciclo con delle isocore, conviene che venga studiato nel piano $p-v$, vedi figura 6.30. L'ipotesi di utilizzare un gas perfetto e l'identità dei processi isocori garantisce che l'uguaglianza dei calori scambiati, da cui il rendimento analogo a quello del ciclo di ERICSSON e di CARNOT :

$$\boxed{\eta = 1 - \frac{T_1}{T_3}} \qquad (6.56)$$

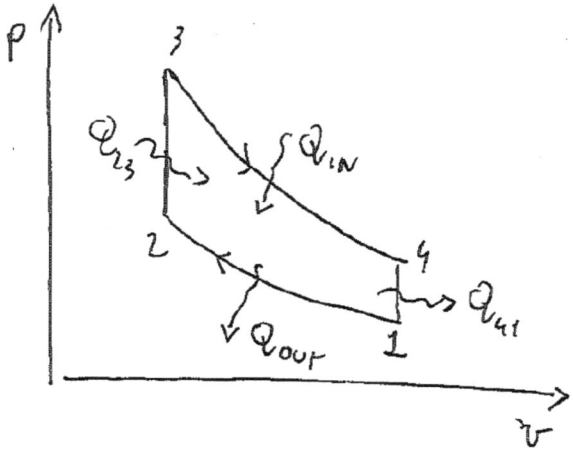

Figura 6.30: Ciclo ideale di STIRLING nel piano $p - v$.

Dal punto di vista tecnologico, il ciclo di STIRLING viene realizzato tramite un cilindro a doppio pistone, con due camere separate da un setto permeabile al gas utilizzato. Il fluido viene messo quindi a contatto con due sorgenti di calore - vedi figura 6.31.

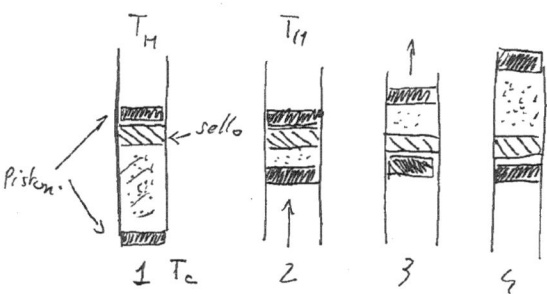

Figura 6.31: Schema di funzionamento di una macchina basata sul ciclo ideale di STIRLING .

6.7 Ciclo a vapore o a transizione di fase - ciclo di RANKINE

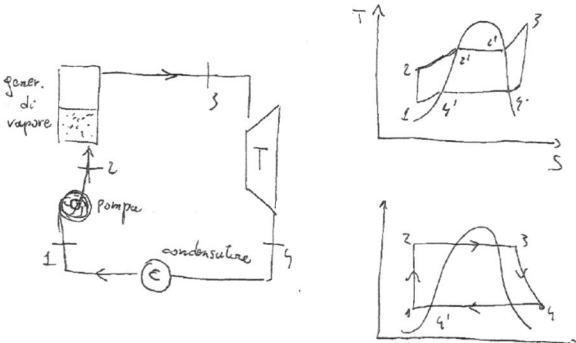

Figura 6.32: Ciclo di RANKINE .

Consideriamo il ciclo di JOULE-BRAYTON e valutiamo il suo lavoro utile netto, ovvero la differenza fra il lavoro in uscita (turbina) e il lavoro fornito in ingresso (al compressore):

$$\dot{L}_n = \dot{L}^T - \dot{L}^C = -\dot{m} \int v dp \qquad (6.57)$$

Ora, per aumentare il rendimento possiamo:

- diminuire il calore fornito al sistema;

- aumentare il lavoro estratto;

Procedendo con l'ultima opzione, dati i parametri del ciclo (pressioni operative), l'unico modo di aumentare il lavoro utile è quello di agire sulle caratteristiche del fluido in modo da.

- utilizzare un v piccolo in compressione ovvero alta densità massica;

- utilizzare un v maggiore in espansione ovvero bassa densità massica;

Dato un gas perfetto, il suo volume specifico non subisce grosse variazioni essendo:

$$pv = R^*T \rightarrow \frac{v_1}{v_2} = \frac{T_1}{T_2}\left(\frac{p_2}{p_1}\right)^{1-\frac{R^*}{c_p}} \tag{6.58}$$

Al fine di poter sfruttare le osservazioni sulla densità massica, dobbiamo abbandonare i gas perfetti e sfruttare fluidi le cui transizioni di fase cadono nel campo operativo del ciclo, in modo che sia allo stato liquido durante la compressione e allo stato gassoso durante l'espansione:

Def. 74 *Il ciclo di* RANKINE *ideale è costituito da*

- *il fluido di processo è pompato ad alta pressione, allo stato liquido;*

- *il fluido pressurizzato viene riscaldato a pressione costante da un fonte esterna di calore, raggiungendo lo stato di vapore saturo;*

- *il vapore saturo (secco) viene fatto espandere attraverso una turbina - nell'espansione può avvenire della condensazione;*

- *il vapore umido viene convogliato in un condensatore e lasciato raffreddare finché non ridiviene liquido.*

Il nucleo del ciclo è costituito da un generatore di calore (caldaia) ma bisogna forzare il fluido ad entrare in esso - è perciò necessaria una pompa. Il vapore generato nella caldaia viene condotto in una turbina dove viene fatto espandere e poi fatto condensare in un condensatore, da cui viene pompato.

Il condensatore è necessario per chiudere il sistema: in caso contrario avremo un ciclo aperto e dal punto di vista tecnologico bisogna avere un apporto continuo del fluido di processo.

La pompa è necessaria in quanto il vapore generato nella caldaia sarebbe - in assenza della pompa - alla stessa pressione p_0 che avrebbe in uscita dalla turbina, ottenendo così un flusso invertito.

Come il ciclo di JOULE-BRAYTON , il ciclo a transizione di fase lavoro su due soli livelli di pressione (alta nel tratto pompa/turbina e bassa nel tratto turbina/-pompa).

Da un punto di vista termofisico, il ciclo inizia con il fluido allo stato monofase liquido (A_1), venendo poi compresso adiabaticamente. Successivamente si fornisce calore finché non si passa allo stato bifase, attraverso una transizione di fase.

Il tratto 3-4 è costituita da un'espansione adiabatica in turbina, mentre il ciclo si chiude col fluido che ritorna allo stato liquido monofase nel condensatore.

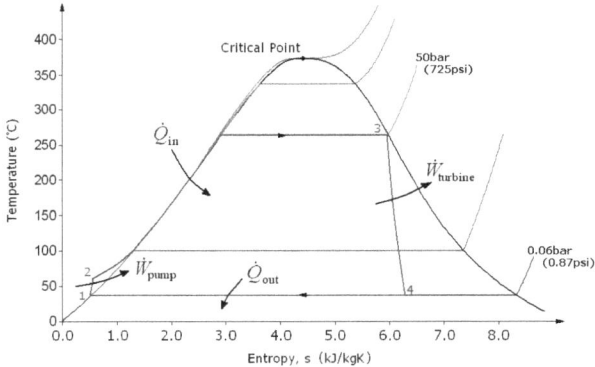

Figura 6.33: Ciclo di RANKINE - diagramma funzionale di ANDREW AINSWORTH .

Calcoliamo il rendimento: il calore sarà ovviamente entrante nel tratto 2-3, dove dobbiamo considerare la variazione di energia necessaria alla transizione di fase:

$$\frac{dE}{dt} = \dot{m}(h_2 - h_3) + \dot{Q}^{\leftarrow} \qquad (6.59)$$

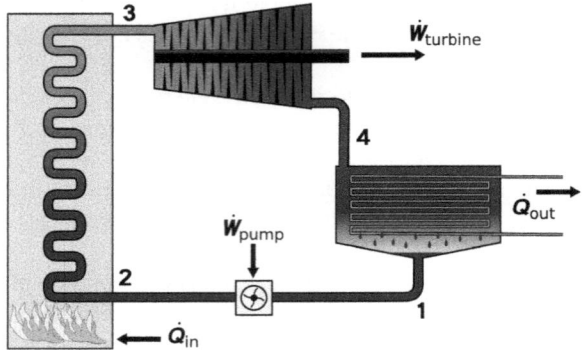

Figura 6.34: Ciclo di RANKINE - schema della macchina realizzato da ANDREW AINSWORTH .

Sotto la condizione di stato stazionario:

$$\dot{Q}^{\leftarrow} = \dot{m}(h_3 - h_2) \tag{6.60}$$

Analogamente, il calore uscente è localizzato nel tratto 4-1 e lo si può calcolare sempre tramite la variazione dell'energia interna:

$$\frac{dE}{dt} = \dot{m}(h_4 - h_1) - \dot{Q}^{\rightarrow} \tag{6.61}$$

Sotto la condizione di stato stazionario:

$$\dot{Q}^{\rightarrow} = \dot{m}(h_4 - h_1) \tag{6.62}$$

da cui

$$\eta = 1 - \frac{Q^{\rightarrow}}{\dot{Q}^{\leftarrow}} = \eta = 1 - \frac{\dot{m}(h_4 - h_1)}{\dot{m}(h_3 - h_2)} \tag{6.63}$$

Per i limiti tecnologici attuali, il massimo salto di temperatura può essere solo quello fra T_3 e T_{cr}, ovvero il massimo salto di pressione può essere quello fra la pressione massima di processo e quella critica, nonché avere flussi con titoli non inferiori a $\bar{x} = 85\%$:

- vapori troppo caldi danneggiano le strutture meccaniche;

- goccioline di liquido in turbina danneggiano, in maniera anche catastrofica, le pale della turbina;

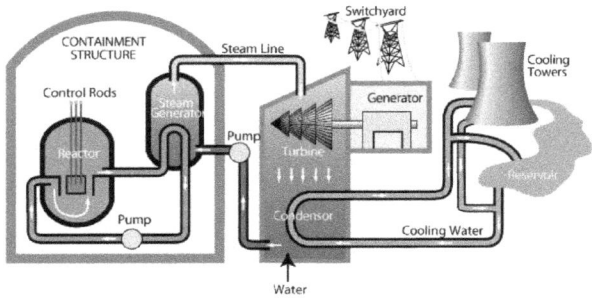

Figura 6.35: Schema di funzionamento di una centrale nucleare - reattore pressurizzato ad acqua (PWR). (Fonte:DEPT. OF ENERGY).

Figura 6.36: Torre di raffreddamento della centrale di Goesgen.

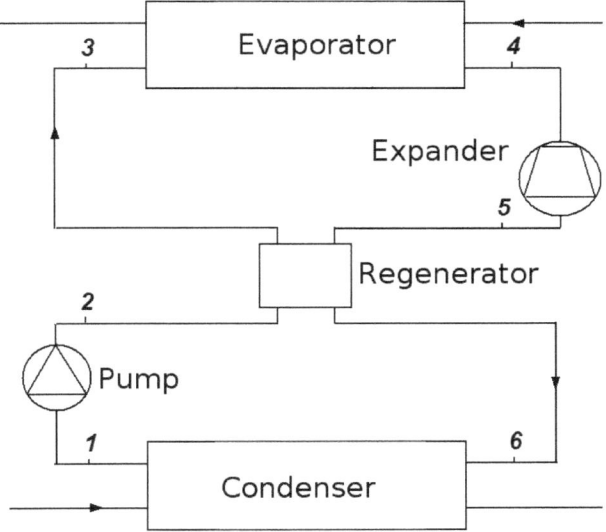

Figura 6.37: Ciclo di RANKINE organico - schema di funzionamento. Autore: SYLVAIN QUOILIN

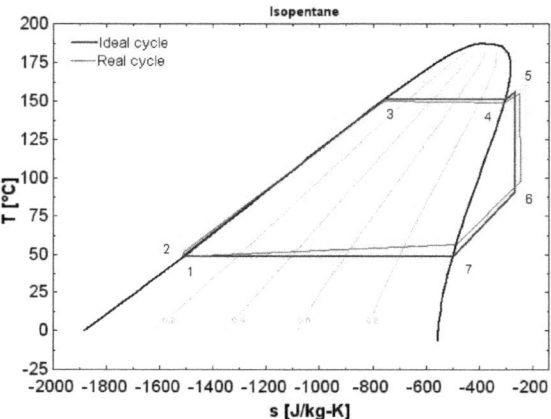

Figura 6.38: Ciclo di RANKINE organico - schema nel piano $T - s$. Autore: SYLVAIN QUOILIN

CHAPTER 7

CICLO FRIGORIFERI O INVERSI

In primo luogo dobbiamo fare una distinzione fra

- *macchina frigorifera*: macchina che preleva calore da un corpo freddo per trasferirlo all'ambiente;

- *pompa di calore*: macchina che toglie calore all'ambiente per fornirlo ad un corpo più caldo a temperatura maggiore;

Le due macchine sono quasi concettualmente identiche, in quanto utilizzano il lavoro immesso per trasferire calore da un corpo freddo ad uno più caldo, ma operano fra diversi livelli termici. I loro rendimenti saranno:

$$\varepsilon_r \triangleq \frac{Q_c}{Q_h - Q_c} \qquad \varepsilon_h \triangleq \frac{Q_h}{Q_h - Q_c} \tag{7.1}$$

Elementi di Fisica Tecnica.
By Giulio Malinverno.
Copyright © 2016 .

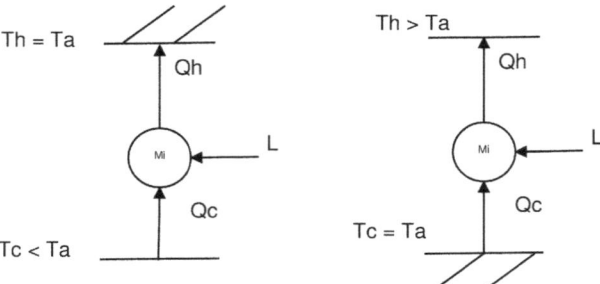

Figura 7.1: Cicli frigoriferi e pompe di calore

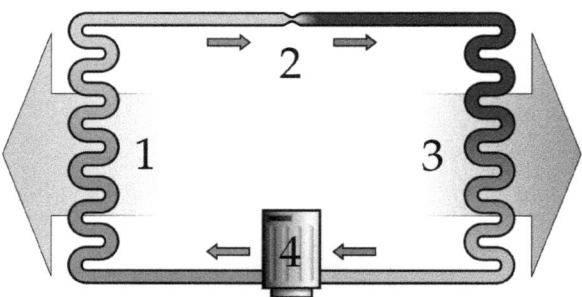

Figura 7.2: Schema di una pompa di calore. Autore: ILMARI KARONEN .

dove

- Q_h calore trasferito al corpo a temperatura maggiore;

- Q_c calore estratto dal corpo a temperatura inferiore;

Poiché il calore trasferito al corpo caldo è maggiore del lavoro utilizzato dalla macchina, quindi avremo

$$\varepsilon_h \triangleq \frac{Q_h}{Q_h - Q_c} \geq 1 \qquad (7.2)$$

Per brevità ci occuperemo solamente di cicli frigoriferi (detti anche cicli inversi in quanto operano in maniera inversa ai cicli tradizionali e vengono percorsi in senso antiorario nei diagrammi), benché la trattazione possa essere generalizzata anche alle pompe di calore.

7.1 Ciclo frigorifero ideale di CARNOT

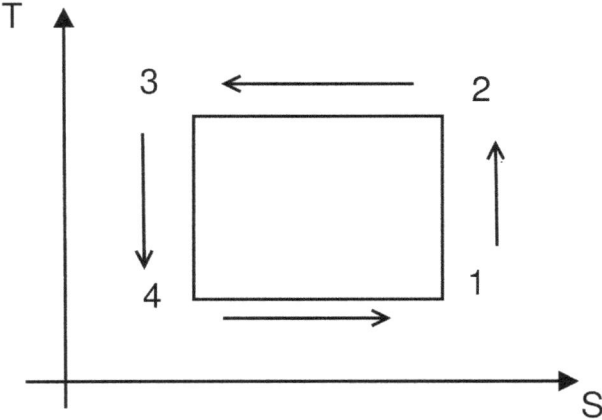

Figura 7.3: Ciclo frigorifero ideale di CARNOT

Il primo ciclo frigorifero ideale è ovviamente quello di CARNOT, dove avremo

$$\varepsilon_r \triangleq \frac{Q_h}{Q_h - Q_c} = \frac{Q_{41}^{\leftarrow}}{Q_{23}^{\rightarrow} - Q_{41}^{\leftarrow}} \qquad (7.3)$$

Essendo sotto la condizione di processi quasi statici, possiamo calcolare facilmente questi calori

$$Q_{41}^{\leftarrow} = \int_{s_4}^{s_1} T_4 ds = T_4(s_1 - s_4)$$

$$Q_{41}^{\leftarrow} = \int_{s_3}^{s_2} T_4 ds = T_2(s_2 - s_3) = T_2(s_1 - s_4)$$

da cui

$$\boxed{\varepsilon_r = \frac{T_4}{T_2 - T_4} = \frac{T_c}{T_h - T_c}}$$ (7.4)

Si può facilmente dimostrare che questa è la massima efficienza ottenibile nei cicli frigoriferi, fissate le temperature operative.

7.2 Ciclo frigorifero di JOULE - BRAYTON

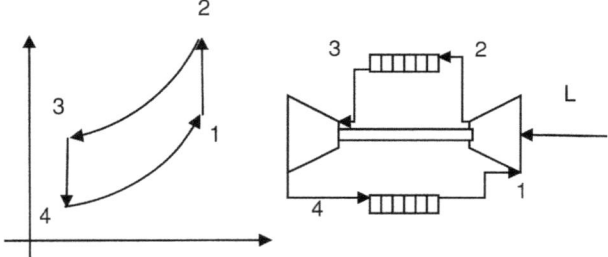

Figura 7.4: Ciclo frigorifero ideale di JOULE - BRAYTON

Come il ciclo diretto, anche il ciclo inverso di CARNOT non ha nessuna valenza pratica. Consideriamo allora il ciclo di JOULE - BRAYTON inverso. Il lavoro esterno è necessario in quanto il lavoro ottenuto dalla turbina è inferiore a quello richiesto dal compressore, e dunque dobbiamo fornire dall'esterno la parte mancante dell'energia necessaria a muovere il compressore. Calcoliamo il rendimento o meglio l'efficienza, sotto l'ipotesi di stato stazionario:

$$\varepsilon_r = \frac{Q_{41}^{\leftarrow}}{Q_{23}^{\rightarrow} - Q_{41}^{\leftarrow}} = \frac{\dot{m}(h_1 - h_4)}{\dot{m}[(h_2 - h_3) - (h_1 - h_4)]} = \frac{(h_1 - h_4)}{[(h_2 - h_3) - (h_1 - h_4)]}$$
(7.5)

Sotto l'ipotesi di gas perfetto, otteniamo

$$\varepsilon_r = \frac{(T_1 - T_4)}{[(T_2 - T_3) - (T_1 - T_4)]} = \frac{1}{\frac{T_2 - T_3}{T_1 - T_4} - 1} \tag{7.6}$$

Ora,

$$\frac{T_2 - T_3}{T_1 - T_4} - 1 = \frac{T_2}{T_1} \frac{\left(1 - \frac{T_3}{T_2}\right)}{\left(1 - \frac{T_4}{T_1}\right)} \tag{7.7}$$

inoltre

$$\frac{T_2}{T_1} = \left(\frac{p_2}{p_1}\right)^{\frac{R}{c_p}} = \left(\frac{p_3}{p_4}\right)^{\frac{R}{c_p}} = \frac{T_3}{T_4} \tag{7.8}$$

abbiamo

$$\boxed{\varepsilon_r = \frac{T_1}{T_2 - T_1}} \tag{7.9}$$

Confrontiamo quest'efficienza con quelle di CARNOT . Per fare ciò dobbiamo individuare la T_h e la T_c del ciclo di JOULE - BRAYTON . Ora, T_h non può essere uguale a T_2, perché altrimenti non potremmo scambiare calore con l'ambiente. In particolare, nel caso in cui $T_2 = T_h$, assorbiremmo calore dall'ambiente, ma questo è proprio ciò che NON vogliamo fare.

Per lo stesso motivo, T_h non può essere compreso fra T_2 e T_3: abbiamo quindi che $T_h \equiv T_3$. Per motivi analoghi, $T_c \equiv T_1$, in quanto se $T_c \geq T_1$, non potremmo assorbire calore dal corpo freddo.

L'efficienza del ciclo di CARNOT associato a quello di JOULE - BRAYTON è:

$$\boxed{\varepsilon_{r,c} = \frac{T_1}{T_3 - T_1}} \tag{7.10}$$

Poiché $T_3 < T_2$, il denominatore dell'efficienza del ciclo di CARNOT è minore, e dunque l'efficienza è maggiore.

7.3 Ciclo frigorifero a transizione di fase

Consideriamo ora un ciclo frigorifero *a transizione di fase*. Il punto di partenza è il punto di saturazione del vapore: da qui si procede con una compressione in cui partecipa il vapore surriscaldato. I punti 2,3,4 e 5 giacciono su un'isobara, mentre

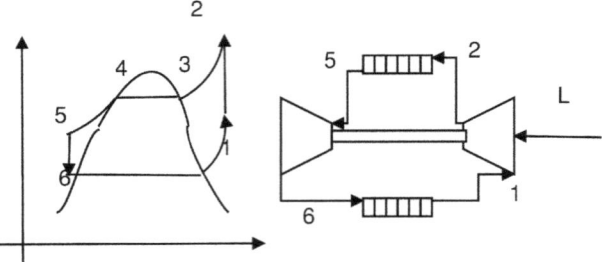

Figura 7.5: Ciclo frigorifero a transizione di fase

da 5 a 6 viene compiuta un'espansione in turbina. Da 6 a 1 il sistema viene riscaldato con il calore prelevato dal corpo che si vuole raffreddare.
Il frigorifero domestico differisce da questo ciclo in quanto si usa un compressore alternativo al posto di quello centrifugo, mentre la turbina è sostituita da una semplice valvola che ha il compito di mantenere la differenza di pressione fra i punti 5 e 6. Si noti che la valvola è un meccanismo adiabatico ma annulla la reversibilità:

$$
\begin{aligned}
\frac{dM}{dt} &= \dot{m}_5 - \dot{m}_6 &= 0 \\
\frac{dE}{dt} &= \dot{m}_5 h_5 - \dot{m}_6 h_6 + \dot{Q}^{\leftarrow} - L_u^{\rightarrow} &= 0
\end{aligned}
\tag{7.11}
$$

ma dal bilancio entropico abbiamo

$$
S_i = \dot{m}(s_6 - s_5)
\tag{7.12}
$$

Se non ci fossero irreversibilità, i punti 6 e 6 coinciderebbero, ma poiché i punti sono distinti, non si potrà annullare il termine di entropia. Normalmente vengono utilizzati i seguenti fluidi:

- NH_3;

- $CClF - 2$ o CFC o $R12$;

- $CHClF_2$ o $HCFC$ o $R22$;

- CH_2F_2 o HCF o $R134A$;

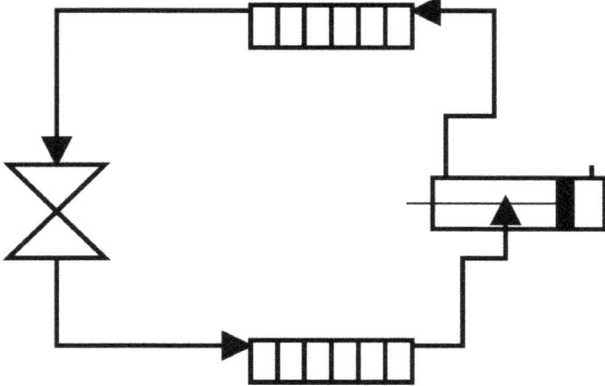

Figura 7.6: Ciclo frigorifero a transizione di fase - macchina domestica

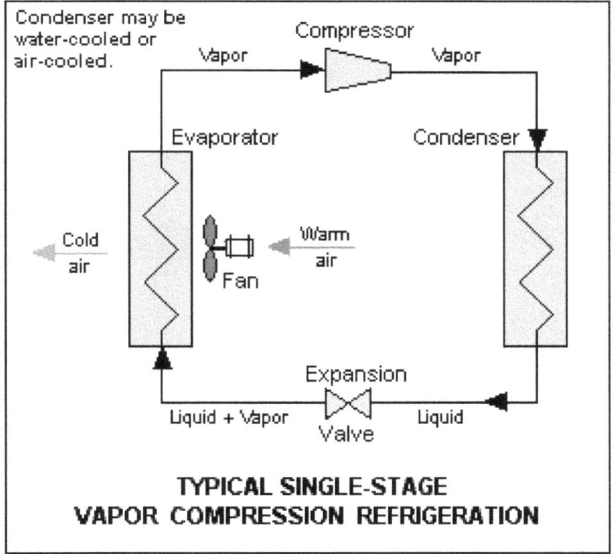

Figura 7.7: Schema di funzionamento di un sistema di refrigerazione a compressione vapore.
Autore: KEENAN PEPPER .

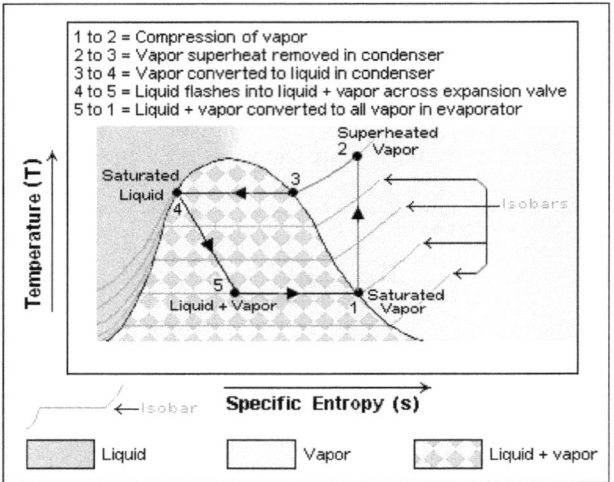

Figura 7.8: Schema di funzionamento di un sistema di refrigerazione a compressione vapore, piano $T - s$.
Autore: KEENAN PEPPER .

7.4   Ciclo inverso con termocompressore

Nei cicli inversi con termocompressore si utilizzano normalmente l'ammoniaca, NH_3, o il bromuro di litio, $LiBr$.

Il funzionamento è abbastanza semplice:

- si fa gorgogliare in acqua il gas utilizzato, in modo da pompare una soluzione acquosa;

- si riscalda il fluido operativo in modo che liberi il gas e lo si fa rientrare in circolo;

- si recupera l'acqua;

Parte III

TRASMISSIONE DEL CALORE

CHAPTER 8

CONDUZIONE

8.1 Introduzione alla trasmissione del calore

Abbiamo visto nei capitoli precedenti che il funzionamento delle (alcune) macchine termiche richiede la trasmissione di energia nella forma di calore[1].

In generale, la trasmissione del calore avviene tramite tre meccanismi distinti:

- CONDUZIONE, in cui lo scambio di energia termica avviene per interazione diretta tra le molecole di uno stesso mezzo a causa di gradienti di temperatu-

---

[1]*Alcune* in quanto lo scambio termico è un fenomeno presente in qualsiasi macchina termica reale, sebbene a volte sia trascurabile o non strettamente legato al funzionamento della macchina stessa.

Elementi di Fisica Tecnica.
By Giulio Malinverno.
Copyright © 2016 .

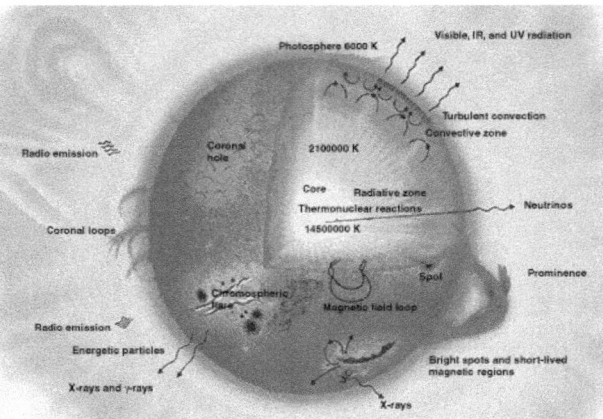

Figura 8.1: Le stelle, come il Sole, hanno una dinamica interna molto complessa che però si basa sulle regole termodinamiche. Le stelle sono in uno stato di equilibrio dinamico in cui le forze gravitazionali vengono controbilanciate dalle forze termodinamiche. La trasmissione del calore avviene nei tre metodi classi: conduzione e convezione all'interno della stella, irraggiamento dalla superficie. Fonte: ESO -*NASA*.

ra;

- CONVEZIONE, in cui il fenomeno di trasporto di calore è dovuto alla presenza di fluido in movimento;

- IRRAGGIAMENTO, in cui il trasferimento di energia termica avviene attraverso onde radiazioni) emesse in conseguenza dell'agitazione atomica della superficie del corpo emettitore;

Si tenga sempre conto che un meccanismo di trasporto non inibisce gli altri meccanismi: in presenza di un gradiente termico ci saranno tutti e tre i meccanismi - sebbene di entità differente. Ad esempio, in un fluido in movimento ci sarà sempre conduzione (diffusione termica a livello molecolare) ma l'entità di scambio è di ordini di grandezza inferiore a quello dovuto alla convezione. Nei solidi la diffusione del calore avviene per due motivi:

- *mobilità elettronica*;

- *vibrazioni reticolari*;

In generale quindi riferiremo la conduzione a mezzi solidi incomprimibili o a fluidi in quiete (considerati quindi come mezzi incomprimibili).

Consideriamo un generico corpo solido, la cui massa occupi un volume fisso di controllo delimitato da una superficie di controllo. Tutti gli scambi di energia avverranno allora all'interno del volume di controllo e/o attraverso la superficie di controllo, a causa di una differenza di temperatura fra le parti. Ciò naturalmente sottintende la definizione della proprietà *temperatura* nel volume e sulla superficie:

$$T = T(\{r\}, t)$$

Ipotizziamo allora che

- il corpo sia continuo;

- ciascun punto materiale sia in uno SES per cui è localmente definita la temperatura (*equilibrio locale*).

Def. 75 *Definiamo* superfici isoterme *il luogo geometrico dei punti* $\{r\}$ *tali per cui* $T(\{r\}, t) = costante$

Analogamente

Def. 76 *Definiamo* linee isoterme *le linee date dell'intersezione delle superfici isoterme con un piano di riferimento.*

Valgono allora le seguenti proprietà:

- in un corpo continuo, le superfici isoterme sono infinite;

- le superfici isoterme e le linee isoterme non possono intersecarsi fra loro;

- le superfici isoterme sono completamente contenute nel volume di controllo;

- la superficie di controllo è anch'essa una superficie isoterma.

Supponiamo ora di intersecare il corpo generico in esame con un piano di riferimento di normale $\vec{n}$. Sia P un punto della superficie ottenuta nella sezione. Sia ΔA l'area dell'intorno di P e sia ΔQ il calore scambiato da P con l'altra parte del corpo.

Def. 77 *Definiamo allora* flusso termico areico *il limite*

$$\boxed{q \triangleq \lim_{\Delta A \to 0} \frac{\Delta \dot{Q}}{\Delta A}} \tag{8.1}$$

ovvero un flusso di potenza termica per unità di superficie.

In generale q è una funzione della posizione, del tempo e della superficie di riferimento, $q = q(\{r\}, t, \vec{n})$, in quanto cambiando il piano secante cambieranno anche i flussi termici. Associamo allora al flusso termico la quantità vettoriale:

Def. 78 *vettore flusso termico*

$$\boxed{\vec{q} \,|\, q = \vec{q} \cdot \vec{n}} \tag{8.2}$$

Si tenga conto che prendendo tre normali non coincidenti, avremo definito univocamente il vettore del flusso termico, $\vec{q} = \vec{q}(\{r\}, t)$

8.2 Equazione sulla diffusione del calore

Per approfondire la natura della conduzione, introduciamo le seguenti ipotesi:

- lo stato del sistema dipende solamente dalla sua storia passata;

- le leggi costitutiva dei materiali soddisfano il secondo principio della termo-dinamica.

Possiamo introdurre il **postulato di** FOURIER :

$$\boxed{\vec{q} = -K\nabla T}$$ (8.3)

in quanto il gradiente è positivo nel verso dell'aumento di temperatura, mentre il flusso termico è diretto dalla zona a maggior temperatura a quelle di temperatura inferiore.

Il coefficiente K prende il nome di *conduttività termica* ed ha dimensioni nel *Systéme international d'unitàs*:

$$[K] = \frac{W}{m \cdot K}$$ (8.4)

La conduttività è una proprietà intrinseca del materiale considerato e in generale è esprimibile come un tensore a nove componenti:

$$K = \bar{\bar{K}}(T, p, \vec{n})$$ (8.5)

in quanto la conduttività può cambiare a seconda della direzione considerata, in maniera analoga alla rigidezza dei materiali compositi. Considerando quindi un materiale isotropo ed omogeneo, il tensore conduttività si riduce ad uno scalare. Inoltre, considerando solidi e fluidi incomprimibili, possiamo trascurare l'influenza della pressione esterna, riducendo la dipendenza della conduttività alla sola temperatura.

come abbiamo già detto, la conduttività nei solidi dipende da

- *mobilità elettronica*;

- *vibrazioni reticolari*;

avremo dunque che K molto elevata nei metalli puri o nei cristalli rigidi (quali i diamanti) per poi assumere valori inferiori nelle leghe e nei metalli liquidi, fino a raggiungere valori molto piccoli (in rapporto) nei gas (al che si intuisce come mai l'aria in quiete à usata come isolante).

Ricaviamo ora l'espressione dell'equazione di FOURIER supponendo

- le proprietà sono indipendente dal tempo;

Figura 8.2: Caratteristiche dei materiali: anisotropia ed eterogeneità, con loro combinazioni.

- il volume è fisso;

- la potenza generata dipende solamente dalla posizione all'interno del volume di controllo;

Sia V il volume di controllo e S la superficie di controllo, con dV il volume infinitesimo di controllo delimitato dalla superficie dS. Scriviamo il bilancio di energia sul volume:

$$\frac{dU}{dt} = \dot{Q}^{\leftarrow} + \dot{\Sigma} - L^{\rightarrow} \tag{8.6}$$

avendo indicato con Σ la potenza generata all'interno del volume. Il lavoro sarà nullo in quanto il volume è fisso. Passiamo alle quantità infinitesime:

$$\frac{\partial}{\partial t} \int_V \rho u \, dV = - \int_S \vec{q} \cdot \vec{n} \, dS + \int_V \sigma \, dV \tag{8.7}$$

Applicando il teorema della divergenza:

$$\frac{\partial}{\partial t} \int_V \rho u \, dV = - \int_V \nabla \cdot \vec{q} \, dV + \int_V \sigma \, dV \tag{8.8}$$

Scambiamo pure l'ordine di integrazione e di derivazione (in quanto il volume è costante) e introduciamo la relazione di FOURIER :

$$\int_V \rho \frac{\partial u}{\partial t} \, dV = - \int_V \nabla \cdot (-K \nabla T) \, dV + \int_V \sigma \, dV \tag{8.9}$$

Siccome

$$\frac{\partial u}{\partial t} = (\frac{\partial u}{\partial T})_\rho \frac{\partial T}{\partial t} + (\frac{\partial u}{\partial \rho})_T \frac{\partial \rho}{\partial t} = (\frac{\partial u}{\partial T})_\rho \frac{\partial T}{\partial t} = c_v \frac{\partial T}{\partial t} \tag{8.10}$$

Portando tutto a primo membro:

$$\int_V \rho c_v \frac{\partial T}{\partial t} - \nabla \cdot (-K \nabla T) - \sigma \, dV = 0 \tag{8.11}$$

Per l'arbitrarietà del volume si ottiene, supponendo la conduttività scalare costante nel tempo e nello spazio, l'*equazione sulla diffusione del calore*

$$\boxed{\rho \frac{c_v}{K} \frac{\partial T}{\partial t} = \nabla^2 T + \frac{\sigma}{K}} \tag{8.12}$$

[2] dove:

- $\rho \frac{c_v}{K} \frac{\partial T}{\partial t}$ è un termine d'accumulo;

- $\nabla^2 T$ è il termine di scambio;

- $\frac{\sigma}{K}$ è il termine sorgente.

La semplificazione dell'equazione della diffusione porta ad equazioni classiche:

- equazione di FOURIER : $\rho c_v \frac{\partial T}{\partial t} = K \nabla^2 T$

- equazione di stato stazionario: $\nabla^2 T + \frac{\sigma}{K} = 0$

- equazione di POISSON : $K \nabla^2 T = costante$

- equazione di LAPLACE : $K \nabla^2 T = 0$

Essendo l'equazione sulla diffusione un'equazione differenziale, per poterla risolvere, bisogna indicare le condizioni iniziali e quelle al contorno. Ad esempio, come condizione iniziale:

$$T(\vec{r}, 0) = f(\vec{r}) \tag{8.13}$$

Le condizioni al contorno possono essere di vario tipo:

- condizioni di DIRICHLET :

$$T(\vec{r}, t) = g(\vec{r}, t) \forall \vec{r} \in S \tag{8.14}$$

- condizioni di NEUMANN :

$$\vec{q} = -k \frac{\partial T}{\partial n} = n(\vec{r}, t) \forall \vec{r} \in S \tag{8.15}$$

- condizioni di CAUCHY :

$$\vec{q} = -k \frac{\partial T}{\partial n} = \beta(\vec{r}, t) T(\vec{r}, t) + \gamma(\vec{r}, t) \forall \vec{r} \in S \tag{8.16}$$

---

[2]L'equazione differenziale $\rho c_v \frac{\partial T}{\partial t} = K \nabla^2 T + \sigma$ rappresenta una soluzione forte del fenomeno fisico, mentre l'espressione $\int_V \rho c_v \frac{\partial T}{\partial t} - K \nabla^2 T - \sigma dV = 0$ rappresenta la versione debole del problema in quanto si ottiene un soluzione mediata su tutto il volume e non localmente.

Consideriamo una condizione alla Cauchy in cui il termine di proporzionalità alla temperatura β sia costante e il termine di flusso γ sia riferito ad una temperatura costante nel tempo:

$$\boxed{\vec{q} = -k\frac{\partial T}{\partial n} = hT(\vec{r}, t) - hT_\infty = h(T - T_\infty)}$$ (8.17)

h prende il nome di *scambio termico convettivo*, in quanto per continuità il calore scambiato sulla superficie del corpo deve essere pari al calore scambiato dal fluido che lambisce il nostro corpo.

Supponiamo di avere una superficie $Gamma$ che tagli il corpo in esame in due parti, V_1 e V_2. Per continuità bisogna avere:

$$-K_1\frac{\partial T_1}{\partial n_1} = -K_2\frac{\partial T_2}{\partial n_2}$$ (8.18)

In linea di principio, per l'equilibrio locale è necessario anche che

$$T_1 \equiv T_2$$ (8.19)

anche se per imperfezioni di forma, di impurità o per la presenza di microscopiche sacche di gas è più ragionevole ipotizzare

$$T_1 - T_2 = -R_c K_1\frac{\partial T_1}{\partial n_1}$$ (8.20)

dove il termine R_c prende il nome di *resistenza di contatto*. Ci si ricordi inoltre che la temperatura deve essere una funzione continua e derivabile, $T \in C^2(\vec{r})$ e $T \in C^1(t)$.

8.3 Modello a parametri concentrati

Risolviamo l'equazione sulla diffusione del calore

$$\boxed{\rho c\frac{\partial T}{\partial t} - K\nabla^2 T - \sigma = 0}$$ (8.21)

utilizzando le seguenti ipotesi:

- stazionarietà;

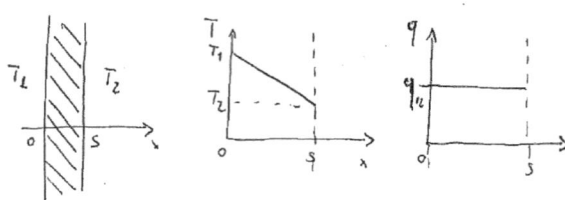

Figura 8.3: Andamento della temperatura e del flusso di calore attraverso una lastra.

- monodimensionalità;

- potenza specifica e conduttività costanti.

Si tenga conto che la monodimensionalità si può applicare a geometrie sferiche, cilindriche o piane. Iniziamo col considerare una geometria piana: la monodimensionalità è applicabile quando una dimensioni è nettamente minore delle altre due (es. lastra piana). In tal caso infatti le derivate seconde nelle due direzioni maggiori sono trascurabili nei confronti della terza:

$$\nabla^2 T = \frac{\partial^2 T}{\partial x^2} + \frac{\partial^2 T}{\partial y^2} + \frac{\partial^2 T}{\partial z^2} \simeq \frac{\partial^2 T}{\partial x^2} \qquad (8.22)$$

trascuriamo quindi i flussi termici riferiti alle dimensioni tralasciate. Possiamo considerare nullo il flusso termico q in una direzione se:

- la parete normale a quella direzione è adiabatica;

- la parete normale a quella direzione è relativamente molto distante;

Se almeno una di queste due condizioni è verificata, il flusso termico associato a quella direzione è trascurabile e tale direzione può essere tralasciata nella risoluzione del problema.

In una geometria cilindrica (snella), la monodimensionalità si traduce come

$$\frac{\partial T}{\partial \vartheta} \simeq 0$$

$$\frac{\partial T}{\partial z} \simeq 0$$

in quanto la dimensione interessante è quella radiale: assialmente, la dimensione dell'asse è, nel caso di cilindri snelli, superiore a quella radiale, mentre per simmetria non ci sono direzioni radiali privilegiate. Analoghe considerazioni sussistono per la geometria sferica.

Risolviamo allora l'equazione della conduzione monodimensionale nel caso stazionario

$$K\frac{\partial^2 T}{\partial x^2} + \sigma = K\frac{d^2 T}{dx^2} + \sigma = 0 \tag{8.23}$$

in quanto la monodimensionalità comporta anche $T = T(x, y, z) = T(x)$. Applichiamo delle condizioni al contorno di DIRICHLET, posto s lo spessore della lamiera:

$$T(x = 0) = T_1; T(x = s) = T_2;$$

Integrando l'equazione otteniamo:

$$\frac{dT}{dx} = -\frac{\sigma}{K}x + C_1 \tag{8.24}$$

e successivamente

$$T(x) = -\frac{1}{2}\frac{\sigma}{K}x^2 + C_1 x + C_2 \tag{8.25}$$

Imponendo le condizioni al contorno determiniamo i valori delle costanti di integrazione. Avremo infine:

$$\boxed{T(x) = -\frac{\sigma}{2K}x^2 - \frac{T_1 - T_2}{s}x + \frac{\sigma s}{2K}x + T_1} \tag{8.26}$$

$$\boxed{q_x(x) = \sigma\left(x - \frac{s}{2}\right) + \frac{K}{s}(T_1 - T_2)} \tag{8.27}$$

Vediamo alcuni casi particolari. Iniziamo col considerare il caso in cui all'interno del corpo non ci sia potenza generata. Sotto questa condizione, la temperatura avrà un andamento lineare attraverso lo spessore, mentre il flusso termico sarà costante in ogni sezione:

$$T(x) = T_1 - \frac{T_1 - T_2}{s}x \tag{8.28}$$

$$q_x(x) = \frac{K}{s}(T_1 - T_2) \tag{8.29}$$

Si noti, che essendo lo stato stazionario e senza generazione di potenza, il flusso termico è solenoidale:

$$\nabla \cdot \vec{q} = 0 \tag{8.30}$$

Calcoliamo infatti la potenza termica sulle due sezioni:

$$Q = \int \vec{q} \cdot \vec{n} dS = \int \frac{K}{s}(T_1 - T_2)\vec{i} \cdot \vec{n} dS = \frac{K}{s}(T_1 - T_2)\vec{i} \cdot \vec{n} S \tag{8.31}$$

considerando l'andamento delle normali, avremo:

$$Q_{x=0}^{\rightarrow} = -\frac{K}{s}(T_1 - T_2)\vec{i} \cdot \vec{n} S \tag{8.32}$$

$$Q_{x=s}^{\rightarrow} = \frac{K}{s}(T_1 - T_2)\vec{i} \cdot \vec{n} S \tag{8.33}$$

da cui

$$Q = \frac{KS}{s}(T_1 - T_2) = \frac{T_1 - T_2}{\mathbb{R}_T} \tag{8.34}$$

dove $\mathbb{R}_T$ prende il nome di *resistenza termica*, in analogia a quanto succede nei circuiti elettrici. In effetti possiamo stabilire una corrispondenza fra i termini termici e quelli elettrici:

campo $T \Leftrightarrow$ potenziale V;

flusso termico $q \Leftrightarrow$ corrente elettrica i;

resistenza termica $\mathbb{R}_T \Leftrightarrow$ resistenza elettrica R_e;

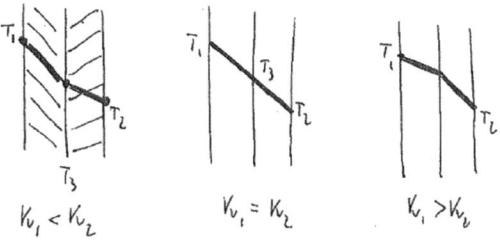

Figura 8.4: Andamento della temperatura attraverso più lastre.

si noti bene che possiamo instaurare quest'analogia solo sotto le seguenti ipotesi:

- stato stazionario;

- geometria monodimensionale;

- assenza di potenza generata;

I vantaggi di un modello a parametri concentrati divengono evidenti quando si considerano pannelli di materiali differenti. Consideriamo ad esempio due pannelli accoppiati di materiali differenti. Sotto le ipotesi precedentemente dette, le equazioni che regolano il fenomeno fisico sono:

$$T^I(x) = T_1 - \frac{T_1 - T_3}{s_1} x \tag{8.35}$$

$$T^{II}(x) = T_3 - \frac{T_3 - T_2}{s_2} x \tag{8.36}$$

$$q^I = \frac{K_1}{s_1}(T_1 - T_3) \tag{8.37}$$

$$q^{II} = \frac{K_2}{s_2}(T_3 - T_2) \tag{8.38}$$

Sulla superficie di interfaccia (identificata dal pedice 3), essendo nulla la generazione di potenza, i flussi termici devono essere identici ($q^I \equiv q^{II}$). con questa condizione, possiamo ricavare la temperatura sull'interfaccia e risolvere il problema.

Il problema poteva altresì essere risolto attraverso il modello a parametri concentrati dell'analogia elettrica, se si considera una sezione di ampiezza $s_{eq} = s_1 + s_2$ e dotata di una resistenza equivalente. Siccome il calore deve essere lo stesso, il sistema è equivalente ad un circuito con due resistenza in serie, dunque:

$$\mathbb{R}_{T,eq} = \mathbb{R}_{T,1} + \mathbb{R}_{T,2} \tag{8.39}$$

mentre

$$Q = Q_1 = Q_2 = \frac{T_1 - T_2}{\mathbb{R}_{T,eq}} \tag{8.40}$$

Consideriamo ora il caso in cui ci sia generazione di potenza all'interno del volume di controllo, mentre la temperatura sia uguale su entrambe le superfici..

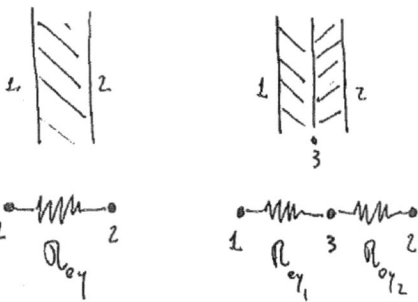

Figura 8.5: analogia elettrica - modello a parametri concentrati.

Sotto queste ipotesi, le equazioni divengono:

$$T(x) = -\frac{\sigma}{2K}x^2 + \frac{\sigma S}{2K}x + T_1 \qquad (8.41)$$

$$q(x) = \sigma(x - \frac{s}{s}) \qquad (8.42)$$

L'andamento è parabolico e simmetrico rispetto alla mezzaria della piastra per quanto riguarda la temperatura, mentre il flusso termico è lineare e antisimmetrico - il flusso termico esce allora da entrambe le superfici in egual misura (figura 8.6):

$$Q(0) = Q(s) = \frac{\sigma s}{2K}S \qquad (8.43)$$

Nel caso le temperature sulle pareti esterne sia differenti, possiamo risolvere il problema applicando la sovrapposizione degli effetti, essendo la temperatura una combinazione lineare dei due contributi (figura 8.7):

$$T(x) = -\frac{T_1 - T_2}{s}x - \frac{\sigma}{2K}x^2 + \frac{\sigma S}{2K}x + T_1 \qquad (8.44)$$

Possiamo estendere i discorsi precedenti alla geometria cilindrica, sempre sotto l'ipotesi di monodimensionalità - per cui consideriamo solamente la dipendenza dalla coordinata radiale:

$$K\left(\frac{\partial^2 T}{\partial r^2} + \frac{1}{r}\frac{\partial T}{\partial r}\right) + \sigma = 0 \qquad (8.45)$$

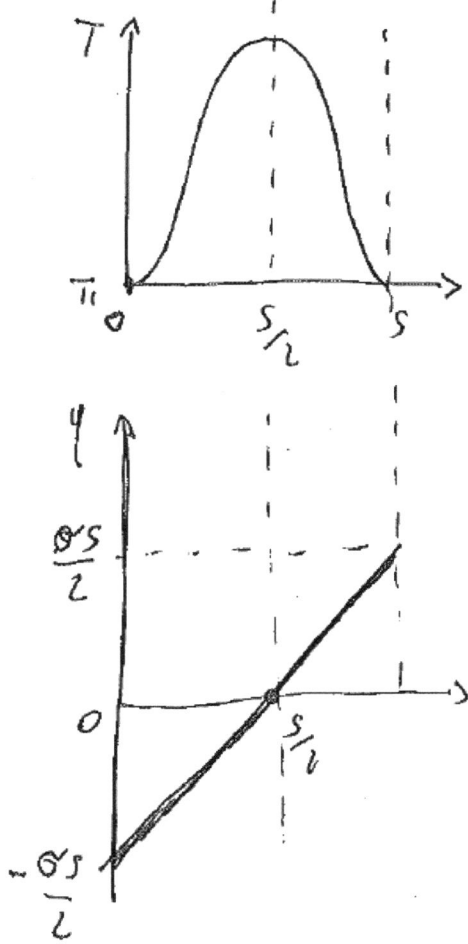

Figura 8.6: Generazione di potenza nella lastra.

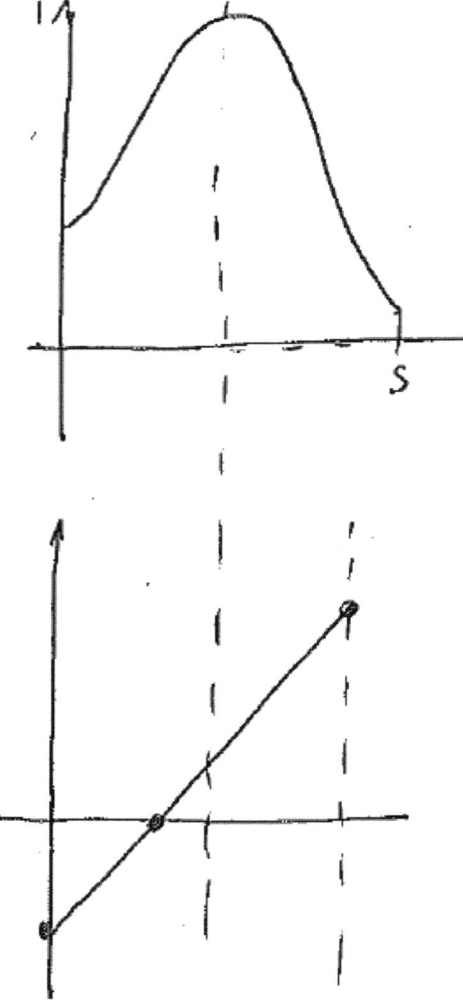

Figura 8.7: Sovrapposizione degli effetti: generazione di potenza nella lastra e flusso dall'esterno.

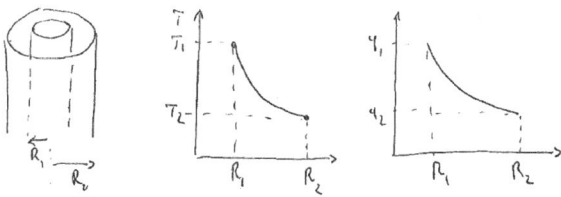

Figura 8.8: Conduzione in un mantello cilindrico.

da cui

$$K \left(\frac{1}{r} \frac{d}{dr} \left(r \frac{dT}{dr} \right) \right) + \sigma = 0 \tag{8.46}$$

Integrando:

$$q_r = \frac{\sigma}{2} r - K \frac{C_1}{R} \tag{8.47}$$

$$T(r) = -\frac{\sigma}{4K} r^2 + C_1 \ln r + C_2 \tag{8.48}$$

Nel caso di un mantello cilindrico in cui non ci sia generazione di potenza ($\sigma = 0$) e condizioni al contorno $T(r_1) = T_1$ e $T(r_2) = T_2$:

$$q_r = \frac{K}{r} \frac{T_1 - T_2}{\ln \frac{r_2}{r_1}} \tag{8.49}$$

$$T(r) = T_2 + \frac{T_1 - T_2}{\ln \frac{r_2}{r_1}} \ln \frac{r}{r_2} \tag{8.50}$$

Possiamo anche qui calcolare la resistenza termica:

$$\mathbb{R}_T = \frac{\ln \frac{R_o}{R_i}}{2\pi K L} \tag{8.51}$$

Se consideriamo una barra piena in cui c'è generazione di potenza, possiamo imporre solamente una condizione al contorno (la temperatura T_1). Siccome però abbiamo due costanti d'integrazione nell'equazione generale

$$T(r) = \frac{\sigma}{4K} r^2 + C_1 \ln r + C_2 \tag{8.52}$$

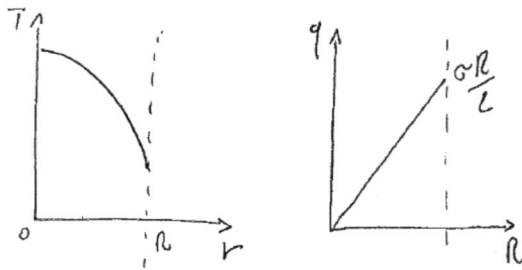

Figura 8.9: Conduzione in un mantello cilindrico - con generazione di potenza.

dobbiamo imporre un'altra condizione. Questa risulta essere la condizione tale per cui la temperatura sia ovunque definita: siccome a $r = 0$ il logaritmo diverge, bisogna imporre che C_1 sia identicamente nulla:

$$T(r) = \frac{\sigma}{4K} r^2 + C_2 \qquad (8.53)$$

$$q(r) = \frac{\sigma}{2} r \qquad (8.54)$$

Possiamo estendere i risultati nel caso di un guscio sferico in assenza di generazione di potenza:

$$T(r) = T_1 - \frac{T_1 - T_2}{\left(\frac{1}{r_1} - \frac{1}{r_2}\right)} \left(\frac{1}{r_1} - \frac{1}{r}\right) \qquad (8.55)$$

$$q(r) = \frac{K(T_1 - T_2)}{\left(\frac{1}{r_1} - \frac{1}{r_2}\right) r^2} \qquad (8.56)$$

da cui

$$\mathbb{R}_T = \frac{\left(\frac{1}{r_1} - \frac{1}{r_2}\right)}{4\pi K} \qquad (8.57)$$

Nota bene: nei casi che abbiamo analizzato, le superfici isoterme sono completamente contenute nel volume e i contorni stessi del volume sono superfici isoterme. Le superfici isoterme contenute nel volume hanno la stessa geometria dei contorni fisici del corpo. Consideriamo le normali a queste superfici: unendole otterremo

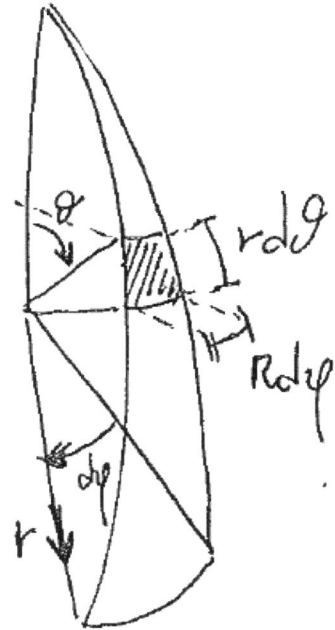

Figura 8.10: Guscio sferico.

delle linee che sono tangenti alle normali e dunque tangenti al flusso termico - esse prendono il nome di *linee di flusso termico*.

Le equazioni costitutive sono sostanzialmente differenti dalle equazioni conservative in quanto, mentre queste ultime discendono dalle leggi di conservazione, le prime nascono da considerazioni pratiche e leggi sperimentali, ovvero si è tentato di legare la risposta del materiale alle sollecitazioni cui è sottoposto. Per questo motivo, le leggi costitutive dipendono dalle ipotesi sotto le quali le analisi sperimentali sono state compiute:

- azione locale;

- determinismo storico;

- invarianza dell'osservatore;

- disuguaglianza entropica.

8.4 Superfici alettate

In molte applicazioni pratiche si è interessati a favorire un veloce e intenso scambio termico, un esempio di tali applicazioni è il raffreddamento dei componenti elettronici. L'obiettivo è raggiunto ad esempio aumentando la superficie di scambio termico, dove agisce la convezione (ciò presuppone ovviamente che il corpo da raffreddare sia immerso in una corrente fluida), con l'utilizzo di corpi alettati. Abbiamo visto che

$$q = h(T_p - T_f) \tag{8.58}$$

mentre

$$Q = \int_A q dA = hA(T_p - T_f) \tag{8.59}$$

Consideriamo una semplice geometria costituita da una lastra piana. Essa è una geometria monodimensionale in cui la coordinata caratteristica è lo spessore t dell'aletta (figura 8.12).

L'andamento della temperatura e delle linee di flusso non ha in generale un andamento rettilineo, ma possiamo approssimarlo come tale (vedi figura 8.13). Nel modello approssimato le isoterme saranno superfici verticali (nel sistema di riferimento utilizzato), mentre le linee di flusso termico saranno parallele all'asse dell'aletta. Nella realtà il gradiente termico lungo l'asse z è tale per cui tale linee sono delle curve.

Figura 8.11: Un dissipatore di calore per CPU non è nient'altro che un insieme di alette in materiale molto conduttivo.

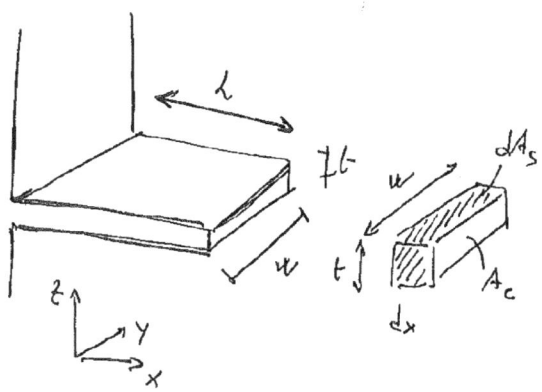

Figura 8.12: Schema alette dissipative

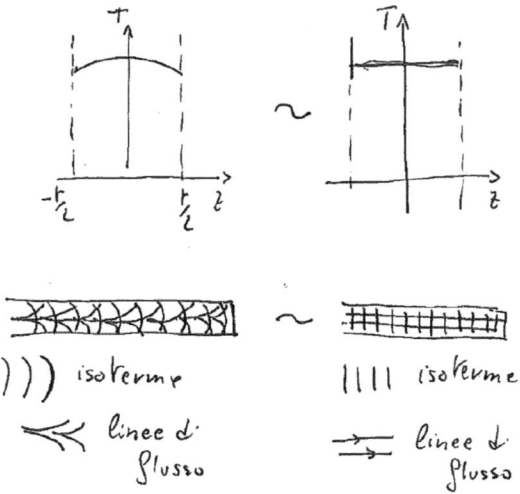

Figura 8.13: Nella realtà, i gradienti in direzione z sono tali per cui le linee di flusso termico e le isoterme sono delle curve e non delle rette - tuttavia possiamo approssimarle come tali, con le isoterme perpendicolari all'asse dell'aletta e i flussi paralleli all'asse.

Poichè le linee di flusso sono modellate come rette orizzontali, per garantire la coerenza del modello è necessario che ci sia un flusso termico convettivo. La veridicità di questo assunto dipende dal valore della conduttività. Infatti, se

$$q_z = -K\frac{dT}{dz} \tag{8.60}$$

poiché nel modello $\frac{dT}{dz} \simeq 0$, abbiamo che K deve tendere all'infinito, quindi il nostro modello è tanto più corretto quanto maggiore è il valore della conduttività termica. Ricaviamo l'equazione della diffusione considerano un concio di aletta

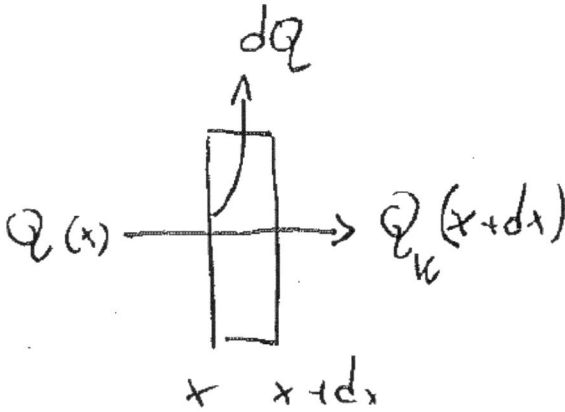

Figura 8.14: Schema per il bilancio dei flussi termici in un concio infinitesimo di aletta.

di ampiezza infinitesima dx - figure 8.12 e 8.14. Sia P il perimetro che delimita l'area di scambio termico conduttivo A_c, mentre sia dA_s l'area di scambio convettivo:

$$dA_c = A_c = wt \tag{8.61}$$
$$dA_s = Pdx = 2(w+t)dx \tag{8.62}$$

Imponendo l'ipotesi di stato stazionario, quindi annullando eventuali accumuli energetici:

$$Q^{\leftarrow}(x) = Q^{\rightarrow}(x+dx) + dQ^{\rightarrow} \tag{8.63}$$

Poiché stiamo considerando uno spessore infinitesimo, sviluppiamo in serie:

$$Q(x) = Q(x) + \frac{\partial Q(x)}{\partial x}dx + dQ_c + O(dx^2) \tag{8.64}$$

Trascurando gli infinitesimi di ordine superiore:

$$\frac{dQ(x)}{dx}dx + dQ_c = 0 \tag{8.65}$$

sostituendo le espressioni della potenza termica con l'equivalente di flusso termico:

$$\frac{\partial q_k dA_c}{\partial x}dx + q_c dA_s = 0 \tag{8.66}$$

ovvero

$$\frac{d}{dx}\left(-K\frac{dT}{dx}dA_c\right) + h(T - T_\infty)dA_s = 0 \tag{8.67}$$

Sviluppando la derivata e sostituendo le espressioni delle aree:

$$\left(-KA_c\frac{d^2T}{dx^2} - \frac{dA_c}{dx}K\frac{dT}{dx}\right)dx + hP(T - T_\infty)dx = 0 \tag{8.68}$$

da cui

$$\boxed{\frac{d^2T}{dx^2} - \frac{hP}{KA_c}(T - T_\infty) = 0} \tag{8.69}$$

Ponendo $\vartheta \doteq T - T_\infty$ e $m^2 \doteq \frac{hP}{KA_c}$ abbiamo l'equazione differenziale di secondo grado:

$$\frac{d^2\vartheta}{dx^2} - m^2\vartheta = 0 \tag{8.70}$$

che ha soluzione generale

$$\vartheta(x) = C_1 e^{-mx} + C_2 e^{mx} \tag{8.71}$$

Imponendo la condizione al contorno che all'imbocco dell'aletta la temperatura sia definita, abbiamo

$$T(0) = T_b \rightarrow \vartheta(0) = \vartheta_0 = T_b - T_\infty \tag{8.72}$$

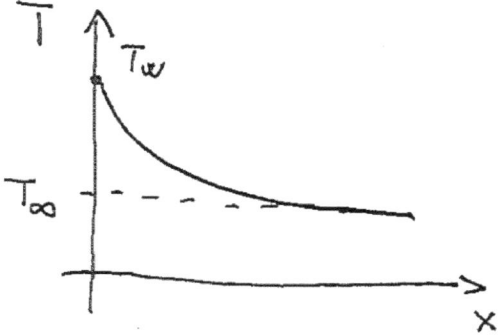

Figura 8.15: Andamento della temperatura in un'aletta semi-infinita.

Se consideriamo un'aletta molto lunga ($L \to \infty$), poiché è priva di significato fisico una soluzione tale per cui ϑ diverga, è necessario porre C_2 identicamente nulla in modo da annullare il termine divergente:

$$\vartheta(x) = \vartheta_0 e^{-mx} \tag{8.73}$$

da cui

$$\boxed{T(x) = T_\infty + (T_b - T_\infty)e^{-mx}} \tag{8.74}$$

con la temperatura che avrà un andamento esponenziale decrescente, riportato qualitativamente in figura 8.15.

Calcoliamo la potenza scambiata:

$$Q_c = \int q_c dA_s = \int h(T - T_\infty)dA_s = \int_0^L h\vartheta(x)Pdx \tag{8.75}$$

ovvero

$$Q_c = hP\vartheta_0 \int_0^L e^{-mx}dx = \frac{hP\vartheta_0}{m}(1 - e^{-mL}) \tag{8.76}$$

Imponendo il passaggio al limite:

$$\boxed{Q_c = \frac{hP\vartheta_0}{m} = hP\sqrt{\frac{KA_c}{hP}}\vartheta_0 = \vartheta_0\sqrt{hPKA_c}} \tag{8.77}$$

Per ottenere questo risultato abbiamo integrato su un'area un flusso termico convettivo. Potevamo raggiungere lo stesso risultato con un metodo più rapido, basandoci sul fatto che tutta la potenza smaltita dall'aletta deve necessariamente passare per la sezione alla radice dell'aletta stessa, ovvero nella sezione con $x = 0$:

$$Q_c = Q_k(x = 0) \tag{8.78}$$

Quindi

$$Q_k(0) = -KA_c\frac{dT}{dx} = -KA_c\frac{d\vartheta}{dx} = -KA_C\vartheta_0(-m)e^{mx}|_{x=0} \tag{8.79}$$

Abbiamo allora:

$$Q_k(0) = mKA_C\vartheta_0 = \sqrt{\frac{hP}{KA_c}}KA_c\vartheta_0 = \vartheta_0\sqrt{hPKA_c} \tag{8.80}$$

Valutiamo dal punto di vista tecnologico il funzionamento di quest'aletta. Il calore scambiato è pari a:

$$Q_c = \int h(T(x) - T_\infty)Pdx \tag{8.81}$$

dunque maggiore è la differenza termica $T(x) - T_\infty$ maggiore sarà il calore scambiato. Poichè la funzione integranda è nella realtà una funzione decrescente in x - idealmente il massimo calore scambiato si ottiene qualora l'aletta sia sempre alla stessa temperatura, $T(x) \equiv T_b$:

$$\boxed{Q_{c,max} = Q_{c,isoterma} = h(T_b - T_\infty)\int Pdx = h(T_b - T_\infty)PL} \tag{8.82}$$

Def. 79 *Definiamo allora l'**efficienza dell'aletta** il rapporto:*

$$\boxed{\eta \doteq \frac{Q_c}{Q_{c,isoterma}}} \tag{8.83}$$

Nel nostro caso avremo:

$$\eta = \frac{\sqrt{KA_cPh}\vartheta_0}{hPL\vartheta_0} = \frac{\sqrt{KA_cPh}}{hPL} = \frac{1}{mL} \tag{8.84}$$

Si può notare come l'efficienza decresca al crescere della lunghezza: in un'a-
letta reale infatti la temperatura decresce lungo la lunghezza, in quanto tende a
raggiungere la temperatura del fluido esterno.

Def. 80 *Definiamo inoltre l'**efficacia dell'aletta** il rapporto:*

$$\boxed{\varepsilon \doteq \frac{Q_c}{hA_c\vartheta_0}} \qquad (8.85)$$

*dove il termine a denominatore rappresenta la potenza termica scambiata dalla
sola radice per convezione (come se non ci fosse l'aletta).*

Riprendiamo l'andamento qualitativo della temperatura raffigurato in figura
8.15. Poiché la temperatura ha un asintoto orizzontale, la potenza termica scambiata (che è proporzionale al gradiente lungo l'orizzontale della temperatura) andrà via via a decrescere fino ad annullarsi all'estremità dell'aletta:

$$q(L) = -K\frac{dT}{dx}|_{x=L} = 0 \qquad (8.86)$$

Un flusso termico nullo all'estremità accade anche quando abbiamo un'aletta
di dimensioni finite ma la cui estremità è costituita da una superficie adiabatica.
Troviamo allora i coefficienti C_1 e C_2 della soluzione generale in questo caso.

Alla base dell'aletta sarà sempre $\vartheta(0) = \vartheta_0$, quindi:

$$C_1 + C_2 = \vartheta_0 \qquad (8.87)$$

mentre all'estremità imponiamo l'annullarsi del flusso termico:

$$0 = \frac{dT}{dx} = \frac{d\vartheta}{dx} = -C_1 m e^{-mL} + C_2 m e^{mL} \rightarrow C_1 m e^{-mL} = C_2 e^{mL} \qquad (8.88)$$

Risolvendo il sistema di equazioni, abbiamo

$$C_1 = \frac{\vartheta_0 e^{mL}}{e^{mL} + e^{-mL}}$$

$$C_1 = \frac{\vartheta_0 e^{-mL}}{e^{mL} + e^{-mL}}$$

da cui

$$\vartheta(x) = \frac{\vartheta_0}{e^{mL} + e^{-mL}} \left(e^{m(L-x)} + e^{-m(L-x)} \right) \qquad (8.89)$$

Moltiplicando e dividendo per due abbiamo

$$\vartheta(x) = \frac{\vartheta_0}{\frac{e^{mL}+e^{-mL}}{2}} \left(\frac{e^{mL}+e^{-mL}}{2} \right) \qquad (8.90)$$

ovvero

$$\boxed{\vartheta(x) = \vartheta_0 \frac{\cosh\left(m(L-x)\right)}{\cosh\left(mL\right)}} \qquad (8.91)$$

Per calcolare il calore scambiato utilizziamo il metodo indiretto, valutando il calore passante per la radice:

$$Q_c = Q_k(0) = q_k(0)A_c = -K\frac{dT}{dx}\Big|_{x=0} = -KA_c\frac{d\vartheta}{dx}\Big|_{x=0} \qquad (8.92)$$

Sostituendo quanto trovato poco fa:

$$\boxed{Q_c = \sqrt{KA_cPh}\,\vartheta_0 \tanh\left(mL\right)} \qquad (8.93)$$

con un'efficienza:

$$\boxed{\eta = \frac{\tanh\left(mL\right)}{mL}} \qquad (8.94)$$

mentre l'efficacia risulta essere:

$$\boxed{\varepsilon = \varepsilon_\infty \tanh\left(mL\right)} \qquad (8.95)$$

dove ε_∞ è il valore che si ha nel modello ad aletta infinita.

Siccome il limite della tangente iperbolica al tendere all'infinito dell'argomento è il valore unitario, ritroviamo quanto già trovato per l'aletta infinita. Abbiamo così anche un metodo per valutare quando applicare il modello ad aletta infinita. In primo luogo dobbiamo stabilire la soglia di errore che possiamo introdurre nel nostro problema. Supponiamo che vogliamo un errore non superiore al 5 per cento. Si calcola allora il prodotto $m\bar{L}$ tale per cui

$$\tanh\left(m\bar{L}\right) \simeq 0.95 \qquad (8.96)$$

Possiamo allora applicare il modello ad aletta infinita se la lunghezza dell'aletta è $mL > m\bar{L}$

8.5 Regimi transitori

Consideriamo ora un regime instazionario con generazione di potenza nulla, ovvero studiamo l'equazione di FOURIER :

$$\rho c \frac{\partial T}{\partial t} = K \nabla^2 T \tag{8.97}$$

In caso di una lastra piana avremo una soluzione del tipo $T = T(x,t)$. L'andamento della temperatura all'interno della lastra sarà qualitativamente analogo a quello riportato in figura 8.16, sebbene possano essere più regolari in caso di un buon conduttore (figura 8.17).

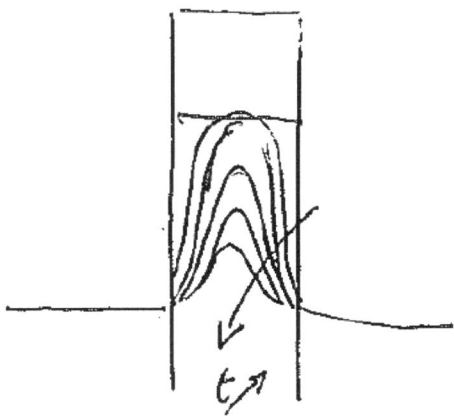

Figura 8.16: Andamento della temperatura in una lastra piana in un regime variabile nel tempo.

Le condizioni iniziali saranno $T(x,0) = T_i(x)$ mentre le condizioni al contorno, dal punto di vista ingegneristico, sono del III tipo, ovvero un legame fra temperatura e flusso termico.

Se la temperatura scendesse in maniera uniforme, avremmo il caso duale dello stato stazionario: in questo frangente perderebbe significato lo studio della temperatura in funzione dello spazio e la temperatura sarebbe formalmente dipendente solo dal tempo. Possiamo comunque verificare se esista un criterio tale per cui

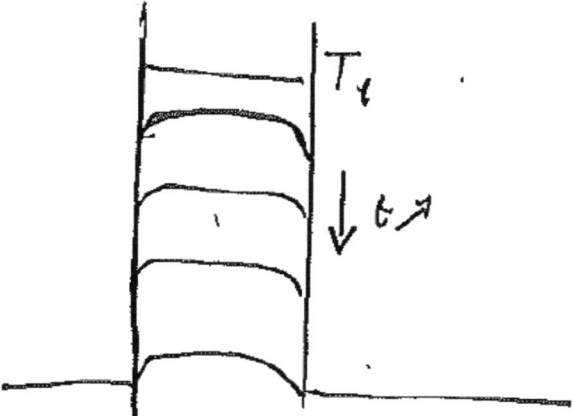

Figura 8.17: Andamento della temperatura in una lastra piana in un regime variabile nel tempo - buon conduttore: le isoterme sono più regolari.

valga l'approssimazione $T = T(x, t) \simeq T(t)$. Si noti che avere $T = T(t)$ significa operare con un modello zero-dimensionale a capacità concentrate - in quanto le dimensioni fisiche spaziali sono ininfluenti e quindi il corpo in esame può essere considerato puntiforme.

Supponiamo che il problema sia simmetrico, ovvero che siano verificate le seguenti ipotesi:

- geometria simmetrica;

- condizioni al contorno simmetriche;

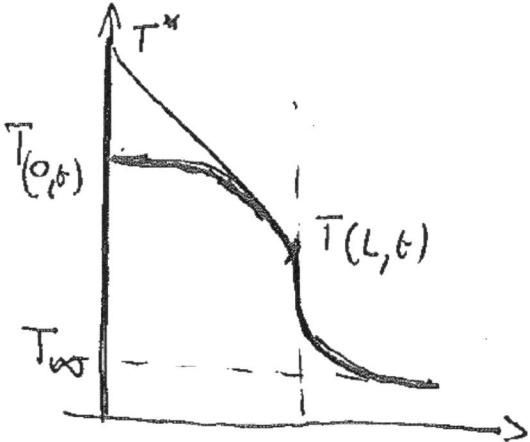

Figura 8.18: Andamento della temperatura in una lastra piana in un regime variabile nel tempo - punto angoloso e retta tangente sulla superficie di separazione.

Definito con L metà spessore, l'andamento della temperatura è raffigurato in figura 8.18: la temperatura sulla superficie di separazione non può avere discontinuità, benché possa avere un punto angoloso. Avremo allora le condizioni:

$$T(L) = T_f(L)$$
$$q_k(L) = q_c(L)$$

dove abbiamo indicato con $T_f(L)$ la temperatura del fluido che circonda la lastra. Tracciamo la retta T^* tangente a T nel punto di confine - vedi sempre figura 8.18. Siccome la derivata di una retta è il suo coefficiente angolare e nel caso fisico la derivata della temperatura rispetto allo spazio è il flusso termico, avremo:

$$q_k(L) = K\frac{T^*(0,t) - T^*(L,t)}{L} \qquad (8.98)$$

che in base alle condizioni al contorno diviene:

$$K\frac{T^*(0,t) - T^*(L,t)}{L} = h(T(L,t) - T_\infty) \qquad (8.99)$$

da cui

$$\frac{hL}{K} = \frac{T^*(0,t) - T^*(L,t)}{(T(L,t) - T_\infty)} > \frac{T(0,t) - T(L,t)}{(T(L,t) - T_\infty)} \qquad (8.100)$$

Possiamo utilizzare il modello zero-dimensionale nel caso questa relazione sia verificata.

Introduciamo allora il **numero di** BIOT :

$$\boxed{Bi \doteq \frac{hL}{K}} \qquad (8.101)$$

Si tenga presente che il numero di BIOT può essere visto come il rapporto tra la resistenza conduttiva e la resistenza convettiva. In base a quanto detto quindi, avere un numero di BIOT molto piccolo significa che la resistenza conduttiva è trascurabile rispetto a quella convettiva, ovvero lo spessore del sistema è trascurabile, validando così l'utilizzo del modello zero-dimensionale è applicabile.

Possiamo integrare l'equazione nel caso di modello zero-dimensionale, utilizzando la formulazione integrale:

$$\int \rho c \frac{\partial T}{\partial t} dV = -\int \vec{q} \cdot \vec{n} dS \qquad (8.102)$$

da cui

$$\rho c \frac{\partial T}{\partial t} \int dV = -h(T_s - T_\infty) \int dS \qquad (8.103)$$

ovvero

$$\boxed{\rho c V \frac{dT}{dt} = -hS(T_s - T_\infty)} \qquad (8.104)$$

Def. 81 *Definiamo **diffusività termica** la quantità*

$$\alpha \doteq \frac{K}{\rho c} \qquad (8.105)$$

avente le dimensioni di una velocità areolare (metro quadrato al secondo)

Introducendo la quantità $\vartheta \doteq T - T_\infty$, l'equazione diviene:

$$\rho c V \frac{d\vartheta}{dt} = -hS\vartheta \qquad (8.106)$$

che per la separazione della variabili porta a:

$$\frac{d\vartheta}{\vartheta} = -\frac{hS}{\rho c V} dt \qquad (8.107)$$

Integrando otteniamo:

$$\ln \frac{\vartheta}{\vartheta_i} = -\frac{hS}{\rho c V}(t - t_0) \qquad (8.108)$$

dove $\vartheta_i = T_i - T_\infty$.

Supponendo $t_0 = 0$, abbiamo allora l'espressione della temperatura in funzione del tempo:

$$T = T_\infty + (T_i - T_\infty)e^{-\frac{t}{\tau}} \qquad (8.109)$$

dove

$$\tau \doteq \rho \frac{cV}{hS} \qquad (8.110)$$

L'andamento della temperatura è riportato qualitativamente in figura 8.19. La costante di tempo τ ha anche un significato geometrico: sull'asse temporale, rappresenta il punto d'intersezione dell'asse con la retta tangente alla curva T. Inoltre, ci fornisce un'indicazione del tempo necessario per abbassare la temperatura: quando $t \simeq 5\tau$, la temperatura ha praticamente raggiunto il valore asintotico:

$$t = 5\tau \rightarrow \frac{T(5\tau) - T_\infty}{T_i - T_\infty} \simeq 0.001 \qquad (8.111)$$

Anche in queste analisi possiamo introdurre l'analogia elettrica: in questo caso il

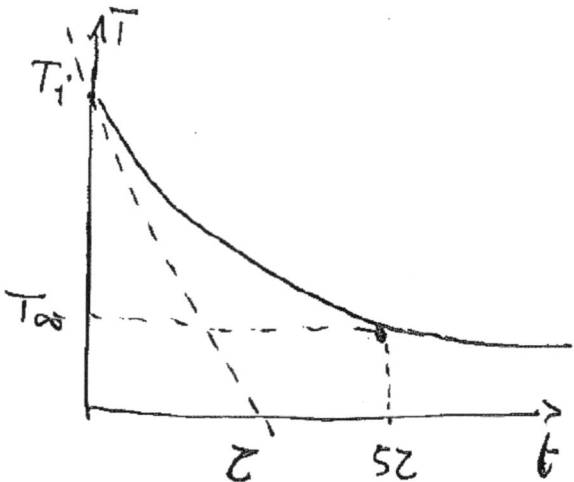

Figura 8.19: Andamento della temperatura in una lastra piana in un regime variabile nel tempo.

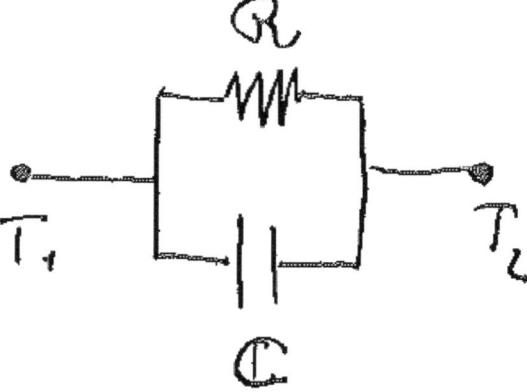

Figura 8.20: Analogia elettrica in regime variabile: il circuito elettrico equivalente è costituito da una resistenza e da un condensatore in parallelo.

circuito equivalente è un circuito costituita da una resistenza e da un condensatore in parallelo (figura 8.20).

Poiché siamo in un modello zero-dimensionale, la resistenza termica sarà data da un solo componente, quello convettivo:

$$\mathbb{R}_{eq} = \mathbb{R}_c = \frac{1}{hS} \tag{8.112}$$

Ora, dal confronto fra $\mathbb{R}$ e τ possiamo ricavare la *capacità termica*, in analogia con le relazione elettrotecniche. Sappiamo infatti che per un circuito $\mathbb{RC}$, vale la seguente relazione:

$$\tau = \mathbb{RC} \tag{8.113}$$

dunque nel nostro caso:

$$\boxed{\mathbb{C} = \frac{\tau}{\mathbb{R}} = \rho c V} \tag{8.114}$$

Inoltre,

$$\tau = \frac{\rho c V}{hS} = \frac{\rho c L}{h} = \frac{\rho c L}{h} \frac{KL}{KL} = \frac{K}{hL} \frac{\rho c}{K} L^2 \tag{8.115}$$

da cui

$$\boxed{\tau = \frac{L^2}{Bi\alpha}} \tag{8.116}$$

Def. 82 *Definiamo allora il numero di* Fourier

$$\boxed{Fo \doteq \frac{\alpha t}{L^2}} \tag{8.117}$$

Possiamo allora riscrivere l'equazione della diffusione della temperatura attraverso le quantità adimensionali appena viste:

$$\boxed{\vartheta^* \doteq \frac{\vartheta}{\vartheta_i} = e^{-BiFo}} \tag{8.118}$$

Si noti bene che questa relazione è stata ottenuta con condizioni al contorno di tipo convettivo (ovvero condizioni di tipo III).

Supponiamo di essere nel caso in cui il numero di Biot sia maggiore dell'unità, ovvero

$$\frac{T(0,t) - T_L}{T_L - T_\infty} \geq 1 \tag{8.119}$$

Ciò accade quando la temperatura del bordo tende a quella asintotica - ottenendo così condizioni al contorno del tipo I.

8.5.1 Metodi risolutivi

Consideriamo l'equazione completa:

$$\frac{1}{\alpha}\frac{\partial T}{\partial t} = \frac{\partial^2 T}{\partial x^2} + \frac{\partial^2 T}{\partial y^2}$$

(8.120)

essa può venire risolta sia con metodi analitici che con metodi numerici. Vediamo alcuni esempi.

8.5.1.1 Metodi analitici il primo metodo analitico per risolvere l'equazione 8.120 è quello il metodo della *separazione della variabili*, applicabile quando:

- il dominio è regolare;

- le condizioni al contorno sono regolari;

- è possibile esprimere la temperatura come $T(x,y,t) = g(x,y)f(t)$

Un altro metodo è quello della similitudine fluidodinamica. Se infatti il problema è lineare e sono lineari le condizioni al contorno, è possibile trovare una variabile per la similitudine. Ad esempio, nel caso di una lastra semi-infinita e si ha $\frac{\partial T}{\partial t} = 0$, è possibile valutare la quantità:

$$\eta \doteq \frac{x}{2\sqrt{\alpha T}}$$

(8.121)

Supponiamo che per $t = 0$ si abbia la mappatura $T(x,0) = T_i \forall x$, mentre sulla superficie di separazione, con $x = 0$ la temperatura sia $T_o \neq T_i$ e tale temperatura rimanga tale per tutti gli istanti successivi, $T(,0,t) \equiv T_o \forall t$.

Siccome non è ammissibile che ci sia una discontinuità, la temperatura del corpo inizierà a modificarsi per raggiungere l'equilibrio e la continuità, e tale perturbazione si propagherà nella lastra a partire dalla superficie di contatto.

Ad un tempo finito, tutta la lastra avrà un campo di temperatura differente da quello iniziale, in quanto la perturbazione avrà percorso una porzione di lastra (figura 8.21

Definita:

$$\vartheta^* \doteq \frac{T - T_i}{T - T_o}$$

(8.122)

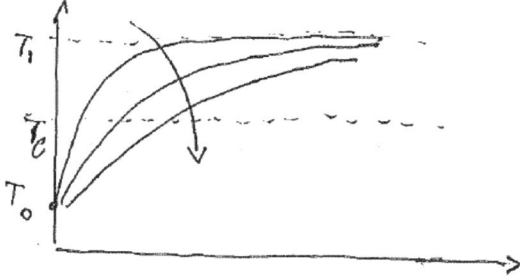

Figura 8.21: Andamento temporale della temperatura in una lastra.

la funzione che descrive l'andamento della temperatura è

$$\boxed{\vartheta^* = \text{erf}(\eta)} \tag{8.123}$$

con

$$\boxed{\text{erf}(\eta) \doteq \frac{2}{\sqrt{\pi}} \int_0^\eta e^{-\eta^2} d\eta} \tag{8.124}$$

(Tale funzione non è calcolabile analiticamente ma viene tabulata attraverso sviluppi in serie).

Supponendo di avere sulla superficie di separazione un andamento periodico, ad esempio $T(0, t) = T_o + \vartheta \sin(\omega t)$, la soluzione ϑ^* sarebbe anch'essa periodica con:

- la pulsazione della risposta coincide con la pulsazione della funzione eccitante;

- la sfasatura è tanto maggiore quanto maggiore è la distanza x considerata;

- l'ampiezza delle oscillazioni decresce esponenzialmente con x^3

8.5.1.2 *Metodi numerici alle differenze finite*   Dato il dominio del problema in esame, lo si schematizza con dei reticoli ordinati - vedi figura 8.22, caratterizzando

---

[3]si ha infatti che tutti i sistemi termici sono dei filtri passabasso - ovvero filtri $\mathbb{RC}$.

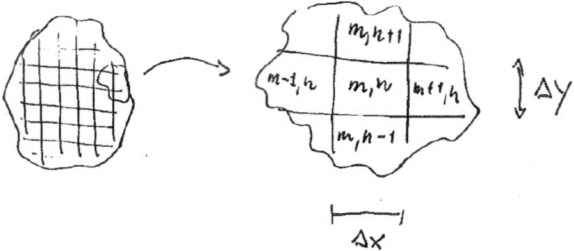

Figura 8.22: Reticolo delle differenze finite.

ogni nodo con le quantità richieste. Si modellano allora le derivate parziali come delle differenze finite dei valori nodali:

$$\frac{\partial T}{\partial t} = \frac{T_{ij}^{p+1} - T_{ij}^{p}}{\Delta t} \tag{8.125}$$

$$\frac{\partial^2 T}{\partial x^2} = \frac{T_{m+1,n} + T_{m-1,n} - 2T_{m,n}}{\Delta x^2} \tag{8.126}$$

$$\frac{\partial^2 T}{\partial y^2} = \frac{T_{m,n+1} + T_{m,n-1} - 2T_{m,n}}{\Delta y^2} \tag{8.127}$$

Oltre al loro significato matematico di approssimazione numerica di derivate seconde, queste formule hanno anche un riscontro fisico in quanto possono essere derivate dal bilancio delle potenze sulle strisce orizzontali e verticali, ovvero ai flussi di potenza, mentre la derivata temporale è associata al termine d'accumulo.

L'equazione sulla diffusione diviene allora:

$$\frac{1}{\alpha} \frac{T_{ij}^{p+1} - T_{ij}^{p}}{\Delta t} = \frac{T_{m+1,n} + T_{m-1,n} - 2T_{m,n}}{\Delta x^2} + \frac{T_{m,n+1} + T_{m,n-1} - 2T_{m,n}}{\Delta y^2} \tag{8.128}$$

Il problema diviene quindi quello di decidere a quale istante considerare gli elementi a secondo membro. Possiamo adottare due strategie:

- valutare i membri all'istante discretizzato p - prende il nome di *formulazione esplicita* in quanto queste quantità sono note dai passi precedenti;

- valutare i membri all'istante discretizzato $p + 1$ - prende il nome di *formulazione implicita* in quanto queste quantità sono da calcolarsi;

La formulazione esplicita è ovviamente più facile da implementare poiché le quantità a secondo membro sono già state calcolate nei passi precedenti ma ha il notevole svantaggio di **non** essere *incondizionatamente stabile*.

Valutiamo le condizioni per cui il primo metodo sia incondizionatamente stabile - per semplicità consideriamo un caso monodimensionale.

Def. 83 *Definiamo il numero di* FOURIER *di reticolo la quantità.*

$$\boxed{Fo \doteq \alpha \frac{\Delta t}{\Delta x^2}} \tag{8.129}$$

L'equazione differenziale nel caso monodimensionale diviene:

$$\frac{\Delta x^2}{\alpha \Delta t} T_{m,n}^{p+1} - \frac{\Delta x^2}{\alpha \Delta t} T_{m,n}^{p} = T_{m+1,n}^{p} + T_{m-1,n}^{p} - 2T_{m,n}^{p} \tag{8.130}$$

ovvero:

$$T_{m,n}^{p+1} = Fo(T_{m+1,n}^{p} + T_{m-1,n}^{p}) + (1 - 2Fo)T_{m,n}^{p} \tag{8.131}$$

Condizione necessaria e sufficiente perché il sistema sia incondizionatamente stabile è che

$$1 - 2Fo > 0 \tag{8.132}$$

ovvero

$$\boxed{\Delta t < \frac{\Delta x^2}{2\alpha}} \tag{8.133}$$

La discretizzazione spaziale e quella temporale non sono allora libere a scelta a piacere ma devono essere vincolate in modo da garantire la convergenza numerica della soluzione.

CHAPTER 9

CONVEZIONE

Def. 84 *La* convezione *consiste nel trasporto macroscopico di massa e dunque di calore*

Il mezzo materiale in cui avviene la convezione deve essere dunque un fluido, ovvero un mezzo materiale continuo incapace di sostenere azioni di taglio in condizioni di quiete. Sotto l'ipotesi del continuo, avremo inoltre

- equilibrio locale;

- tutte le proprietà della materia sono continue;

Elementi di Fisica Tecnica.
By Giulio Malinverno.
Copyright © 2016 .

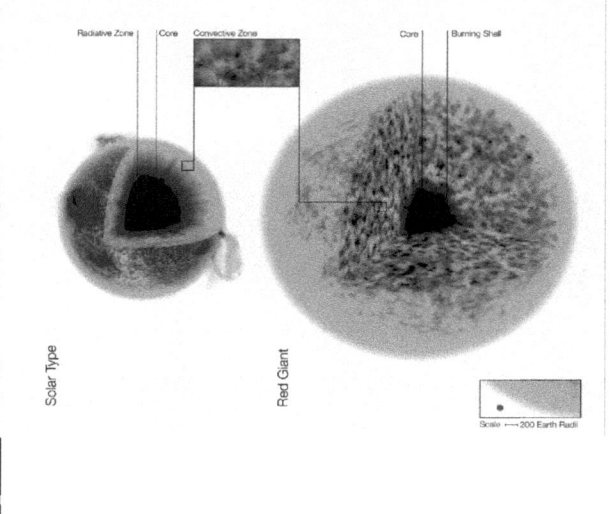

Figura 9.1: Le stelle, in quanto costituite da gas allo stato di plasma, presentano dei moti convettivi. Fonte: ESO *-European Southern Observatory*.

Finora abbiamo visto solamente la convezione quale condizione al contorno per la trasmissione conduttiva, in cui si era posto

$$q_c = h(T_w - T_\infty) \tag{9.1}$$

Possiamo allora definire la quantità

$$h \doteq \frac{q_c}{(T_w - T_\infty)} \tag{9.2}$$

Dal punto di vista operativo, dobbiamo quindi:

- calcolare il calore scambiato;

- calcolare il coefficiente di scambio termico;

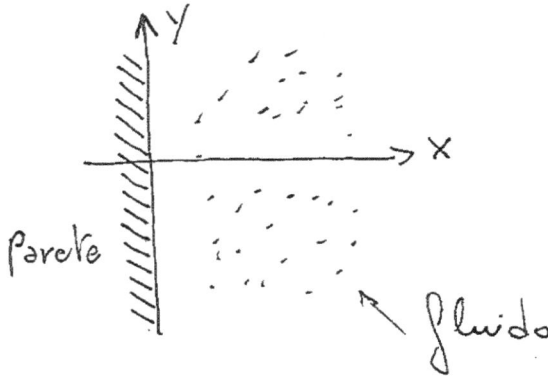

Figura 9.2: Parete lambita dal fluido.

Poniamo l'asse x normale alla superficie che contiene il fluido mentre l'asse y coincida con essa (vedi figura 9.2). Scelta una quota di riferimento $\bar{y}$, consideriamo la retta normale alla parete e passante per $\bar{y}$. Effettuiamo allora la misura della temperatura del fluido al variare della distanza dalla parete, ovvero la variazione della temperatura lungo la retta a quota $\bar{y}$. Sia T_w la temperatura del fluido a parete. Otterremo un andamento analogo a quello diagrammato in figura

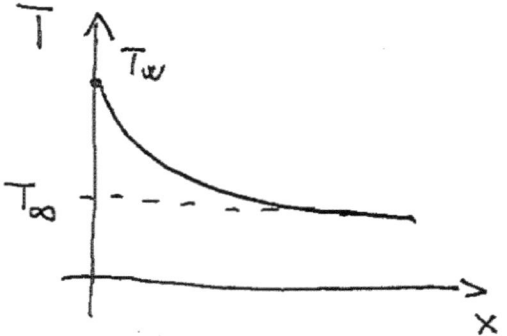

Figura 9.3: Andamento della temperatura nel fluido.

9.3 L'andamento della temperatura sarà decrescente, in maniera vagamente esponenziale e tendente asintoticamente alla temperatura del fluido indisturbato (T_∞). Inoltre, quest'andamento non dipenderà solamente dalle posizioni x, y ma anche in ragione del campo di moto: si può infatti presumere che se il fluido scorre più velocemente, si avrà un maggiore effetto di scambio termico.

Consideriamo ciò che accade a ridosso della parete considerando uno strato di

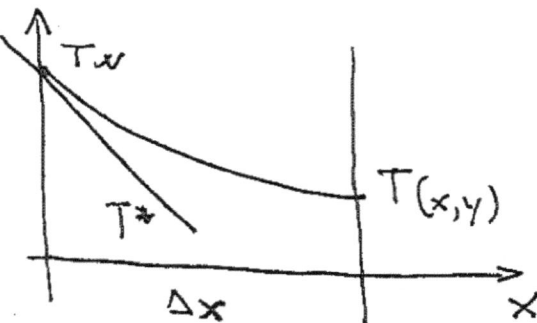

Figura 9.4: Andamento della temperatura nel fluido a ridosso della parete.

fluido di spessore Δx - vedi figura 9.4. In base a quanto detto sopra, $\bar{T}$ è sicuramente una funzione continua ($C^0(x, y)$), ma possiamo anche assumere che $T \in C^1(x, y)$ - sebbene tale asserzione sia giustificata dall'esperienza. Ora, possiamo pensare di approssimare la curva $T(x, y)$ con la sua tangente $T_s(x, y)$, approssimazione che migliora al tendere a zero del tratto, $\lim \Delta x \to 0$. L'approssimazione della curva con la sua retta tangente ci permette di calcolare il flusso termico in maniera molto semplice, utilizzando un modello conduttivo data la linearità della funzione approssimante:

$$q_k = K_f \frac{T_{(0)} - T_{0+\Delta x}}{\Delta x} = K_f \frac{T_w - T_{\Delta x}}{\Delta x} \tag{9.3}$$

Applicando il passaggio al limite, avremo

$$\lim_{\Delta x \to 0} q_k = K_f \frac{T_w - T_{\Delta x}}{\Delta x} = -K_f \frac{dT}{dx}\Big|_{x=0} \tag{9.4}$$

Ora tale flusso deve necessariamente coincidere col flusso q_c, ottenendo così un'espressione per il coefficiente:

$$\boxed{h = \frac{q_c}{T_w - T_\infty} = \frac{-K_f \frac{dT}{dx}\big|_{x=0}}{T_w - T_\infty}} \tag{9.5}$$

Il problema è quindi ora quello di calcolare le temperatura del fluido a parete[1], la temperatura del fluido nella regione di quiete e il gradiente termico.

Riprendendo alcune osservazioni di fluidodinamica, possiamo distinguere il moto del fluido in laminare e turbolento: nel primo caso, le linee di flusso e le tracce coincidono e sono parallele alla parete stessa, mentre nel caso turbolento tracce e linee di flusso non coincidono, nonché queste sono instazionarie ed irregolari. Inoltre, nel caso turbolento, i moti danno luogo ad una maggiore diffusione energetica e massica. Si tenga poi conto che la velocità influisce sul campo termico, ma il campo termico influisce il campo di moto. Abbiamo a che fare con un sistema retroazionato. Dobbiamo allora trovare un modello che descriva il legame fra campo di moto e campo della temperatura - vedi figura 9.5. Ora, il gradiente di temperatura, altera alcune proprietà, tra cui la massa volumica ρ. Supponiamo che il fluido sia costituito da volumetti adiacenti: quelli più vicino alla parete saranno

---

[1] Si tenga conto che la temperatura del fluido a parete, sotto le ipotesi fatte, coincide con la temperatura della parete stessa.

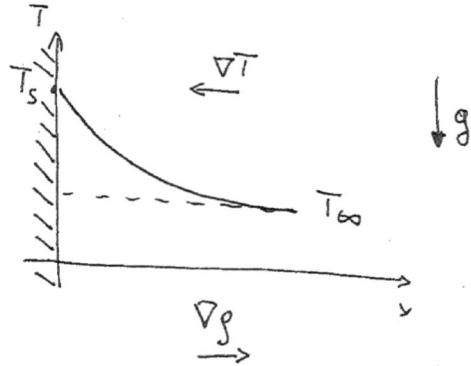

Figura 9.5: Andamento della temperatura nel fluido a ridosso della parete e campo gravitazionale.

dotati di una densità minore rispetto a quelli più lontani. Per effetto del campo gravitazionale g, tali volumetti di controllo risulteranno più pesanti e saranno così soggetti ad un'attrazione maggiore verso il basso e tenderanno quindi a muoversi verso il basso. Per l'ipotesi del continuo, non possiamo avere dei buchi: si instaurerà allora un moto circolatorio con un continuo ricambio di volumetti vicino alla parete.

Abbiamo così che quando i gradienti di temperatura e il campo gravitazionale non sono paralleli, si instaurerà un moto circolatorio naturale e dunque il campo di moto risulta essere determinato dal campo termico (supponendo come nel caso sopra esposto, di velocità iniziale nulla).

Supponiamo ora di avere un mezzo, come una ventola, che metta in moto il fluido: avremo allora la sovrapposizione della circolazione naturale (in quanto si è sempre soggetti sulla Terra al campo gravitazionale e ai gradienti termici) e del moto forzato. In base a queste osservazioni possiamo parlare di

- *convezione* **forzata**: quando il campo di moto imposto è preponderante rispetto al moto naturale, quindi la velocità imposta determina il campo termico;

- *convezione* **naturale**: quando il campo di moto naturale è preponderante rispetto al moto forzato, dove quindi il campo termico determina il campo di moto;

- *convezione* **mista**: quando il campo di moto imposto è dello stesso ordine di grandezza del moto naturale - in questo caso si ha un effetto *fortemente* retroazionato[2];

A questo punto, per ricavare il coefficiente h ci serve il campo di temperatura e di conseguenza il campo di velocità. Dovremo in linea di principio applicare le equazioni di NAVIER-STOKES :

- equazione sulla conservazioni della massa;

- equazioni sulla conservazione della quantità di moto;

- equazione di conservazione dell'energia.

In condizioni reali, tali equazioni differenziali sono troppo complesse per pensare di risolverle per via analitica o perfino per via numerica, senza adottare nessun tipo di semplificazione e/o di modellazione.
In primo luogo la geometria del problema può essere:

- *aperta*, quando esiste una temperatura asintotica e l'estensione dei campi termici è molto minore rispetto all'estensione del sistema;

- *chiusa*, quando non esiste una temperatura asintotica oppure l'estensione dei campi termici è confrontabile con l'estensione del sistema;

Si tenga poi conto che nel caso di moto forzato, in quanto il moto termico è univocamente determinato dal campo di moto, possiamo separare la risoluzione delle equazioni fluidodinamiche da quella dell'equazione dell'energia.
Dobbiamo comunque caratterizzare il legame fra il tensore degli sforzi e il tensore della velocità di deformazione:

$$\boxed{\tau = \mu \frac{du}{dy}} \tag{9.6}$$

---

[2]La retroazione è presente in tutti e tre i casi: la differenza risiede nella rilevanza degli effetti. Ad esempio, nel caso di convezione naturale, l'effetto del campo di moto sulla temperatura, per quanto presente, è trascurabile e non altera il sistema.

9.1   Teorema Π o teorema di BUCKINGHAM

Teorema 14 *Dato un problema fisico descritto da n grandezze dimensionali q_i che comportano s dimensioni distinte, è possibile identificare $r = n - s$ parametri* adimensionali indipendenti Π_i:

$$\Pi_i \doteq q_1^{a_i} \cdot q_2^{b_i} \cdots \cdot q_s^{s_i} \cdot c_i \tag{9.7}$$

In maniera puramente formale, il fenomeno sarà infatti descritto da una funzione:

$$\tilde{g}(q_1, \ldots, q_n) = 0 \tag{9.8}$$

Il metodo classico d'applicazione del teorema di BUCKINGHAM consiste nello scegliere le s grandezze dimensionali che siano indipendenti fra loro (ovvero il loro rapporto e il loro prodotto non deve dar luogo ad un numero puro) e che contengano, nel loro complesso, tutte le s dimensioni fondamentali.
Una volta fatto ciò, si costruiscono gli $n - s$ parametri:

$$\Pi_1 = q_1^{a_1} q_2^{b_1} \cdots q_s^{s_1} q_{s+1} \tag{9.9}$$
$$\Pi_2 = q_1^{a_2} q_2^{b_2} \cdots q_s^{s_2} q_{s+2} \tag{9.10}$$
$$\cdots \tag{9.11}$$
$$\Pi_r = q_1^{a_r} q_2^{b_r} \cdots q_s^{s_r} q_{s+1} \tag{9.12}$$

Dopo aver sostituito in ciascun dei Π_i ad ogni grandezza le corrispettive dimensioni, si impone il fatto che i parametri costruiti debbano essere adimensionali, quindi la somma degli esponenti dei ciascuna dimensione fondamentale deve essere nulla. Si ottiene così un sistema algebrico nelle variabili utilizzate negli esponenti.

Nel nostra caso, le grandezze fondamentali sono solamente quattro (massa, lunghezza, temperatura e tempo). Per costruire il sistema algebrico, riprendiamo le equazioni fondamentali e mettiamone in luce le grandezze che vi compaiono:

- equazione sulla conservazioni della massa: ρ, u, x;

- equazioni sulla conservazione della quantità di moto: ρ, u, x, τ;

- equazione di conservazione dell'energia ρ, u, x, c_p, K.

Avremo dunque:

$$h = \tilde{h}(\rho, u, x, \mu, c_p, K) \tag{9.13}$$

da cui

$$\tilde{g}(\rho, u, x, \mu, c_p, K, h) = 0 \qquad (9.14)$$

Siccome abbiamo solo quattro grandezze fondamentali e sette grandezze dimensionali, possiamo scrivere tre quantità adimensionali. Prendiamo come quantità fondamentali la densità ($[\rho] = \frac{Kg}{m^3}$, la posizione $[x] = m$, la viscosità $[\mu] = \frac{Kg}{ms}$ e il coefficiente di scambio termico, $[K] = \frac{mKg}{s^3 K}$:

$$\Pi_i = \rho^{a_i} x^{b_i} \mu^{c_i} K^{d_i} q_{4+i} \qquad (9.15)$$

Sostituendo le unità di misura abbiamo

$$\Pi_1 = Kg^{a_i + c_i + d_i} m^{b_1 + d_i - 3a_1 - c_i} s^{-c_i - 3d_i} K^{-d_i} q_{4+i} \qquad (9.16)$$

Dobbiamo a questo punto mettere a sistema i vari esponenti per i vari q_{4+i}. Nel caso per esempio di $q_5 = u$, dove $[u] = fracms$ avremo:

$$a_1 + c_1 + d_1 = 0$$
$$b_1 + d_1 - 3a_1 - c_1 + 1 = 0$$
$$-c_1 - 3d_1 - 1 = 0$$
$$-d_1 = 0$$

ottenendo allora

$$\boxed{\Pi_1 = \rho x \mu^{-1} u = \rho \frac{ux}{\mu} \doteq \text{numero di Reynolds Re}} \qquad (9.17)$$

Analogamente

$$\boxed{\Pi_2 = \mu c_p K^{-1} = \mu \frac{c_p}{K} \doteq \text{numero di Prandtl Pr}} \qquad (9.18)$$

$$\boxed{\Pi_3 = \frac{x}{K} h \doteq \text{numero di Nusselt Nu}} \qquad (9.19)$$

Queste tre grandezze hanno anche un significato fisico ben preciso:

- il numero di Reynolds Re può essere interpretato come il rapporto fra le forze inerziali e le forze viscose;

- il numero di PRANDTL PR può essere visto come il rapporto fra la diffusività dinamica e quella termica (ovvero il rapporto tra la diffusione di quantità di moto e la diffusione di temperatura);

- il numero di NUSSELT NU è interpretabile come il rapporto tra il calore scambiato per convezione e il calore scambiato per conduzione (all'interno del fluido)[3].

$$\Pi_1 = \rho \frac{ux}{\mu} = \rho \frac{u}{\frac{\mu}{x}} = (\rho u) \frac{u}{\mu \frac{u}{x}}$$

$$\Pi_2 = \mu \frac{c_p}{K} = \frac{\mu}{\rho} \frac{\rho c_p}{K} = \frac{\nu}{\alpha}$$

$$\Pi_3 = \frac{x}{K} h = \frac{hx A \Delta T}{K A \Delta T} = \frac{Q_k}{Q_c}$$

Il nostro sistema sarà allora descrivibile tramite una funzione:

$$\tilde{g}(\text{RE} , \text{PR} , \text{NU}) = 0 \tag{9.20}$$

queste stesse relazioni potevano essere ricavate inoltre adimensionalizzando le equazioni di NAVIER STOKES .

9.2 Convezione forzata

Dobbiamo ora analizzare la convezione forzata in relazione alla geometria del campo di moto. In primo luogo consideriamo una geometria aperta e un fluido che scorre parallelamente alla parete caratterizzato da una corrente indisturbata di velocità u_∞ e temperatura T_∞. La presenza della parete fissa, dotata di una temperatura T_w influisce sulle proprietà del fluido localmente. Prendendo una coordinata $\bar{x}$, diagrammiamo l'andamento della velocità in corrispondenza di questa quota (vedi figura 9.6). Sia $\delta(\bar{x})$ la quota alla quale la velocità raggiunge il novantanove per cento del valore asintotico:

$$\boxed{\delta(x) :\Rightarrow u(\delta(\bar{x})) = 0,99 u_\infty} \tag{9.21}$$

Diagrammando tutti i valori di δ al variare di x, avremo l'andamento raffigurato

---

[3]Il numero di BIOT è formalmente analogo al numero di NUSSELT , sebbene nel primo compaia la conducibilità della parete solida, mentre nell'ultimo compare la conduttività del fluido

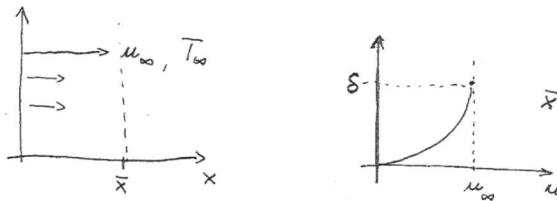

Figura 9.6: Andamento della velocità sulla parete.

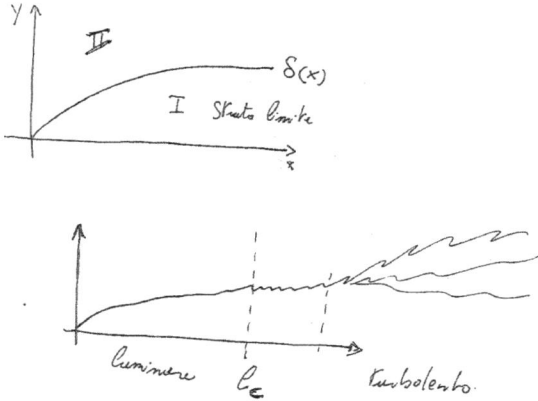

Figura 9.7: Andamento della velocità sulla parete e strato limite.

in figura 9.7 - dove la curva suddivide il campo di moto in due regioni:

- zona I, detta STRATO LIMITE , caratterizzata dal fatto che la velocità è soggetto a gradienti di forte entità passando infatti dal valore nullo (a parete) ad un valore prossimo a quello asintotico;

- zona II, caratterizzata da una corrente con velocità all'incirca uguali a quelle indisturbate asintotiche.

Nello spazio tridimensionale, la curva δ in realtà è una superficie, che tuttavia non può estendersi all'infinito. La superficie δ è una superficie soggetta a perturbazioni ed instabilità per la sua stessa natura: ad una certa distanza, che indichiamo con l_c, le perturbazioni che sono presenti su questa superficie sono tali di propagarsi ed autoalimentarsi (vedasi sempre la figura 9.7), e il moto da laminare diviene turbolento (dopo una regione di transizione). Nella regione laminare, la convezione è simile ad una conduzione potenziata, in quanto il moto è relativamente modesto, mentre nella zona turbolenta si ha un massiccio mescolamento e dunque uno scambio termico di entità superiore a quello ottenibile in campo laminare. Il rovescio della medaglia è che per ottenere questa regione, dobbiamo impiegare più energia per via degli sforzi presenti nel fluido (di entità superiore a quelli presenti in campo laminare). Se infatti introduciamo il coefficiente di attrito adimensionale per valutare gli sforzi a parete in relazione alla pressione dinamica:

$$\boxed{C_f \doteq \frac{\tau_s}{\frac{1}{2}\rho u_\infty^2}} \tag{9.22}$$

possiamo notare che non possiamo migliorare lo scambio termico senza peggiorare questo coefficiente, essendo gli sforzi a parete maggiori nel moto turbolento che in quello laminare.

Analogamente a quanto fatto per la velocità, possiamo affrontare l'andamento della temperatura, prendendo una quota $\bar{x}$ e diagrammando la curva $T = T(\bar{x}, y)$. Come per la velocità, anche la temperatura deve essere continua e come u sappiamo il valore che deve assumere in corrispondenza della parete, ovvero i valori della parete stessa. Supponendo per semplicità che la temperatura della parete sia superiore di quella asintotica ($T_s > T_\infty$), diagrammiamo l'andamento della temperatura al variare della distanza dalla parete, ottenendo una curva (in realtà una superficie nello spazio tridimensionale) analoga a quella della velocità (vedi figura 9.8), introducendo quindi la quantità δ_{th} definita come quella quota in cui la temperatura raggiunge il novantanove percento della temperatura asintotica:

$$\boxed{\delta_{th} :\Rightarrow T_s - T(\delta_{th}) = 0,99(T_s - T_\infty)} \tag{9.23}$$

Possiamo anche qui distinguere due zone:

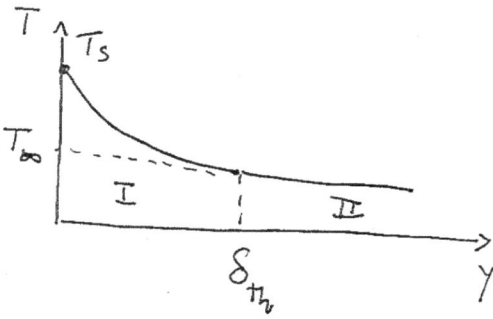

Figura 9.8: Andamento della temperatura sulla parete.

- zona I, con $0 < y \leq \delta_{th}$, in cui il fluido risente della presenza della lastra, dal punto di vista termico;

- zona II, con $y > \delta_{th}$, in cui il fluido non risente della presenza della lastra, dal punto di vista termico.

Facendo variare la quota x, otterremo una superficie di separazione, e la zona I prende il nome di STRATO LIMITE TERMICO . Si noti bene che lo strato limite cinetico e quello termico non sono necessariamente coincidenti. Dobbiamo quindi investigare le relazioni che intercorrono fra i due strati limite.

Possiamo definire due quantità adimensionali:

$$u^* \doteq \frac{u}{u_\infty}$$

$$T^* \doteq \frac{T_s - T(x)}{T_s - T_\infty}$$

Avendo così adimensionalizzato, il loro andamento sarà analogo, variando fra zero e l'unità, figura 9.9. Sebbene non sovrapponibili in generale, consideriamo il caso speciale (detto ANALOGIA DI REYNOLDS) per cui si ha

$$u^* = T^* \tag{9.24}$$

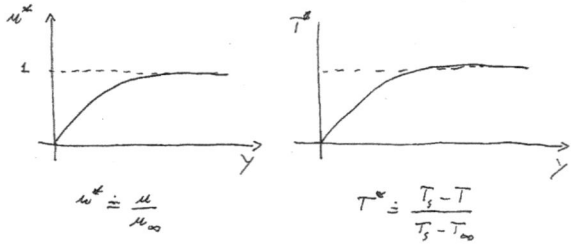

Figura 9.9: Andamento normalizzato di u e T.

Ora, tale uguaglianza deve valere anche nel caso derivassimo le espressioni rispetto alla coordinata y:

$$\frac{dT^*}{dy} = \frac{-1}{T_s - T_\infty} \frac{dT}{dy} = \frac{1}{u_\infty} \frac{du}{dy} = \frac{du^*}{dy} \tag{9.25}$$

da cui

$$\frac{dT/dy}{du/dy} = -\frac{T_s - T_\infty}{u_\infty} \tag{9.26}$$

Consideriamo un generico elemento di fluido e valutiamone il flusso termico e gli sforzi tangenziali:

$$q_k = -K\frac{dT}{dy} \tag{9.27}$$

$$\tau_{xy} = \mu(\frac{du}{dy} + \frac{dv}{dx}) \simeq \mu\frac{du}{dy} \tag{9.28}$$

Valutando quindi il loro rapporto:

$$\boxed{\frac{q_k}{\tau_{xy}} = -\frac{K}{\mu} \frac{dT/dy}{du/dy}} \tag{9.29}$$

che nel caso speciale dell'analogia di REYNOLDS diviene:

$$\frac{q_k}{\tau_{xy}} = \frac{K}{\mu} \frac{T_s - T_\infty}{u_\infty} \tag{9.30}$$

Si nota allora che il rapporto (dimensionale) è in realtà una costante (per il problema fisico in essere), essendo il prodotto di quantità note a priori, una volta stabilito il tipo di fluido utilizzato (tramite le proprietà μ e K) e le condizioni al contorno (temperature e velocità).

Siccome questo rapporto è costante e quindi non dipende da nessuna particolare posizione, possiamo pensare di valutarlo in corrispondenza della parete, in quanto:

- il flusso termico è calcolabile tramite conduzione: $q_k = q_s = h(T_s - T_\infty)$;

- gli sforzi sono valutabili in base alla definizione del coefficiente d'attrito: $\tau_s = \frac{C_f}{2}\rho u_\infty^2$.

da cui

$$\frac{q_k}{\tau_{xy}} = \frac{q_s}{\tau_s} = \frac{K}{\mu}\frac{T_s - T_\infty}{u_\infty} = \frac{h(T_s - T_\infty)}{\frac{C_f}{2}\rho u_\infty^2} \tag{9.31}$$

ovvero

$$\boxed{\frac{h}{K} = \frac{1}{2}C_f\rho\frac{u_\infty}{\mu}} \tag{9.32}$$

Se moltiplichiamo ambi i membri per la posizione x otteniamo la relazione:

$$\frac{hx}{K} = \frac{1}{2}C_f\rho\frac{u_\infty x}{\mu} \tag{9.33}$$

riscrivibile come

$$\boxed{\text{Nu}(x) = \frac{1}{2}C_f\,\text{Re}(x)} \tag{9.34}$$

Lo scambio termico rappresentato da Nu è dunque intimamente connesso alla distribuzione delle velocità, rappresentate non solo da Re ma anche dal coefficiente d'attrito che può essere interpretato come la forma adimensionale degli sforzi τ_{xy}, a loro volta legati alla variazione di velocità sulla parete. Questa è un'ulteriore conferma che se vogliamo dunque aumentare lo scambio termico, non possiamo far a meno di aumentare gli sforzi tangenziali, ovvero aumentare le perdite di carico.

Se rimuoviamo l'ipotesi che ci ha condotto a questo risultato, ovvero l'analogia di REYNOLDS in cui $T^* = u^*$, avremo in generale:

$$\boxed{\text{Nu} = \frac{1}{2}C_f\,\text{Re}\,\text{Pr}^{\,n}} \tag{9.35}$$

si noti che il numero di PRANDTL è definito come il rapporto tra la diffusività cinematica e quella termica, che nel caso di convezione forzata assume anche il significato di:

$$PR = (\frac{\delta}{\delta_{th}})^2 \tag{9.36}$$

In base al teorema di BUCKINGHAM sopra riportato, il numero di NUSSELT dovrebbe essere esprimibile solo attraverso due quantità:

$$Nu = Nu(Re, Pr) \tag{9.37}$$

mentre qui abbiamo trovato anche la dipendenza da C_f

$$Nu = Nu(C_f, Re, Pr) \tag{9.38}$$

In realtà, il numero di NUSSELT risulta essere dipendente solamente da NU e PR , in quanto il coefficiente d'attrito è in realtà una funzione del numero di REYNOLDS , ad esempio $C_f = cRe^p$. Questa relazione è valida sia per i moti laminari che per quelli turbolenti, sebbene il valore numerico dell'esponenziale cambi nei due tipi di moto (vedi figura 9.10)

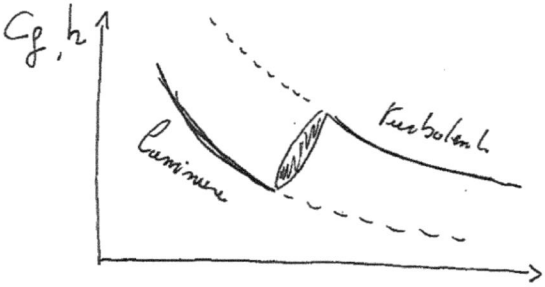

Figura 9.10: Andamento dei coefficienti d'attrito.

9.3   Convezione forzata in geometrie chiuse

Studiamo ora la convezione forzata in presenza di una geometria chiusa, ad esempio considerando un campo di moto limitato da due superfici infinite parallele

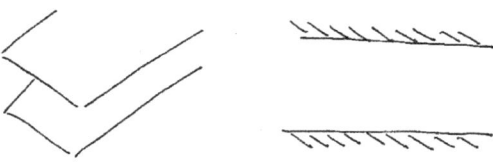

Figura 9.11: Geometria chiusa - canale.

(figure 9.11), supponendo di far scorrere un fluido fra le due piastre. Sulla superficie di queste si formeranno degli strati limite che continueranno a crescere finché non verranno a contatto fra loro (figura 9.12).

Figura 9.12: Strati limite interagenti in un canale e andamento dei profili di velocità nel canale, condizione di flusso piena

L'effetto più eclatante di quest'interazione è che lo strato limite superiore *impedisce* la crescita di quello inferiore e viceversa. Avremo quindi un profilo di velocità come quello rappresentato in figura 9.13, dove all'ingresso del canale il profilo è piano (a parte nell'immediato intorno dei bordi), mentre all'interno i gradienti sui bordi fanno aumentare la zona dello strato limite ma dopo che questi due sono venuti a contatto, i profili *si ripetono identici*. Questa condizione si dice **condizione di flusso piena**. Una conseguenza di questo fatto è che il fluido mantiene nel condotto le caratteristiche di moto che aveva nel momento dell'interazione fra i due strati limite, ovvero se al momento dell'incontro dei due strati limite il moto è laminare, questo rimarrà laminare. Questa è una notevole differenza rispetto al caso della geometria aperta, in quanto in quest'ultima basta prendere una lunghezza sufficientemente ampia e lo strato limite arriverà ad instabilizzarsi e ad instaurare un regime turbolento.

Dobbiamo ridefinire allora il numero di REYNOLDS per la geometria chiusa, in modo da tener conto di questa proprietà stabilizzatrice:

$$Re = \rho \frac{\bar{u}H}{\mu} \tag{9.39}$$

dove $\bar{u}$ è la velocità media nel canale ed H è l'altezza del canale stesso. Condizione sufficiente per avere un moto laminare all'interno del canale è che $Re < 2300$, mentre per avere moto turbolento, condizione necessaria è che il numero di REYNOLDS sia maggiore di 2300.

Precedentemente avevamo introdotto la *portata* come

$$\dot{m} = \rho \bar{u} A \tag{9.40}$$

ovvero

$$\dot{m} = \int \rho u \, dA = \bar{u} \int \rho \, dA \tag{9.41}$$

da cui

$$\bar{u} \doteq \frac{\int \rho u \, dA}{\int \rho \, dA} \tag{9.42}$$

In regime laminare, $\bar{u} = \frac{\dot{m}}{\rho A}$ da cui

$$Re = \rho \frac{H}{\mu} \frac{\dot{m}}{\rho A} = \frac{\dot{m} H}{\mu A} \tag{9.43}$$

Definiamo inoltre la **lunghezza di sviluppo** l_s l'ascissa tale per cui si ha un flusso pienamente sviluppato,

$$\boxed{\frac{\partial u}{\partial x} = \text{costante per } x > l_s} \tag{9.44}$$

Si noti bene che la lunghezza di sviluppo non coincide necessariamente con l'ascissa alla quale i due strati limite si incontrano.

Nella geometria chiusa, il numero di REYNOLDS critico dipende dalla geometria del canale:

- canale a sezione rettangolare di dimensioni H e L, $Re = \frac{\dot{m} H}{\mu H L} = \frac{\dot{m}}{\mu L}$

- canale a sezione circolare di diametro D, $Re = \frac{\dot{m} D}{\mu \pi D^2 / 4} = \frac{4 \dot{m}}{\pi \mu D}$

La lunghezza di sviluppo dipende dal numero di Reynolds :

- moto laminare, $Re < 2300$, $l_s \simeq 0.0575 ReD$

- moto turbolento, $Re > 2300$, $l_s \simeq 10 \div 60 D$

Consideriamo ora gli sforzi tangenziali sulle pareti e per semplicità descrittiva prendiamo in considerazione un condotto a sezione circolare.

$$\tau = -\mu \frac{\partial u}{\partial r}\Big|_{r=R} \tag{9.45}$$

Se in generale abbiamo a che fare con una velocità $u = \tilde{u}(r,x)$, per ascisse superiori alla lunghezza di sviluppo, per definizione, $u = \tilde{u}(r)$. In caso di moto laminare:

$$u(r) = 2u_m \left(1 - \left(\frac{r}{R}\right)^2\right) \tag{9.46}$$

dove u_m è la velocità media. Otteniamo allora:

$$\tau = -\mu \frac{\partial u}{\partial r}\Big|_{r=R} = -\mu \left(-4u_m \frac{r}{R^2}\right)\Big|_{r=R} = \frac{4\mu u_m}{R} \tag{9.47}$$

In base alle definizioni di coefficiente d'attrito e di numero di Nusselt , abbiamo:

$$C_f = \frac{\tau}{\frac{1}{2}\rho u_m^2} = \frac{8\mu}{\rho R u_m} = \frac{16}{Re} \tag{9.48}$$

$$Nu = \frac{1}{2}C_f Re Pr^n = 8Pr^n \tag{9.49}$$

In un moto laminare, in condizione di moto pienamente sviluppato, il numero di Nusselt non dipende dal numero di Reynolds , ma solo dalle caratteristiche del fluido:

$$Nu = Nu(\mu, c_p, K) \tag{9.50}$$

fissato dunque il tipo di fluido, Nu è una costante in condizioni di moto pienamente sviluppato e tale risultato è confermato dalle prove sperimentali.

Analizziamo ora il profilo termico. Supponiamo di avere delle pareti a temperatura uniforme T_s e di avere un fluido all'entrata del condotto con una temperatura T_0 inferiore a quelle delle pareti.

Se misuriamo l'andamento della temperatura ad un'ascissa generica $\bar{x}$, otterremo un andamento simile a quello raffigurato in figura 9.13. Si noti che T_{min} è nota solo a partire da misure sperimentali e non coincide né con la temperatura d'ingresso T_0 né con la temperatura media T_m. Variando infatti l'ascissa si avrà un andamento analogo qualitativamente ma differente numericamente.

Possiamo chiederci se esista o meno un profilo di temperatura che si ripeta inal-

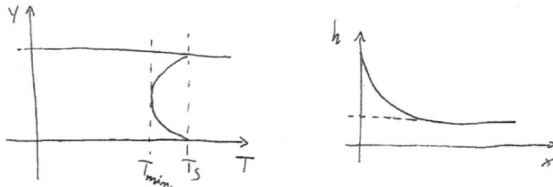

Figura 9.13: Temperatura nel condotto - geometria chiusa.

terato nelle sezioni a valle di una data coordinata, in maniera simile a quanto visto per la velocità. La risposta è tuttavia negativa in quanto si ha che:

$$q_c = -K\frac{dT}{dy} \tag{9.51}$$

$$q_c = h(T_s - T_m) \tag{9.52}$$

poiché dunque si avrà sempre uno scambio termico per via della differenza fra T_s e T_m, il calore scambiato sarà sempre differente da zero e quindi, per la prima relazione, si avrà sempre a che fare con un gradiente termico. Dal punto di vista fisico, interviene la conservazione dell'energia: poiché c'è una potenza continuamente entrante, il fluido deve necessariamente scaldarsi e quindi la temperatura non può mantenersi inalterata.

Ciò non significa tuttavia che il flusso, dal punto di vista termico, non possa svilupparsi completamente, in quanto esiste una grandezza che può ripetersi inalterata ovvero che tende ad un valore asintotico - h (vedasi sempre figura 9.13).

Possiamo allora dire che il flusso è pienamente sviluppato in campo termico quando:

$$\boxed{\frac{dh}{dx} = 0} \tag{9.53}$$

Dal punto di vista del bilancio sui flussi termici:

$$\boxed{\frac{-K\,dT/dy}{T_s - T_m}} \tag{9.54}$$

se dunque h è una costante, si avrà anche che la derivata della temperatura lungo y debba divenire una costante in rapporto alla differenza fra le temperature, $T_s - T_m$. Se inoltre Q_c è costante, si avrà che tale differenza sarà lineare.

consideriamo allora il rapporto adimensionale:

$$\boxed{T^* \doteq \frac{T_s - T}{T_s - T_m}} \tag{9.55}$$

avremo dunque

$$\boxed{\frac{dh}{dx} = 0 \to \frac{T^*}{dx}} \tag{9.56}$$

Definiamo allora $l_{h,s}$ la lunghezza di sviluppo termico la distanza alla quale il flusso diviene pienamente sviluppato in campo termico. analogamente a quanto visto sugli strati limite, la lunghezza di sviluppo termico non coincide generalmente con la lunghezza di sviluppo cinetica.

Ci rimane adesso da stimare la temperatura media del fluido, T_m. Ora, in presenza di uno scambio di massa, c'è anche uno scambio di energia, non nel senso della relazione di EINSTEIN quanto più nella semplice accezione vista nei cicli termici. In particolare possiamo scrivere:

$$\dot{m}h = \int_A \rho u(x,y) h(x,y) dA \tag{9.57}$$

Per esprimere h in funzione della temperatura, dobbiamo specificare però la natura del fluido. Ad esempio:

- gas perfetto,

$$h = h_0 + c_p(T - T_0) \tag{9.58}$$

- fluido incomprimibile,

$$h = h_0 + c(T - T_0) + v(p - p_0) = h_0 + c(T - T_0)\left(1 + \frac{v}{c}\frac{p - p_0}{(T - T_0)}\right) \tag{9.59}$$

Se però ipotizziamo che il rapporto $\frac{v}{c}\frac{p - p_0}{(T - T_0)}$ sia trascurabile, possiamo introdurre una generica relazione:

$$h = h_0 + c(T - T_0) \tag{9.60}$$

da cui

$$\dot{m}h = \int_A \rho u(x,y)\left[h_0 + c(T - T_0)\right]dA = \int_A \rho u(h_0 - cT_0)dA + \int_A \rho ucTdA$$

(9.61)

In analogia con quanto fatto per la velocità media, introduciamo quindi la **temperatura media**

$$\boxed{T_m \doteq \frac{\int_A \rho ucTdA}{\int_A \rho ucdA}}$$

(9.62)

mentre la quantità

$$\boxed{\int_A \rho ucdA}$$

(9.63)

É detta **portata termica**. La temperatura media è quindi una media pesata delle temperature sulla portata (termica). Poiché in particolare T_m si ottiene mescolando adiabaticamente un elemento di fluido che andrà poi a raggiungere uno stato di equilibrio stabile, la temperatura media viene anche detta **temperatura di miscelamento adiabatico**. si tenga presente comunque che nella pratica si usa poi la temperatura assiale che è paragonabile alla temperatura media, sebbene non coincida con essa.

Possiamo infine introdurre l'ultimo parametro utile che è il **coefficiente di perdita di carico** f. Consideriamo un condotto circolare, per semplicità a sezione costante (vedi figura 9.14). Affinchè ci sia moto di fluido, è necessaria che le pressioni siano differenti fra ingresso e uscita.

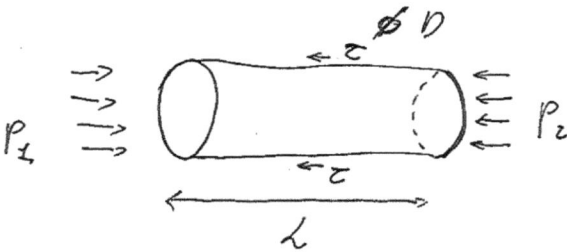

Figura 9.14: Condotto / pipe.

Facciamo il bilancio delle forze in condizioni di stazionarietà:

$$(p_1 - p_2)\frac{\pi D^2}{4} = \tau_s \pi D L \tag{9.64}$$

da cui

$$(p_1 - p_2) = 4\tau_s \frac{L}{D} \tag{9.65}$$

Nel caso di un tratto infinitesimo di condotto, $L = dx$, possiamo anche scrivere che $P_2 = p_1 + dp$, da cui

$$\boxed{dp = -\frac{4\tau_s}{D}dx \Rightarrow \frac{dp}{dx} = -\frac{4\tau_s}{D}} \tag{9.66}$$

Definiamo quindi il **coefficiente di perdita di carico** f

$$\boxed{f \doteq \frac{-\frac{dp}{dx}D}{\rho\frac{u_m^2}{2}}} \tag{9.67}$$

Sostituendo il gradiente di pressione nella relazione e introducendo l'espressione del coefficiente d'attrito, troviamo:

$$\boxed{f = 4C_f} \tag{9.68}$$

che nel caso particolare di moto laminare pienamente sviluppato (sia cineticamente che termicamente) diviene la ben nota formula

$$\boxed{f = \frac{64}{Re}} \tag{9.69}$$

mentre in caso di moto turbolento possiamo utilizzare una serie di correlazioni, come quella di BOUSSINESQUE :

$$\boxed{f = 0,184 Re^{-0,2}} \tag{9.70}$$

Un'altra soluzione è costituita dai diagramma di MOODY , in cui vengono diagrammate diverse curve, rappresentanti il valore (normalmente logaritmico) del coefficiente d'attrito in funzione della rugosità superficiale e di una lunghezza caratteristica, nonché del numero di REYNOLDS . Quest'ultima viene definita **diametro equivalente** ed è calcolabile come:

$$D_{eq} \doteq \frac{4A}{P_b}$$

(9.71)

dove

- A è l'area di passaggio;

- P_b è il perimetro bagnato della sezione;

I diagrammi di MOODY esistono anche per il numero di NUSSELT e non solo per il coefficiente d'attrito.

Consideriamo ora un canale su cui applichiamo due tipi di condizione al contorno:

- q costante;

  oppure

- T_s costante;

Proviamo a calcolare la temperatura media T_m. Consideriamo un tronchetto di fluido infinitesimo, di estensione dx. Bilanciamo le potenze sotto l'ipotesi di stato stazionario (indicando con i l'entalpia):

$$\dot{m}(x + dx) = \dot{m}(x)$$
$$\dot{m}(x)i(x) - \dot{m}(x + dx)i(x + dx) + dQ^{\leftarrow} = 0$$

Sviluppando in serie l'entalpia, $i(x + dx) = i(x) + \frac{\partial i}{\partial x}dx + O(di)$, e trascurando gli infinitesimi di ordine superiore:

$$\dot{m}(x)i(x) - \dot{m}(x)i(x) - \dot{m}(x)\frac{\partial i}{\partial x}dx + dQ^{\leftarrow} = 0$$

(9.72)

D'altra parte, essendo $dQ^{\leftarrow} = q^{\leftarrow}dA = q^{\leftarrow}Pdx$, abbiamo

$$-\dot{m}\frac{di}{dx} + q^{\leftarrow}P = 0$$

(9.73)

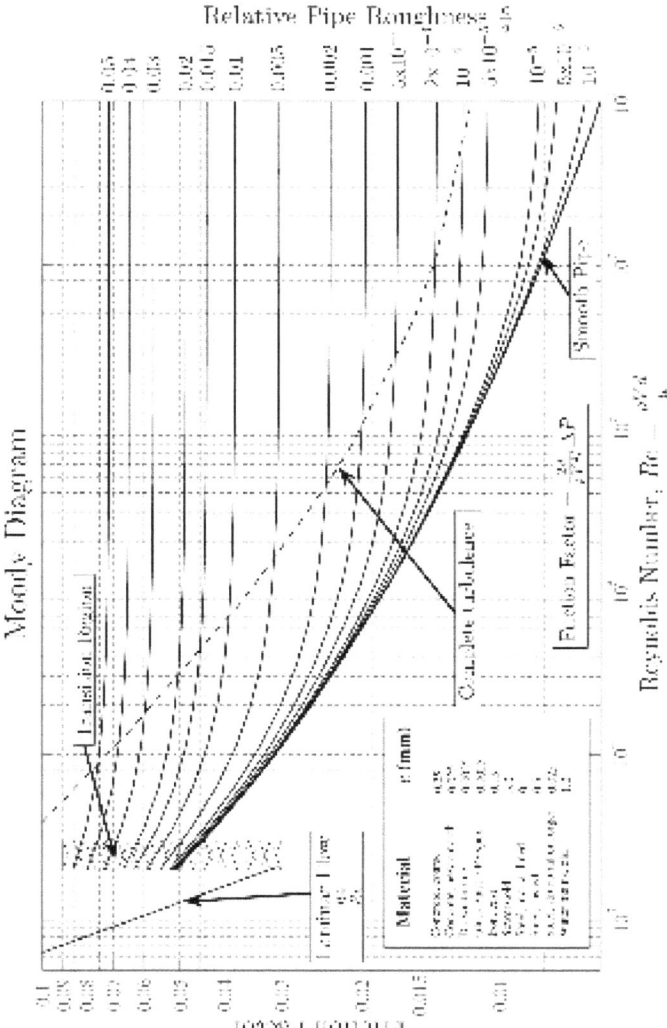

Figura 9.15: Diagramma di MOODY del coefficiente d'attrito di DARCY-WEISBACH su scala logaritmica in base al numero di REYNOLDS.
Fonte: S.BECK E R.COLLINS, UNIVERSITY OF SHEFFIELD

Per far comparire la temperatura media dobbiamo utilizzare un'equazione di stato, ad esempio quella semplificata:

$$i = i_0 + c_p(T - T_0) \tag{9.74}$$

Abbiamo quindi:

$$\boxed{-\dot{m}c_p\frac{dT}{dx} + q^{\leftarrow}P = 0} \tag{9.75}$$

Possiamo a questo punto integrare imponendo ad esempio il primo tipo di condizione (calore costante):

$$\int dT = \int_0^x \frac{qP}{\dot{m}c_p}dx \Rightarrow T(x) = T_i + \frac{qP}{\dot{m}c_p}x \tag{9.76}$$

con la temperatura a parete:

$$T_s = T(x) + \frac{q}{h} \tag{9.77}$$

Si noti che essendo $h = h(x)$ solo per $x < l_{h,s}$, avremo:

- per $x > l_{h,s}$, T_s è una retta parallela a $T(x)$;

- per $x < l_{h,s}$, T_s è una retta con una diversa inclinazione rispetto a $T(x)$;

L'andamento può essere rappresentato in figura 9.16: per la lunghezza di sviluppo, la retta della temperatura di parete cambia inclinazione (diventando parallela alla temperatura $T(x)$).

Integriamo ora nel caso la temperatura di parete sia costante. Possiamo in primo luogo sostituire:

$$q^{\leftarrow} = h(T_s - T) \tag{9.78}$$

da cui

$$-\dot{m}c_p\frac{dT}{dx} = h(T_s - T)P \tag{9.79}$$

applicando il metodo delle separazioni di variabili:

$$\int_{T_i}^{T(x)} \frac{1}{T_s - T}dT = \int_0^x \frac{hP}{\dot{m}c_p}dx \tag{9.80}$$

Per ipotesi, le quantità P, $dotm$ e c_p sono costanti, mentre h è costante solamente per ascisse superiori alla lunghezza di sviluppo termico. Supponiamo quindi di

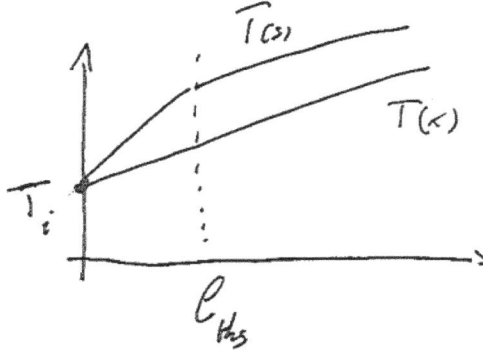

Figura 9.16: Andamento delle temperature in un condotto

integrare per $x \gg l_{h,s}$, ovvero considerando un campo molto esteso per cui possiamo trascurare gli effetti dell'ingresso. Otteniamo così:

$$\ln\frac{T_s - T}{T_s - T_i} = -\frac{hP}{\dot{m}c_p}x \Rightarrow T(x) = T_s - (T_s - T_i)\exp^{-\frac{hP}{\dot{m}c_p}x} \qquad (9.81)$$

Calcoliamo la potenza scambiata (che può essere dispersa oppure assorbita). In linea di principio è:

$$Q = \int qPdX = \int h(T_s - T)Pdx = \int h(T_s - T)\exp^{-\frac{hP}{\dot{m}c_p}x} Pdx \qquad (9.82)$$

Da un punto di vista ingegneristico potremo però scrivere una cosa più semplice e maneggevole:

$$\boxed{Q = h\Delta T_m A_s} \qquad (9.83)$$

Dobbiamo allora calcolare tale variazione media di temperatura. Consideriamo un condotto di lunghezza l, dove sia T_i la temperatura d'ingresso e T_o la temperatura d'uscita. Valutando l'espressione della temperatura in $x = l$, abbiamo:

$$\ln\frac{T_s - T_o}{T_s - T_i} = -\frac{hP}{\dot{m}c_p}l = -\frac{Q}{\dot{m}c_p\Delta T_m} \qquad (9.84)$$

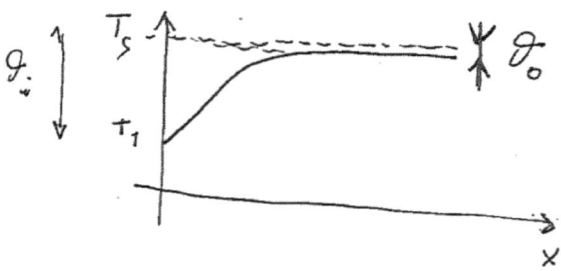

Figura 9.17: Andamento della temperatura.

siccome $hPl = \frac{Q}{\Delta T_m}$.

Risolvendo per la temperatura media, otteniamo:

$$T_m \doteq \frac{Q}{\dot{m}c_p \ln \frac{\vartheta_i}{\vartheta_o}} \tag{9.85}$$

avendo posto

- $\vartheta_i \doteq T_S - T_i$;

- $\vartheta_o \doteq T_S - T_o$;

Ora, il calore scambiato non ci è ancora noto e possiamo pensare di valutarlo applicando un bilancio energetico su tutto il condotto:

$$Q = \dot{m}(i(l) - i(0)) \tag{9.86}$$

Ipotizzando di avere un gas perfetto o un liquido incomprimibile per cui valga la relazione semplificata che abbiamo visto sopra,

$$i = i_0 + c_p(T - T_0) \tag{9.87}$$

otteniamo

$$Q = \dot{m}c_p(T_o - T_i) \tag{9.88}$$

da cui

$$T_m \doteq \frac{T_o - T_i}{\ln \frac{\vartheta_i}{\vartheta_o}}$$

(9.89)

ovvero, riscrivendo il numeratore come $T_o - T_s + T_s - T_i$:

$$\boxed{T_m = \frac{\vartheta_o - \vartheta_i}{\ln \frac{\vartheta_i}{\vartheta_o}}}$$

(9.90)

che è una **differenza media logaritmica di temperatura** (valida, ricordiamocelo, solo sotto l'ipotesi di temperatura di parete costante).

9.4 Convezione forzata - scambiatori di calore

Consideriamo tre lastre piane infinite parallele, in modo da avere due canali paralleli (figura 9.18). Ciò equivale anche ad avere due tubi concentrici. Per semplicità consideriamo problemi monodimensionali, con i flussi paralleli e nello stesso verso. siano i due flussi a temperature differenti. Gli unici scambi termici fra di essi possono avvenire solamente lungo la parete divisoria fra i fluidi stessi. Indichiamo col pedice H il fluido caldo e col pedice C il fluido freddo.
Ipotizziamo di avere a che fare con dei gas perfetti e scriviamo i bilanci di potenza:

$$-\dot{m}c_{p_h} dT_h - dQ_h^{\rightarrow} = 0$$
$$-\dot{m}c_{p_c} dT_c - dQ_c^{\rightarrow} = 0$$

Definiamo **portata termica** la quantità:

$$\boxed{C \doteq \dot{m}c_p}$$

(9.91)

Avremo allora:

$$dT_h = -\frac{dQ_h^{\rightarrow}}{C_h}$$
$$dT_c = -\frac{dQ_c^{\rightarrow}}{C_c}$$

Sottraendo membro a membro otteniamo

$$d\vartheta \doteq d(T_h - T_c) = -dQ \left(\frac{1}{C_h} - \frac{1}{C_c} \right)$$

(9.92)

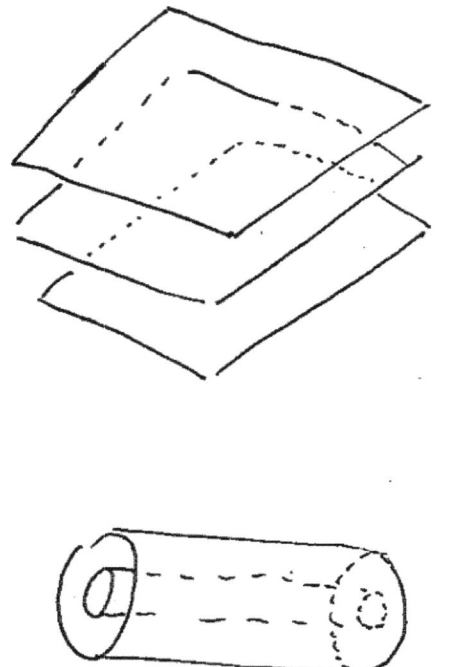

Figura 9.18: Condotti innestati

Figura 9.19: Modello di scambiatore a flussi paralleli. Fonte: KOENB - Wikipedia.

Potendo così esprimere il calore scambiato come

$$dQ = U(T_h - T_c)Pdx = U\vartheta Pdx \qquad (9.93)$$

dove U è una conduttanza generale che tiene conto dei coefficienti di scambio termico dei due fluidi:

$$\frac{1}{U} = \frac{1}{h_h} + \frac{1}{h_c} \qquad (9.94)$$

Quindi:

$$d\vartheta = -\left(\frac{1}{C_h} - \frac{1}{C_c}\right)\vartheta PUdx \qquad (9.95)$$

Separando le variabili ed integrando avremo:

$$\int \frac{d\vartheta}{\vartheta} = -\int \left(\frac{1}{C_h} - \frac{1}{C_c}\right)\vartheta PUdx \qquad (9.96)$$

da cui

$$\ln \frac{\vartheta_o}{\vartheta_i} = \left(\frac{1}{C_h} - \frac{1}{C_c}\right)\vartheta PU(x_o - x_i) \qquad (9.97)$$

Ponendo $x_o = l$, ed essendo $x_i = 0$, abbiamo, posto $A_s = Pl$ l'area di scambio termico:

$$\ln \frac{\vartheta_o}{\vartheta_i} = \left(\frac{1}{C_h} - \frac{1}{C_c} \right) \vartheta U A_s \tag{9.98}$$

Possiamo anche esplicitare i coefficienti di scambio termico, riprendendo ed integrando le equazioni di partenza:

$$\int dT_h = -\int \frac{dQ}{C_h} \rightarrow T_{h,o} - T_{h,i} = -\frac{Q}{C_h}$$

$$\int dT_c = -\int \frac{dQ}{C_c} \rightarrow T_{c,o} - T_{c,i} = -\frac{Q}{C_c}$$

sostituendo otteniamo:

$$\ln \frac{\vartheta_o}{\vartheta_i} = -\left[(T_{h,i} - T_{c,i}) - (T_{h,o} - T_{c,o}) \right] \frac{U A_s}{Q} \tag{9.99}$$

ovvero

$$\ln \frac{\vartheta_o}{\vartheta_i} = -(\vartheta_i - \vartheta_o) \frac{U A_s}{Q} \tag{9.100}$$

sostituendo l'espressione del calore scambiato, $Q = U \Delta T_m A_s$, abbiamo la formula più compatta

$$\ln \frac{\vartheta_o}{\vartheta_i} = -(\vartheta_i - \vartheta_o) \frac{1}{T_m} \tag{9.101}$$

ovvero

$$\boxed{T_m = \frac{\vartheta_i - \vartheta_o}{\ln \frac{\vartheta_o}{\vartheta_i}}} \tag{9.102}$$

Possiamo quindi diagrammare l'andamento della temperatura nel caso di flussi paralleli, figura 9.20, considerando quindi l'approssimazione data dalle tangenti. Inoltre,

$$\delta T_h = \int dT_h = T_{h,i} - T_{h,o}$$

$$\delta T_c = \int dT_c = T_{c,i} - T_{c,o}$$

Il bilancio dell'energia dall'altra parte:

$$C_h \delta T_h = -C_c \delta T_c \rightarrow \frac{\delta T_h}{\delta T_c} = -\frac{C_c}{C_h} \tag{9.103}$$

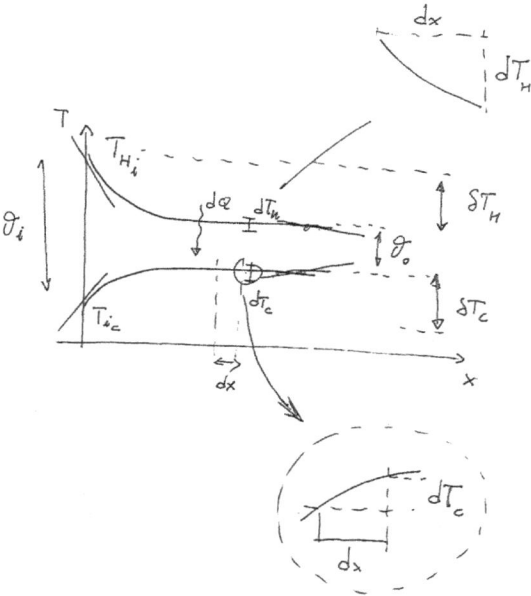

Figura 9.20: Condotti innestati: andamento delle temperature (I).

Se dunque siamo nel caso in cui $C_c = C_h$, il fluido caldo si raffredda di tanti gradi di quanti si riscalda il fluido freddo. Si noti inoltre che $\lim_{l \to \infty} \vartheta_o = 0$, ovvero in un condotto di lunghezza infinita, i due fluidi arriveranno ad avere la stessa temperatura finale all'interscambio.

Tuttavia, non è conveniente attuare una simile situazione nella vita reale operativa in quanto:

- bisogna utilizzare una maggiore potenza per pompare i fluidi, in quanto le perdite di carico sono proporzionali alla lunghezza del condotto;

- maggiore è la lunghezza del condotto, maggiore sarà il suo costo economico.

D'altra parte si ha anche:

$$\delta T_h = \frac{dQ_h^{\rightarrow}}{C_h}$$

$$\delta T_c = \frac{dQ_h^{\rightarrow}}{C_c}$$

Essendo $dQ^{\rightarrow} = -(T_h - T_c)hdA_s = -\vartheta hPdx$, abbiamo:

$$dT_h = -\frac{\vartheta}{C_h}hPdx \Rightarrow \frac{dT_h}{dx} = -\frac{\vartheta hP}{C_h} \qquad (9.104)$$

La tangente alla curva ha una pendenza maggiore dove maggiore è la differenza di temperatura (ovviamente questi risultati valgono anche per dT_c). Ne consegue che la curva all'imbocco del condotto è più pendente (in modulo) di quanto non lo sia allo sbocco. Inoltre, essendo

$$\delta T_h = \frac{C_c}{C_h}\delta T_c \qquad (9.105)$$

- se $C_c > C_h$, il fluido caldo si raffredda di più di quanto non si riscaldi il fluido freddo;

- se $C_c < C_h$, il fluido caldo si raffredda di meno di quanto non si riscaldi il fluido freddo;

Possiamo utilizzare queste osservazioni per tracciare il grafico qualitativo dell'andamento termico (figura 9.21), sempre per fluidi paralleli ma versi opposti. Se $C_h = C_c$, si ottiene $\delta T_h = \Delta T_c$ e ϑ si mantiene invariata, mentre la curva ha

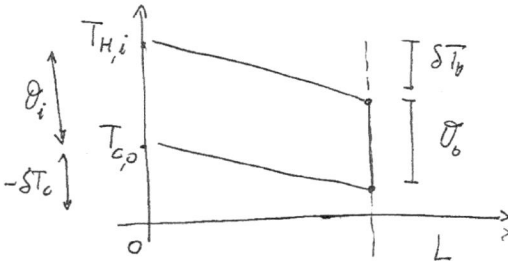

Figura 9.21: Condotti innestati: andamento delle temperature (II).

sempre la stessa pendenza, ovvero la curva degenera in una retta ($\vartheta_o = \vartheta_i$). si noti che se portassimo la lunghezza del condotto all'infinito, le due rette finirebbero per coincidere:

$$\lim_{l \to \infty} \vartheta_o = 0 \qquad (9.106)$$

Supponiamo ora di essere nel caso in cui $C_h > C_c$, quindi:

$$|\delta T_h| < |\Delta T_c| \qquad (9.107)$$

ovvero il fluido freddo si riscalda di più di quanto non si raffreddi il fluido caldo. Vediamo se l'andamento della temperatura possa o meno essere ancora lineare. Sappiamo che $\vartheta_o = T_{h,o} - T_{c,i}$ e $\vartheta_o = T_{h,i} - T_{c,o}$. Sottraendo membro a membro queste due definizioni, otteniamo

$$\vartheta_o - \vartheta_i = T_{h,o} - T_{c,i} - T_{h,i} + T_{c,o} \qquad (9.108)$$

Ma poiché sappiamo che i delta non sono uguali (in modulo), avremo:

$$\vartheta_o - \vartheta_i \neq 0 \qquad (9.109)$$

quindi le rette tangenti non potranno essere parallele. Ora, le derivate delle temperature dipendono dalle ϑ:

- in $x = l$, la pendenza sarà, in valore assoluto, maggiore di quella con $x = 0$, in quanto per le ipotesi fatte $\vartheta_o > \vartheta_i$;

- siccome si hanno pendenze differenti fra inizio e fine del condotto, le curve non possono essere rette.

Si scopre inoltre che le curve hanno concavità rivolta verso il basso - se così non fosse si avrebbe una pendenza maggiore all'inizio del condotto e non alla fine di questo - esattamente il contrario di quanto ricavato. L'andamento delle temperature è raffigurato in figura 9.22.

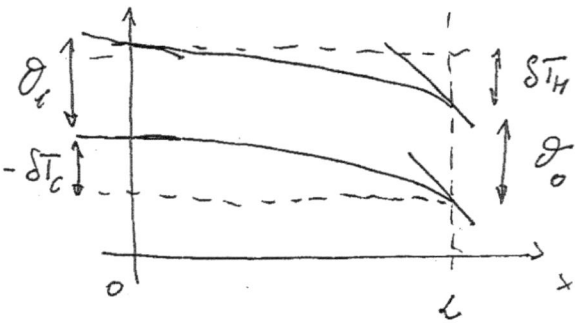

Figura 9.22: Condotti innestati: andamento delle temperature (III).

Consideriamo ora il caso in cui $C_h < C_c$, ovvero

$$|\delta T_h| > |\Delta T_c| \tag{9.110}$$

Sulla falsariga di quanto detto nell'analisi duale precedente, arriviamo alle seguenti conclusioni:

- i profili di temperatura non potranno essere rette proprio in virtù del fatto che $\left|\frac{dT}{dx}\right| = \frac{h\vartheta P}{C}$ e $\vartheta_o \neq \vartheta_i$;

- poiché $\vartheta_i > \vartheta_o$, si avrà una pendenza maggiore all'imbocco del condotto che non nella sezione finale;

- la concavità delle curve è rivolta verso l'alto.

Alcune considerazioni finali:

- le pendenze non possono essere nulle se non nel caso speciale in cui $\vartheta \equiv 0$, ovvero nel caso di condotte di lunghezza infinita;

- sapiendo che $Q = C_c \delta T_c = -C_h \delta T_h$, se $C_c \rightarrow \infty$ non potremmo mai calcolare il calore scambiato, in quanto si cadrebbe in una forma d'indeterminazione del tipo $0 \cdot \infty$, siccome $\delta T_c \rightarrow 0$;

- dovremmo affidarci solo alla seconda espressione per calcolare il calore (in cui non compaiono quantità divergenti).

In presenza di quantità divergenti, prendiamo l'espressione generica:

$$Q = C_m \delta T_m \qquad (9.111)$$

dove

$$C_m \doteq \min(C_c, C_h) \qquad (9.112)$$

mentre δT_m è la variazione di temperatura associata alla portata termica minima. Nel caso di lunghezza infinita, $\vartheta_o \rightarrow 0$, dunque $\delta T_h = T_{h,i} - T_{c,i}$ da cui

$$Q_{max} = C_{min} (T_{h,i} - T_{c,i}) \qquad (9.113)$$

Possiamo allora definire l'**efficienza di uno scambiatore di calore** come

$$\boxed{\varepsilon \doteq \frac{Q}{Q_{max}} = \frac{C_c \delta T_c}{C_m \delta T_m} = \frac{C_h \delta T_h}{C_m \delta T_m}} \qquad (9.114)$$

Da un punto di vista ingegneristico, confrontando gli scambiatori a flussi paralleli equiversi con quelli a flussi paralleli opposti, si ottiene che:

$$(\vartheta_{m,log})_{equiversi} > (\vartheta_{m,log})_{opposti} \qquad (9.115)$$

Essendo

$$Q = U A_s \vartheta_{m,log} \qquad (9.116)$$

avremo

$$Q_{equiversi} > Q_{opposti} \qquad (9.117)$$

con A_s e U costanti. Dunque:

- a parità di aree e coefficienti, gli scambiatori equiversi sono più efficienti;

- a parità di calore scambiato e a pari coefficienti, gli scambiatori equiversi sono realizzati con un'area di scambio minore.

Oltre agli scambiatori a flussi paralleli esistono naturalmente anche scambiatori **a flussi incrociati o trasversali**, in cui il moto di un fluido è ortogonale al

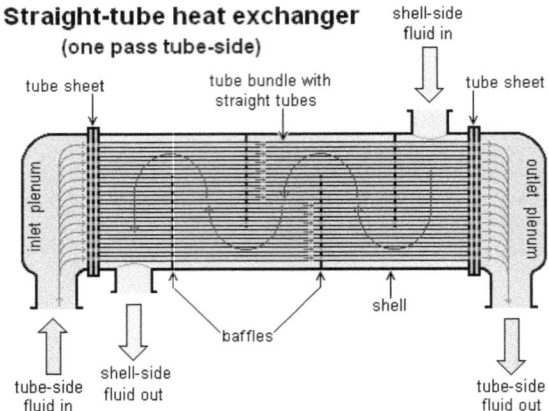

Straight-tube heat exchanger
(one pass tube-side)

Figura 9.23: Scambiatore industriale a flussi trasversali, costituito da un serpentino e da un guscio contenitivo. Fonte: H. PADLECKAS - Wikipedia.

canale in cui scorre l'altro fluido. Un esempio classico di questo sono i radiatori automobilistici o i radiatori casalinghi (altresì noti come caloriferi), così come gli scambiatori industriali a shell e coil (figure 9.23). In questi scambiatori, si noti, non è più valida la differenza media logaritmica trovata per gli scambiatori a flusso parallelo.

9.5 Convezione naturale

Fino a qui abbiamo considerato il caso il cui la velocità del fluido sia tale da influenzare il campo termico senza esserne però influenzata. Analizziamo breve-mente ora il caso diametralmente opposto, in cui

$$u = u(T) \tag{9.118}$$

In primo luogo enunciamo l'ipotesi di BOUSSINESQUE :

Teorema 15 *considereremo tutte le proprietà termofisiche, generalmente dipen-denti da T e p, costanti, eccezion fatta per la massa volumica ρ che considereremo unicamente dipendente da T.*

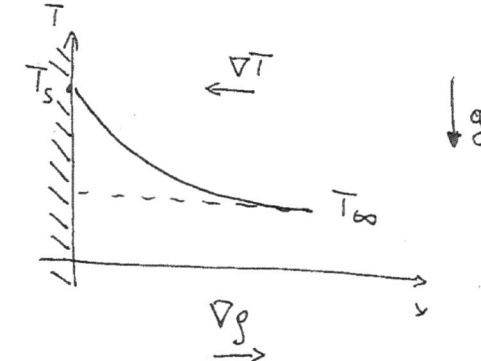

Figura 9.24: Andamento della temperatura nel fluido a ridosso della parete e campo gravitazionale.

Possiamo assumere che la massa volumica sia proporzionale all'inverso della temperatura e per dei gas perfetti, l'ipotesi di BOUSSINESQUE ci porta a dire che

$$\rho = \frac{cost}{T} \qquad (9.119)$$

Se consideriamo l'andamento della temperatura lungo l'asse normale alla parete, col campo gravitazionale parallelo alla parete (figura 9.24), con la parete più calda del fluido, la derivata della massa volumica sarà:

$$\frac{d\rho}{dx} = \frac{d(c/T)}{dx} = c\frac{\frac{1}{T}}{dx} = -c\left(\frac{1}{T^2}\right)\frac{dT}{dx} \qquad (9.120)$$

ovvero

$$\boxed{\nabla\rho = -\frac{c}{T^2}\nabla T} \qquad (9.121)$$

Se allora schematizziamo il fluido come composto da una moltitudine di cubetti notiamo che per qualsiasi coordinata Y positiva, i volumetti più pesanti risultano sul lato opposto alla parete calda, mentre quelli più leggeri sono in corrispondenza della parete. Se pensiamo ai cubetti impilati in una colonna, quella più lontano dalla parete è allora soggetta ad un carico maggiore rispetto a quella vicina alla parete: poiché abbiamo un carico verticale differente, s'innescherà, come abbiamo già anticipato nella pagine precedenti, una circolazione, non potendosi formare dei "buchi" per l'ipotesi di continuità. Abbiamo allora:

- condizione necessaria e sufficiente affinché ci sia convezione naturale è che siano presenti dei gradienti termici (a cui sono associati dei gradienti di massa volumica) e un campo di forze di massa;

- condizione sufficiente è che il gradiente di temperatura **non** sia parallelo al campo di forze di massa.

Diagrammando le velocità - vedi figura 9.25, possiamo visualizzare le variazioni di velocità cui è connessa la circolazione.

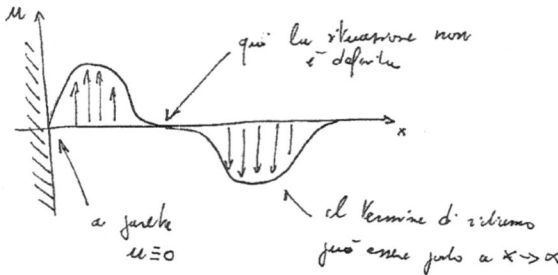

Figura 9.25: Andamento della velocità in convezione naturale

Si noti che possiamo parlare di strato limite anche nel caso di convezione naturale. Se consideriamo una lastra piana verticale figura lambita da un fluido9.26), lo strato limite cinetico è maggiore di quello termico, $\delta > \delta_{th}$, ovvero il campo termico non riesce a coprire tutto il campo cinematico. si ricordi che la superficie di separazione è un luogo di instabilità e perturbazioni e dunque, dopo una certa posizione, le oscillazioni non saranno può smorzate ma andranno ad autoeccitarsi, dando luogo alla turbolenza (convezione naturale turbolenta).

Anche nella convezione naturale possiamo ricavare una relazione sul coefficiente di scambio termico. Rispetto a quella trovata nel caso di convezione forzata

$$h = \tilde{h}(\rho, u, x, \mu, c_p, K) \tag{9.122}$$

la velocità u qui non è più una grandezza fondamentale del fenomeno fisico ma una quantità determinata dalla temperatura e dal campo di forze di massa. dob-

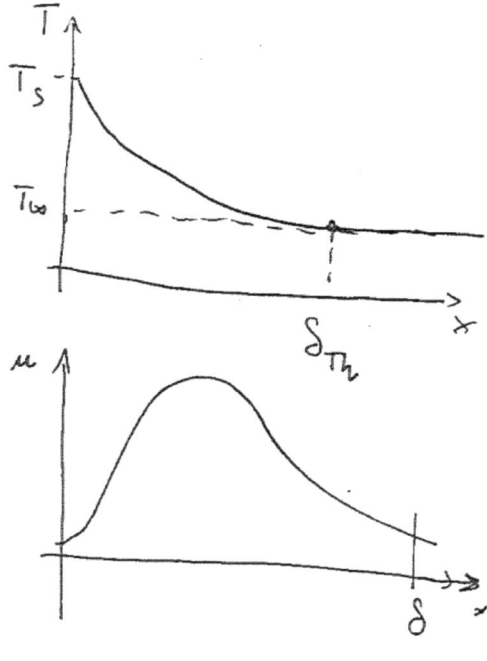

Figura 9.26: Andamento della velocità sulla parete.

biamo quindi sostituire u con'espressione delle forze di massa, $g(\rho_\infty)$. Proviamo ad esprimere la massa volumica come uno sviluppo, trascurando gli infinitesimi di ordine superiore:

$$\rho = \rho_\infty + \frac{d\rho}{dT}|_{T_\infty} \Delta T + O(T) \tag{9.123}$$

d'altra parte:

$$\frac{\partial \rho}{\partial T} = \frac{\partial \frac{1}{v}}{\partial T} = \frac{1}{v} \frac{\partial v}{\partial T} = -\frac{1}{v_\infty}\left(\frac{\partial v}{\partial T}\right) = -\frac{\alpha_p}{v_\infty} = -\rho_\infty \alpha_p \tag{9.124}$$

Dunque

$$\rho_\infty - \rho = \rho_\infty \alpha_p (T - T_\infty) \tag{9.125}$$

da cui abbiamo l'espressione delle forze di massa:

$$\boxed{g(\rho_\infty - \rho) = \rho_\infty g \alpha_p (T - T_\infty)} \tag{9.126}$$

che poi non è nient'altro che una *spinta di galleggiamento*. Avremo quindi un'espressione della funzione:

$$h = \tilde{h}(\rho, \rho_\infty \alpha_p (T - T_\infty), x, \mu, c_p, K) \tag{9.127}$$

Riformulando inoltre l'analisi dimensionale, si deve trovare un nuovo parametro accanto al numero di NUSSELT e PRANDTL, in quanto il numero di REYNOLDS non è più fondamentale, essendo calcolato a partire dalla velocità che però come detto è una quantità derivata.

Dobbiamo riprendere l'espressione del teorema di BUCKINGHAM, inserendo le forze di massa $g\Delta\rho$:

$$\boxed{\text{GR } \Pi_3 = \frac{\rho^2 g \alpha_p (T - T_\infty) x^3}{\mu^2} = \frac{\rho g \alpha_p (T - T_\infty)}{\frac{\mu^2}{\rho x^3}}} \tag{9.128}$$

questa quantità prende il nome di numero di GRASHOF e rappresenta il rapporto tra le forze di galleggiamento e le forze viscose. Analogamente a quanto visto nel caso della convezione forzata, anche per la convezione naturale si può scrivere una relazione del tipo

$$Nu \doteq cGr^m Pr^n \tag{9.129}$$

spesso gli esponenti dei numeri di PRANDTL e GRASHOF sono uguali. In tale condizione, si utilizza anche il numero di RAYLEIGH:

$$\boxed{\text{RA} \doteq \text{GR} \cdot \text{PR}} \tag{9.130}$$

che ha un ruolo analogo al REYNOLDS .

il rapporto tra il numero di REYNOLDS e il numero di RAYLEIGH , passando per il termine di GRASHOF , va ad indicare la preponderanza della convezione naturale su quella forzata e viceversa:

- $\frac{Gr}{Re^2} >> 1$ si ha convezione naturale;

- $\frac{Gr}{Re^2} << 1$ si ha convezione forzata;

- $\frac{Gr}{Re^2} \simeq 1$ si ha convezione mista.

CHAPTER 10

IRRAGGIAMENTO

L'irraggiamento è la trasmissione di energia termica senza un mezzo materiale di supporto, in quanto avviene tramite l'emissione di onde elettromagnetiche.

Consideriamo quest'esperimento mentale: supponiamo di avere un corpo A interamente cavo e alla temperatura T_1^A. All'interno della cavità è stato realizzato il vuoto e al centro della cavità è sospeso un corpo B (a temperatura T_1^B). Supponiamo che le due temperature differiscano. Sia C il sistema costituito dall'unione del corpo A e del corpo B, e che questo sistema C sia isolato del resto dell'universo. Siccome lo stato C_1 sarà di *non-equilibrio* (benché singolarmente considerati A_1 e B_1 sia stati SES), il sistema C si porterà autonomamente allo stato di equilibrio

Elementi di Fisica Tecnica.
By Giulio Malinverno.
Copyright © 2016 .

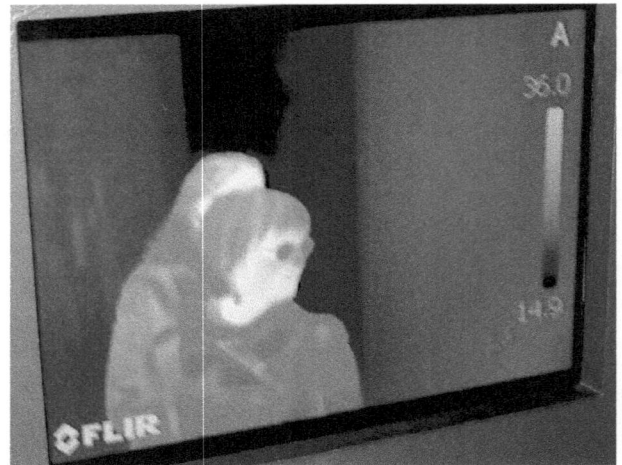

Figura 10.1: Tutti i corpi irraggiano, esseri umani compresi. In figura una gentile signorina ritratta dalla termocamera IR al Museo della Scienza e Tecnologia di Milano.

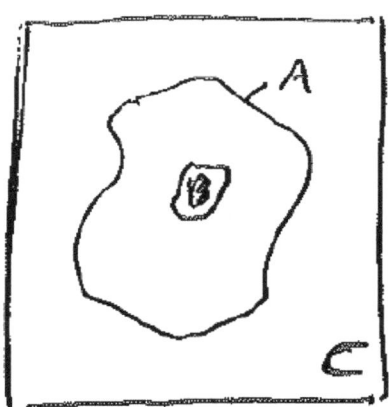

Figura 10.2: Schema di un corpo in cavità.

stabile C_2. ciò avviene solamente se

$$(A_2, B_2) SME \Leftrightarrow T_2^A \equiv T_2^B \tag{10.1}$$

Ciò significa che ò avvenuto uno scambio di energia termica fra il sistema A e il sistema B, ma d'altra parte, poiché è stato realizzato il vuoto fra i due sistemi e non c'è nessun mezzo materiale fra i due sistemi, lo scambio non sarà stato né di tipo conduttivo né di tipo convettivo. Dobbiamo quindi postulare un ulteriore tipo di scambio termico che avviene tramite radiazioni elettromagnetiche (onde che non hanno bisogno di un mezzo di supporto).

Per capire questo tipo di trasmissione di calore dobbiamo considerare la struttura fine della materia: sappiamo che i costituenti della materia si scambiano energia in pacchetti di entità finita (detti *quanti d'energia*) sotto forma di onde elettromagnetiche. Per poter essere considerata una radiazione termica una radiazione elettromagnetica deve avere peculiari proprietà: essa deve dar luogo in modo diretto ad una variazione di energia interna, ovvero ad una variazione di energia cinetica molecolare. Ora, tale variazione non deve essere polarizzata, ovvero le molecole non devono muoversi in una sola direzione privilegiata ma devono avere una distribuzione spaziale isotropa di energia cinetica.

Def. 85 *Definiamo* radiazione termica *quella parte di spettro di onde elettromagnetiche che interagiscono direttamente con i meccanismi che regolano l'energia interna.*

In particolare si trova che la lunghezza d'onda di questa radiazione ha un range particolare:

$$0.1 \mu m < \lambda < 100 \mu m \tag{10.2}$$

Ogni corpo che si trovi ad una temperatura differente dalla zero assoluto (esseri umani compresi, vedi figura 10.1) assorbe ed emette radiazioni termiche.

La radiazione termica ha una natura spettrale / ondulatoria nonché direzionale: anche se in linea di principio per studiare le onde termiche dobbiamo usare le equazioni di MAXWELL, possiamo tuttavia adottare alcune semplificazioni. Se infatti la lunghezza caratteristiche del corpo in esame è superiore (di qualche ordine di grandezza) della lunghezza d'onda della radiazione ($\lambda << L$), possiamo rappresentare la radiazione termica con dei fasci di raggi, normali ai fronti d'onda, ovvero tramite gli strumenti dell'ottica geometrica.

Consideriamo ora un punto P appartenente ad una superficie di controllo. Sia dA l'areola infinitesima che attornia P, caratterizzata da una normale $vecn$, mentre sia $\vec{\Omega}$ il versore della direzione dell'Osservatore e sia quindi ϑ l'angolo formato fra $\vec{n}$ e $\vec{\Omega}$.

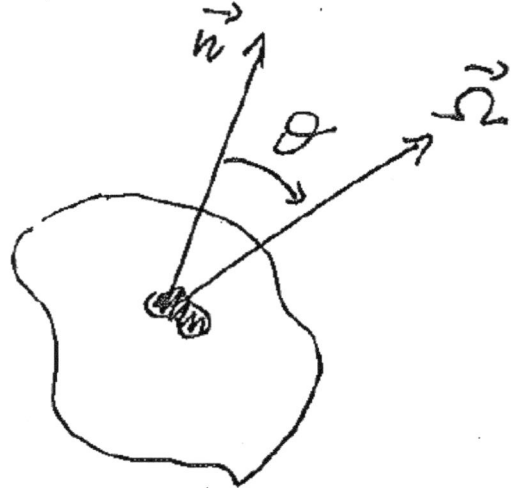

Figura 10.3: Schema di una superficie radiante.

Def. 86 *Definiamo* intensità di radiazione monocromatica direzionale *il rapporto della potenza emessa da P fra la lunghezza d'onda* λ *e la lunghezza d'onda* $\lambda + d\lambda$ *e l'area* dA *proiettata lungo la direzione d'osservazione.*

In termini matematici:

$$I_\lambda^e \triangleq \frac{d^5 Q}{dA_\Omega d\omega d\lambda} \tag{10.3}$$

Ora, $dA_\Omega = dA \cos \vartheta$ essendo la proiezione dell'area dA nella direzione di Ω:

$$I_\lambda^e \triangleq \frac{d^5 Q}{dA \cos \vartheta d\omega d\lambda} \tag{10.4}$$

Poiché dA è un infinitesimo di ordine 2, $d\lambda$ è un infinitesimo di ordine 1 mentre $d\omega$ è un infinitesimo di ordine 2, si ha che l'a variazione di potenza $d^5 Q$ è un infinitesimo di ordine 5 (da cui la notazione utilizzata).

In generale, I_λ è una funzione della posizione, sebbene esista il caso particolare per cui l'intensità è indipendente dalla distanza: ciò accade quando l'intensità si mantiene costante variando la distanza, ovvero quando siamo a che fare con un mezzo non partecipe - ovvero con un mezzo che non assorbe o esalta l'intensità.

Nota: l'intensità viene detta *monocromatica* in quanto si riferisce al range $\lambda \leftrightarrow \lambda + d\lambda$, mentre è *direzionale* perché si riferisce all'area vista in direzione Ω.

Un'altra grandezza di interesse ingegneristico è il

Def. 87 potere emissivo monocromatico emisferico, *definito come la potenza emessa nello spettro fra la lunghezza d'onda* λ *e la lunghezza d'onda* $\lambda + d\lambda$ *su tutta la semisfera centrata sull'area* dA.

ovvero

$$E_\lambda \triangleq \frac{d^3 Q}{dA d\lambda} \tag{10.5}$$

analogamente, il potere emissivo è detto monocromatico perché si riferisce ad un preciso range di lunghezze d'onda ed è emisferico perché si considera tutta la semisfera centrata in P.

Possiamo stabilire una relazione fra l'intensità di radiazione e il potere emissivo:

$$I_\lambda^e \cos \vartheta = \frac{d^5 Q}{dA d\lambda d\omega} = \frac{d^2}{d\omega} \frac{d^3 Q}{d\lambda dA} = \frac{d^2}{d\omega} E_\lambda \tag{10.6}$$

Risolvendo rispetto a dE_λ otteniamo:

$$d^2 E_\lambda = I_\lambda^e \cos \vartheta d\omega = I_\lambda^e \cos \vartheta \sin \vartheta d\vartheta d\varphi \tag{10.7}$$

ovvero

$$E_\lambda = \int_0^{2\pi} d\varphi \int_0^{\frac{\pi}{2}} I_\lambda^e \cos\vartheta \sin\vartheta d\vartheta \qquad (10.8)$$

In generale quest'integrale non è facilmente risolvibile, poiché in generale

$$I_\lambda^e = I_\lambda^e(\lambda, \vartheta, \varphi, T) \qquad (10.9)$$

tuttavia, se consideriamo il caso particolare in cui l'intensità sia indipendente dalla direzione d'osservazione, ovvero

$$\frac{\partial I_\lambda^e}{\partial \vartheta} = \frac{\partial I_\lambda^e}{\partial \varphi} = 0$$

otteniamo

$$E_\lambda = \pi I_\lambda^e \qquad (10.10)$$

Oltre alla potenza emessa, possiamo considerare anche le potenze assorbite:

$$I_\lambda^a = \text{intensità di radiazione assorbita} \qquad (10.11)$$

e

$$G_\lambda = \frac{dQ^\leftarrow}{dAd\lambda} = \pi I_\lambda^a \qquad (10.12)$$

Quest'ultimo termine rappresenta la potenza assorbita per unità d'area monocromatica emisferica e prende il nome di *irradianza*.

Si noti che la potenza che abbandona la superficie è costituita da due elementi:

- potenza (propria) emessa;

- potenza riflessa;

ovvero

$$I_\lambda^{e,tot} = I_\lambda^r + I_\lambda^e \qquad (10.13)$$

Il corrispettivo termine emisferico è la *radiosità*:

$$J_\lambda = \frac{dQ^{e+r}}{dAd\lambda} \qquad (10.14)$$

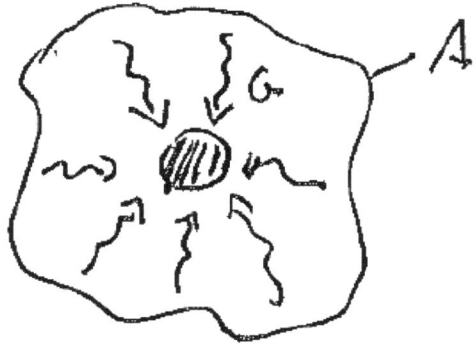

Figura 10.4: Schema di un corpo in cavità irraggiato dalla cavità stessa.

10.1 Assorbitore ideale o corpo nero

Def. 88 *Definiamo* assorbitore ideale *un corpo o una superficie che, per una data temperatura, lunghezza d'onda e direzione, assorbe più di qualsiasi altro corpo o superficie, ovvero assorbe tutta la radiazione che l'investe.*

Se considerassimo la sola radiazione luminosa, l'assorbitore ideale ci apparirebbe di colore nero: per analogia allora chiamiamo *corpo nero* (o *superficie nera*) l'assorbitore ideale della radiazione termica. Si tenga presente che l'assorbitore ideale termico non è necessariamente di colore nero - viceversa, corpi di colore nero non sono automaticamente *corpi neri*.

Possiamo allora enunciare alcuni teoremi che descrivono le caratteristiche di *corpi neri*.

Teorema 16 *Un corpo nero è anche un emettitore ideale, ovvero emette radiazione più di qualsiasi altro corpo fissate la temperatura, la lunghezza d'onda e la direzione d'osservazione.*

Per dimostrare questo teorema, consideriamo una cavità la cui superficie interna sia una superficie nera (A). All'interno della cavità, poniamo un corpo B e facciamo il vuoto in modo che non ci sia nessun mezzo materiale che unisca A e B. sia il sistema B in SME col corpo A. Ci sarà allora un'irradianza emisferica su tutto lo spettro. Per definizione di corpo nero, tutta l'irradianza G sarà assorbita da B. Scriviamo allora il bilancio d'energia per il corpo B:

$$\frac{dE^B}{dt} = (GA_B)^{\leftarrow} - E_B A_B^{\rightarrow} = 0$$

da cui

$$G^{\leftarrow} = E_B^{\rightarrow}$$

Supponiamo per assurdo che il corpo nero emetta meno di quanto assorba:

$$\frac{dE^B}{dt} = (G - E_B)A > 0$$

In tal caso c'è un accumulo di energia nel sistema B, da cui consegue l'aumento della sua temperatura. In tal frangente, il sistema C costituito dall'unione di A e B si sposta spontaneamente da uno SES ad uno SNE, cosa che viola il primo teorema della termodinamica: l'ipotesi per cui $G \neq E$ è dunque falsa: il corpo nero è dunque anche un emettitore ideale.

Possiamo enunciare ulteriori due teoremi sulla falsariga del precedente:

Teorema 17 *Un corpo nero che è assorbitore ideale per una certa lunghezza d'onda, è anche un emettitore ideale per quella lunghezza d'onda.*

Teorema 18 *Un corpo nero che è assorbitore ideale per una certa direzione d'osservazione, è anche un emettitore ideale per quella direzione d'osservazione.*

Consideriamo una cavità la cui superficie interna sia una superficie generica. Al suo interno poniamo un corpo nero B e facciamo il vuoto. sia C il sistema costituito dall'unione di A e B e sia in uno stato di equilibrio stabile, ovvero A e B sono in SME.

All'interno della cavità vi sarà allora un campo di radiazione: applicando i metodi termodinamici a questo campo, ovvero prendiamo come sistema termodinamico il campo radiativo, esso sarà in uno stato di equilibrio stabile.

Sia T_1^B la temperatura del corpo B che garantisca il SME. Sia G il campo radiativo e E_b il potere emissivo del corpo B. Poiché A è una superficie generica, potremmo supporre che $G \neq E_b$. Possiamo allora distinguere i casi:

- $G > E_b$, ma ciò è impossibile per la definizione di corpo nero;

- $G < E_b$: in questo caso, il corpo nero assorbe meno di quanto non emetta e dunque la sua energia interna diminuisce, facendo così diminuire la temperatura del corpo. In tal modo, il sistema globale C tende a spostarsi spontaneamente da uno SES ad uno SNE, il che non è possibile.

Ne consegue che $G \equiv E_b$:

Teorema 19 *la radiazione all'interno di una qualsiasi cavità, in uno stato di equilibrio stabile, è una radiazione di corpo nero.*

Possiamo inoltre dire che la radiazione di un corpo nero non dipende tanto dall'oggetto in sé quanto dall'interazione materia/energia.

Supponiamo di prendere un corpo nero cavo e di praticare sulla superficie un foro di dimensioni contenute (al fine di non alterare lo SES) e di effettuare delle misure. Si troverà che la radiazione emergente è sempre *isotropa*:

$$I_{\lambda,B}(\lambda, T, \varphi, \vartheta) = I_{\lambda,B}(\lambda, T) \tag{10.15}$$

Se consideriamo il potere emissivo totale del corpo nero otteniamo la *legge di* STEFAN - BOLTZMANN :

$$E_B = \int_0^\infty E_{\lambda,B} d\lambda = \bar{E}_B(T) = \sigma T^4 \tag{10.16}$$

dove σ è la costante di STEFAN - BOLTZMANN , che vale

$$\sigma = 5,67 \cdot 10^{-8} \left[\frac{W}{m^2 K^4} \right] \tag{10.17}$$

Ricordiamo che:

$$E_\lambda = \frac{dQ}{dA d\lambda} \tag{10.18}$$

e sperimentalmente possiamo vedere l'andamento di questa quantità al variare della lunghezza d'onda fissata una certa temperatura T: essa avrà un andamento a campana che risulta indipendente dal materiale della superficie e dalla finitura di quest'ultima, risultando dipendente solo dalla temperatura. Si nota inoltre che a temperatura minore, i valori di E_λ diminuiscono sia puntualmente che come valore medio (la campana a bassa temperatura risulta scalata rispetto quella ad alta temperatura). Inoltre, le curve a temperatura differente non si intersecano mai:

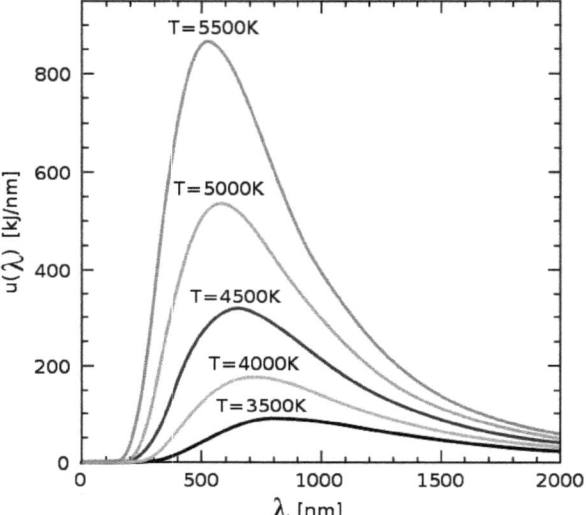

Figura 10.5: Legge di WIEN

qualora si intersecassero, diciamo in corrispondenza di una determinata lunghezza d'onda $\bar{\lambda}$, si genererebbe una situazione non fisica, in quanto:

- per lunghezze d'onda superiori a quella segnata, $\lambda > \bar{\lambda}$, il corpo a temperatura minore emette più di quello a temperatura superiore;

- quando $\lambda = \bar{\lambda}$, si ha che il corpo è in un unico SES ma con due differente temperature;

Da ciò consegue che la curva relativa a una temperatura minore deve essere completamente scalata rispetto ad una corrispondente a una temperatura maggiore.

Sperimentalmente si trova che λ_M tale per cui E_λ ha un massimo, si sposta verso destra (del grafico) al diminuire della temperatura e verso sinistra (del grafico) all'aumentare della temperatura. Considerando i luoghi dei punti in cui E_λ assume un massimo, si ottiene la *legge dello spostamento di* WIEN :

$$\boxed{\lambda T = \text{costante}}$$

(10.19)

Tutte queste leggi, essendo sperimentali, devono essere fra loro correlate. La correlazione viene ottenuta tramite la *distribuzione di* PLANCK :

$$\boxed{E_{\lambda,b}(\lambda, T) = \frac{2\pi h c_0^2}{\lambda^5 e^{\left[\frac{h\nu}{KT} - 1\right]}}}$$

(10.20)

dove

- $h = 6.625 \cdot 10^{-34}$, costante di PLANCK ;

- $K = 1.38 \cdot 10^{-23}$, costante di BOLTZMANN ;

- $c_0 = 2.998 \cdot 10^8 \frac{m}{s}$, velocità della radiazione elettromagnetica nel vuoto;

Questa correlazione è tanto precisa che si può essere indotti a pensare che sia basata su un fatto fisico. Basandosi sulla teoria classica, ovvero sulle equazioni di NEWTON e di MAXWELL , otteniamo per via teorica una curva (E_λ, λ) monotona decrescente, che collima con la campana sperimentale solo nel lato destro(figura 10.6), mentre è totalmente scollegata dalla curva sperimentale per lunghezze d'onda inferiori a λ_M. Il problema di fondo è che non possiamo applicare al mondo microscopico le leggi del mondo macroscopico: questo fatto ha portato alla nascita della *meccanica ondulatoria* o *meccanica quantistica*. Affinché la

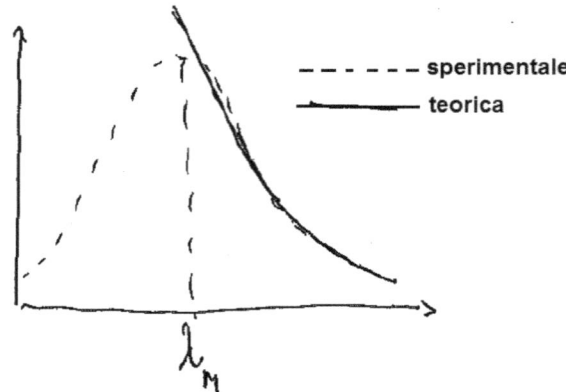

Figura 10.6: Correlazione sperimentale e teorica dell'irraggiamento.

curva teorica coincida con quella sperimentale, è necessario che gli elementi atomici acquisiscano pacchetti d'energia di valore finito, i cosiddetti *quanti*. Si trova poi che il quanto dell'energia è dell'ordine della costante di PLANCK . Inoltre:

- si noti che la distribuzione di PLANCK soddisfa la legge di STEFAN - BOLTZMANN vista in precedenza;;

- si scopre che $\frac{dE_\lambda}{d\lambda} = 0 \Leftrightarrow \lambda T = 2897.6 \mu m K$;

Ad essere precisi, la distribuzione (E_λ, λ) è in realtà quasi indipendente dalla superficie utilizzata. Supponiamo di avere all'interno di una cavità una radiazione differente da quella di corpo nero, ad esempio una radiazione laser, che è esattamente l'opposto di quella di corpo nero, in quanto E_λ è praticamente un impulso per una determinata lunghezza d'onda. Operiamo nel seguente modo:

- immettiamo all'interno della cavità la radiazione laser attraverso un microscopico foro;

- chiudiamo il foro e non operiamo più sul sistema per qualche istante;

- riapriamo il foro.

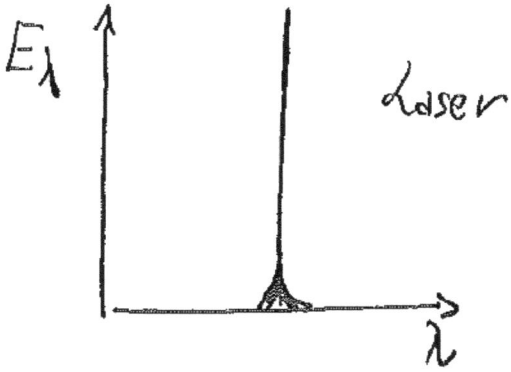

Figura 10.7: Emissione di un laser.

Si trova che alla riapertura del foro, si ha una radiazione di corpo nero, in quanto la radiazione ha interagito con la materia. C'è un solo caso in cui questo non succede, ovvero in cui la radiazione non interagisce con la materia, ed è il caso in cui la superficie della cavità è uno specchio perfetto (una qualsiasi imperfezione produrrebbe una radiazione di corpo nero).

Sappiamo che

$$E_b \triangleq \int_0^\infty E_{\lambda,b} d\lambda$$ (10.21)

allora avremo anche che

$$0 \leq \int_0^{\bar\lambda} E_{\lambda,b}(\bar\lambda, T) d\lambda \forall 0 \leq \bar\lambda \leq \infty$$ (10.22)

Introduciamo allora il rapporto che descrive la *quantità di potenza emessa ad una determinata lunghezza d'onda o emissione di banda*:

$$F_{0,\lambda} \triangleq \frac{\int_0^{\bar\lambda} E_{\lambda,b}(\bar\lambda, T) d\lambda}{E_b}$$ (10.23)

da cui

$$0 \leq F_{0,\lambda} \leq 1 \forall 0 \leq \bar{\lambda} \leq \infty \qquad (10.24)$$

Se volessimo calcolare l'energia emessa fra due lunghezze d'onda distinte, basta

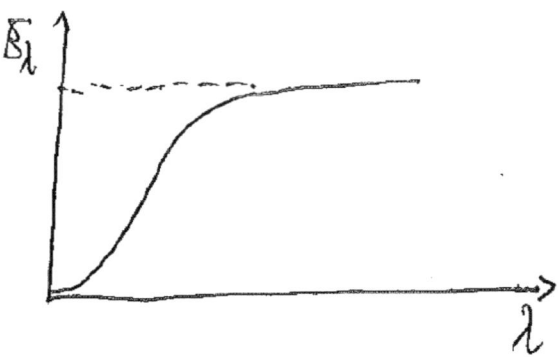

Figura 10.8: $F_{0,\lambda}$.

allora applicare la formula:

$$\boxed{\int_{\lambda_1}^{\lambda_2} E_{\lambda,b}(\lambda, T) d\lambda = (F_{0,\lambda_2} - F_{0,\lambda_1}) E_b} \qquad (10.25)$$

si tenga conto che $F_{0,\lambda}$ è una funzione della temperatura e della lunghezza d'onda. si potrebbe pensare di esprimerla come funzione del prodotto λT:

$$F_{0,\lambda} = F_{0,\lambda_2}(\lambda, T) \to F_{0,\lambda}(\lambda T) \qquad (10.26)$$

Ciò è possibile se sostituiamo a $E_{\lambda,b}$ la correlazione di PLANCK vista in precedenza:

$$F_{0,\lambda} = \frac{1}{E_b} \int_0^\lambda \frac{2\pi h c_0^2}{\lambda^5 e^{\left[\frac{h\nu}{KT} - 1\right]}} d\lambda \qquad (10.27)$$

da cui, ricordandoci la legge di STEFAN - BOLTZMANN e del fatto che $\lambda\nu = c_0$

$$F_{0,\lambda} = \frac{2hc_0^2\pi}{\sigma} \int_0^\lambda \frac{d(\lambda T)}{\lambda^5 T^5 e^{\left[\frac{hc_0}{K\lambda T} - 1\right]}} d\lambda \qquad (10.28)$$

I valori di quest'integrale si trovano tabulati per valori di λT.

10.2   Irraggiamento di corpi reali

Studiamo ora i corpi reali confrontandoli coi corpi neri. Consideriamo una superficie reale caratterizzata dall'essere in uno stato d'equilibrio stabile a una certa temperatura T e calcoliamone il potere emissivo emisferico totale. Ora, $E_b(T) > E(T)$ per definizione stessa di corpo nero. Possiamo quindi definire il *coefficiente di emissione o emissività*:

$$\boxed{\varepsilon \triangleq \frac{E(T)}{E_b(T)} = \varepsilon(T)} \tag{10.29}$$

Possiamo anche definire l'*emissività spettrale*:

$$\boxed{\varepsilon_\lambda \triangleq \frac{E_\lambda(T)}{E_{b,\lambda}(T)} = \varepsilon_\lambda(T)} \tag{10.30}$$

Vale inoltre che

$$\boxed{\varepsilon = \frac{E(T)}{E_b(T)} = \frac{\int E_\lambda(\lambda, T)d\lambda}{E_b(T)} = \frac{\int \varepsilon_\lambda E_{b,\lambda}(\lambda, T)d\lambda}{E_b(T)}} \tag{10.31}$$

Un'ulteriore utile definizione è quella di *emissività monocromatica direzionale*.

$$\boxed{\varepsilon_{\lambda,\vartheta,\phi} \triangleq \frac{I_\lambda(\lambda, \vartheta, \phi, T)}{I_{\lambda,b}(\lambda, \vartheta, \phi, T)}} \tag{10.32}$$

riferendoci alle direzioni fondamentali polari, avremo:

- ε_ϑ: emissività totale direzionale rispetto a ϑ;

- $\varepsilon_{\lambda,n}$: emissività monocromatica normale ($\vartheta = 0$);

Possiamo diagrammare l'emissività direzionale totale per vari materiali (figura 10.9):

- per i corpi neri, l'emissività è sempre unitaria al variare della direzione;

- per i materiali non metalli, ha un comportamento parabolico monotono decrescente con al concavità rivolta verso il basso;

- per i materiali metallici, andamento decrescente ma non monotono;

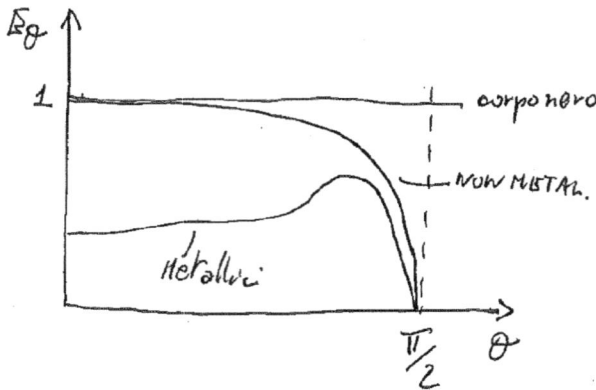

Figura 10.9: Emissività direzionale per varie categorie di materiali.

Se prendessimo ad esempio due sfere di pari dimensioni ma di materiali differenti (l'una metallica, l'altra di silicone), se le riscaldassimo oltre il punto in cui la radiazione termica entra nel range della luce visibile, avremo che

- la sfera metallica è più luminosa sui bordi che non al centro (essendo più calda ai bordi);

- la sfera non metallica è più calda al centro e dunque più luminosa al centro.

Consideriamo ora una lastra non opaca che viene colpita da un'irradianza G (vedi figura 10.10), avremo allora che

- una parte di G viene riflessa o diffusa, G^r;

- una parte di G viene assorbita nella lastra, G^a;

- una parte di G viene trasmessa attraversa la lastra, G^t.

Per l'equilibrio:

$$G = G^a + G^t + G^r \qquad (10.33)$$

ovvero

$$1 = \frac{G^a}{G} + \frac{G^t}{G} + \frac{G^r}{G} \qquad (10.34)$$

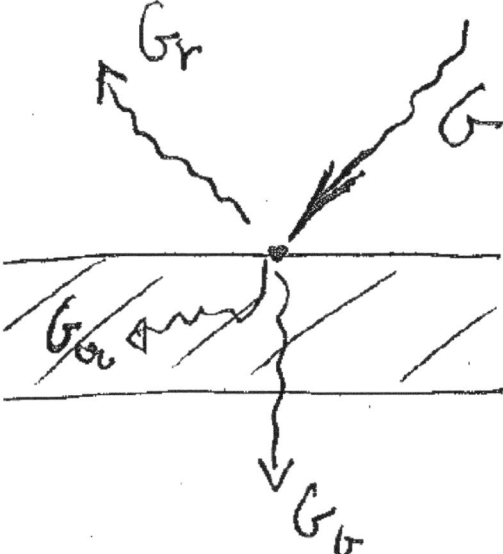

Figura 10.10: Lastra non opaca colpita da radiazione.

e definiamo:

Def. 89 *coefficiente d'assorbimento:*

$$\alpha \triangleq \frac{G^a}{G}$$

(10.35)

Def. 90 *coefficiente di trasmissione:*

$$\tau \triangleq \frac{G^t}{G}$$

(10.36)

Def. 91 *coefficiente di riflessione:*

$$\rho \triangleq \frac{G^r}{G}$$

(10.37)

Possiamo rifare questo discorso nel caso si consideri un'unica lunghezza d'onda:

$$G_\lambda = G_\lambda^a + G_\lambda^t + G_\lambda^r$$

(10.38)

e

$$\begin{aligned}
\alpha_\lambda &\triangleq \frac{G_\lambda^a}{G_\lambda} \\
\rho_\lambda &\triangleq \frac{G_\lambda^r}{G_\lambda} \\
\tau_\lambda &\triangleq \frac{G_\lambda^t}{G_\lambda}
\end{aligned}$$

(10.39)

con le condizioni

$$\begin{aligned}
\alpha + \rho + \tau &= 1 \\
\alpha_\lambda + \rho_\lambda + \tau_\lambda &= 1
\end{aligned}$$

(10.40)

In generale possiamo stabilire dei legami fra i coefficienti totali e quelli monocromatici. Iniziamo col considerare il coefficiente d'assorbimento:

$$\alpha = \frac{G^a}{G} = \frac{\int_0^\infty G_\lambda^a d\lambda}{\int_0^\infty G_\lambda d\lambda} = \frac{\int_0^\infty \alpha_\lambda G_\lambda d\lambda}{\int_0^\infty G_\lambda d\lambda}$$

(10.41)

si ha quindi che α è ottenuto tramite una media di α_λ pesata con G_λ.

A seconda di come irraggiamo, andremo a modificare la variabile peso dell'integrale (G_λ), dunque α non è una proprietà esclusiva della superficie ma viene dipendere anche dalle modalità d'irraggiamento.

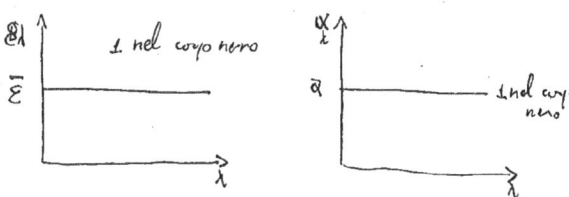

Figura 10.11: I corpi grigi sono corpi caratterizzati dall'avere coefficienti di emissione ed assorbimento costanti. Nel caso il valore costante assunto sia unitario, avremo dei corpi neri.

Esistono dei corpi tali per cui i coefficienti di emissione e di assorbimento sono delle costanti. Ciò è identicamente vero per il corpo nero, dove queste costanti hanno valore unitario, mentre per gli altri corpi, le costanti sono inferiori all'unità. Avere comunque ε_λ e α_λ costanti significa che la distribuzione spettrale assume lo stesso valore su tutta l'ampiezza dello spettro.

Def. 92 *definiamo* corpi grigi *i corpi caratterizzati dall'avere i coefficienti di assorbimento ed emissione costanti (e inferiori all'unità).*

Def. 93 *Definiamo* corpo opaco *un corpo tale per cui*

$$\boxed{\begin{aligned} \tau_\lambda = 0 &\to \tau = 0 \\ \rho_\lambda = 1 - \alpha_\lambda &\to \rho = 1 - \alpha \end{aligned}}$$

(10.42)

ovvero un corpo dove la capacità di riflettere è allora strettamente correlata alla capacità di assorbire.

10.3   Schema comparativo dell'irraggiamento

$$
\boxed{
\begin{aligned}
\varepsilon_{\lambda,\vartheta,\phi} &\triangleq \frac{I^e_{\lambda,\vartheta,\phi}}{I^e_{\lambda,b}} \qquad \varepsilon_\lambda \triangleq \frac{E_\lambda}{E_{\lambda,b}} \qquad \varepsilon \triangleq \frac{E}{E_b} \\[2mm]
\alpha_{\lambda,\vartheta,\phi} &\triangleq \frac{I^a_{\lambda,\vartheta,\phi}}{I_{\lambda,\vartheta,\phi}} \qquad \alpha_\lambda \triangleq \frac{G^a_\lambda}{G_\lambda} \qquad \alpha \triangleq \frac{G^a}{G}
\end{aligned}
}
\tag{10.43}
$$

10.4   Teorema di KIRCHHOFF

Possiamo vedere come legare il coefficiente di assorbimento con quello di emissione. Consideriamo un generico corpo soggetto ad irraggiamento:

$$
I_\lambda = \frac{dQ}{dA \cos \vartheta d\omega d\lambda}
\tag{10.44}
$$

dunque

$$
dQ^e = I^e_\lambda dA \cos \vartheta d\omega d\lambda
\tag{10.45}
$$

e

$$
dQ^a = I^a_\lambda dA \cos \vartheta d\omega d\lambda
\tag{10.46}
$$

In condizioni di stato stazionario, queste due potenze devono essere uguali:

$$
dQ^e \equiv dQ^a
\tag{10.47}
$$

da cui si ottiene

$$
I^e_\lambda \equiv I^a_\lambda
\tag{10.48}
$$

che ricorrendo alle definizioni di emissività e coefficiente di assorbimento, abbiamo:

$$
\varepsilon_{\lambda,\vartheta,\phi} I^e_{\lambda,b} \equiv \alpha_{\lambda,\vartheta,\phi} I_{\lambda,\vartheta,\phi}
\tag{10.49}
$$

Supponendo che il nostro corpo sia posto in una cavità, si ha che l'intensità di radiazione corrisponde ad una radiazione da corpo nero, ovvero $I^e_{\lambda,b} = I_{\lambda,\vartheta,\phi}$, ottenendo così la relazione

$$
\boxed{\varepsilon_{\lambda,\vartheta,\phi} \equiv \alpha_{\lambda,\vartheta,\phi}}
\tag{10.50}
$$

Questo vale ovviamente all'interno di una cavità in uno *stato di equilibrio stabile*, sotto condizione stazionarie.

Ciò che abbiamo fatto per le quantità monocromatiche direzionali può essere esteso alle altre quantità:

$$\boxed{\varepsilon_\lambda \equiv \alpha_\lambda}$$ (10.51)

e

$$\boxed{\varepsilon \equiv \alpha}$$ (10.52)

Si noti che il teorema di KIRCHHOFF è stato basato sull'ipotesi di porre il corpo all'interno di una cavità in stato di equilibrio stabile. In effetti tale condizione è necessaria solo nel caso delle quantità totali emisferiche poiché

- $\varepsilon_\lambda = \alpha_\lambda$ è verificato, oltre che nelle cavità anche nel caso in cui la sorgente risulti essere un corpo nero alla stessa temperatura del corpo;

- nel corpo grigio, se ε_λ è costante e se valgono le ipotesi di KIRCHHOFF , allora anche α_λ sarà costante su tutto lo spettro;

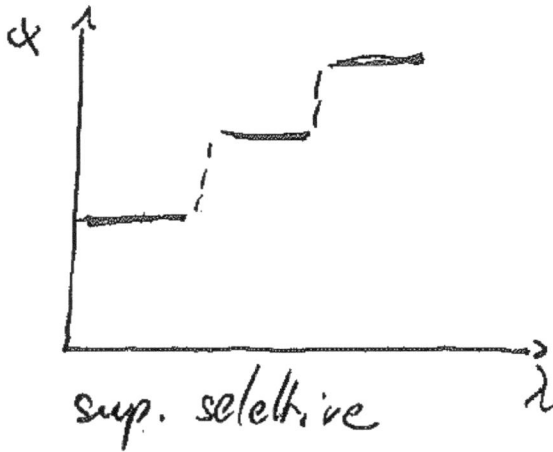

Figura 10.12: Alcuni corpi hanno un comportamento all'assorbimento e all'emissione differente a seconda delle lunghezze d'onda considerate, ad esmepio un andamento costante a tratti. Questi corpi prendono il nome di corpi selettivi.

Alcuni corpi sono selettivi, ovvero presentano un comportamento all'assorbimento e alla riflessione differente al variare della lunghezza d'onda. ad esempio potrebbe presentare un coefficiente d'assorbimento monocromatico costante a tratti. Tuttavia, i corpi selettivi NON sono corpi grigi, in quanto i loro coefficienti d'assorbimento monocromatico variano al variare della lunghezza d'onda.

10.5   Radiazione solare

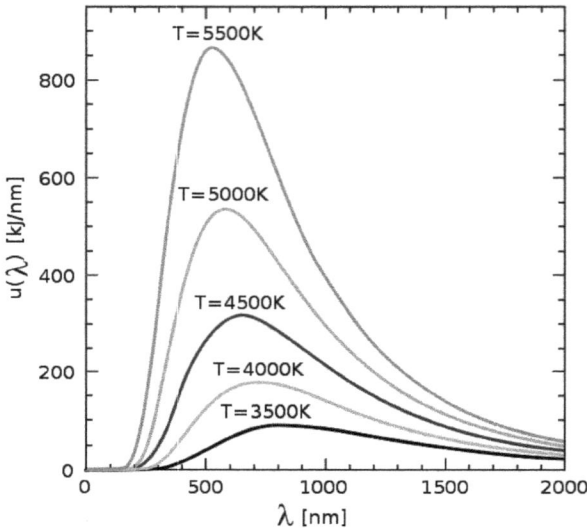

Figura 10.13: Legge di WIEN

Il Sole emette radiazioni con uno spettro simile a quello di un corpo nero alla temperatura di $5760K$ e nello spazio esterno, la distribuzione spettrale si avvicina molto a quella ideale di corpo nero. Sulla superficie terrestre invece, lo spettro non è regolare ed assume un andamento molto frastagliato e inferiore a quello teorico: le gole sono dovute all'assorbimento da parte dei gas atmosferici della radiazione. A titolo esemplificativo, per lunghezze d'onda inferiori a $0.4\mu m$, si ha l'assorbimento dovuto all'ozono, O_3, mentre per lunghezze d'onda comprese fra $1\mu m$ e $2.5\mu m$, la radiazione viene assorbita dall'anidride carbonica (CO_2) e del vapore acqueo (H_2O).

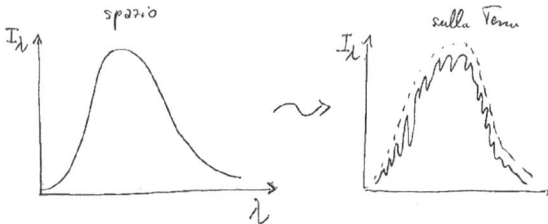

Figura 10.14: Distribuzione spettrale del Sole nello spazio e come esso viene visto da Terra.

Riprendendo la frazione

$$F_{0,\lambda} \triangleq \frac{\int_0^\lambda E_{\lambda,b} d\lambda}{E_b} \tag{10.53}$$

si nota che la radiazione solare ha un andamento a rampa, e raggiunge il valore

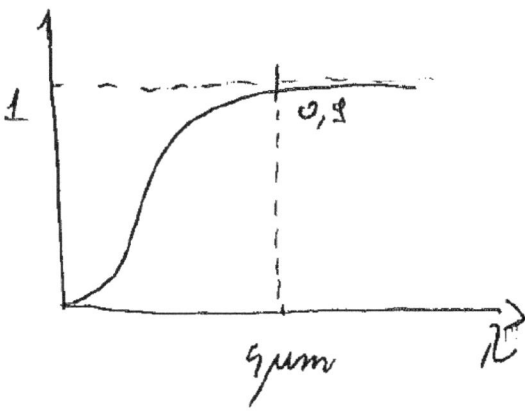

Figura 10.15: $F_{0,\lambda}$ solare.

unitario nell'intorno di $\lambda = 0.4\mu m$ (in realtà, a $\lambda = 0.4\mu m$ raggiunge il 90 per cento della sua capacità) (figura 10.15).
Assumendo che la Terra sia a $300K$, essa emetterà come un corpo a $300K$: la

frazione d'emissione parte da circa $\lambda = 0.4\mu m$ e raggiunge il 90 per cento dell'emissione a circa $\lambda = 35\mu m$. La Terra emette quindi con un certo ritardo rispetto al sole, e si comporta quindi come un filtro, da cui discende l'effetto serra, ovvero il fenomeno per cui l'atmosfera fa passare la radiazione solare ma assorbe la radiazione terrestre, avendo così un fenomeno di accumulo energetico (figura 10.16).

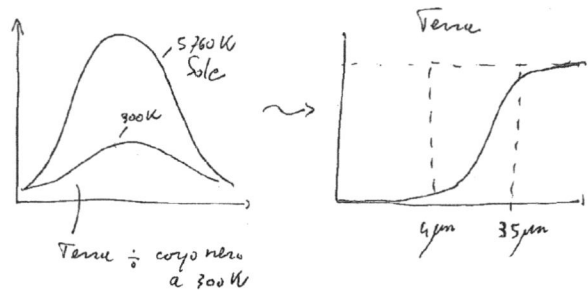

Figura 10.16: $F_{0,\lambda}$ terrestre, assumendo la Terra come un corpo nero a 300K.

10.6   Bilanci di irraggiamento

Consideriamo ora un punto P_1 appartenente ad una superficie A_1 e dotato di un'areola dA_1 di normale n_1. Consideriamo anche un altro punto, P_2, appartenente ad un'altra superficie A_2, di areola dA_2 e normale n_2. sia allora $\vec{\Omega}$ la congiungente fra i punti P_1 e P_2 e siano ϑ_1 e ϑ_2 gli angoli formati da $\vec{\Omega}$ con le normali, n_1 e n_2 rispettivamente.

Tentiamo allora di calcolare la potenza che abbandona A_1 per essere accolta da A_2, ovvero $Q_{1\rightarrow 2}$. Sappiamo che

$$(dQ_{1\rightarrow 2})_\lambda = I_\lambda dA_1 \cos\vartheta_1 d\omega_1 d\lambda \tag{10.54}$$

Integrando su tutto lo spettro:

$$dQ_{1\rightarrow 2} = I_1 dA_1 \cos\vartheta_1 d\omega_1 \tag{10.55}$$

D'altra parte, $d\omega_1 = \frac{dA}{r^2}$, dove però dA non coincide con dA_2, in quanto n_2 non è parallela a $\vec{\Omega}$:

$$dA = dA_2 \vec{\Omega} \cdot \vec{n}_2 = dA_2 \cos\vartheta_2 \tag{10.56}$$

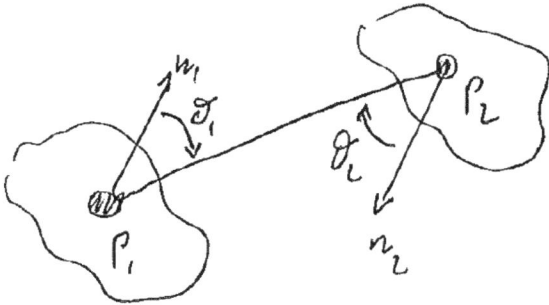

Figura 10.17: Superfici affacciate

mentre r è banalmente la distanza fra i punti. sostituendo, otteniamo

$$dQ_{1\to2} = I_1 \frac{\cos\vartheta_1 \cos\vartheta_2}{r^2} dA_1 dA_2 \tag{10.57}$$

da cui

$$Q_{1\to2} = \int dQ_{1\to2} = \int\int I_1 \frac{\cos\vartheta_1 \cos\vartheta_2}{r^2} dA_1 dA_2 \tag{10.58}$$

Se la superficie è diffusa, il termine I_1, che tiene conto delle riflessioni e delle emissioni, non dipende dalle coordinate geometriche e può essere estratto dall'integrale:

$$Q_{1\to2} = I_1^{e+r} \int\int \frac{\cos\vartheta_1 \cos\vartheta_2}{r^2} dA_1 dA_2 \tag{10.59}$$

In maniera analoga:

$$Q_{2\to1} = I_2^{e+r} \int\int \frac{\cos\vartheta_2 \cos\vartheta_1}{r^2} dA_2 dA_1 \tag{10.60}$$

Def. 94 *Definiamo* fattore di vista *la potenza irraggiata da una superficie 1 e raccolta da un'altra superficie 2:*

$$\boxed{F_{ij} = \frac{Q_{i\to j}}{J_i A_i}} \tag{10.61}$$

Ora, siccome $I_1^{e+r} = J_1$ e $I_2^{e+r} = J_2$ sono le radiosità delle due superfici considerate, avremo:

$$\frac{Q_{1\rightarrow 2}}{J_1} = \int \int \frac{\cos\vartheta_1 \cos\vartheta_2}{r^2} dA_1 dA_2 \qquad (10.62)$$

e

$$\frac{Q_{2\rightarrow 1}}{J_2} = \int \int \frac{\cos\vartheta_2 \cos\vartheta_1}{r^2} dA_2 dA_1 \qquad (10.63)$$

Nel caso di superfici diffuse, si ha che:

$$\frac{Q_{2\rightarrow 1}}{J_2} = \frac{Q_{1\rightarrow 2}}{J_1} \qquad (10.64)$$

ovvero si ha la *relazione di reciprocità*:

$$\boxed{F_{12}A_1 = F_{21}A_2} \qquad (10.65)$$

Si noti che una frazione di potenza irraggiata può essere raccolta dalla superficie emittente stessa, ammesso che la superficie sia concava (es. specchio concavo). Possiamo quindi scrivere la potenza irraggiata come:

$$J_1 A_1 = Q_{1\rightarrow 1} + Q_{1\rightarrow 2} + \ldots + Q_{1\rightarrow n} \qquad (10.66)$$

ovvero:

$$1 = \frac{Q_{1\rightarrow 1}}{J_1 A_1} + \frac{Q_{1\rightarrow 2}}{J_1 A_1} + \ldots + \frac{Q_{1\rightarrow n}}{J_1 A_1} \qquad (10.67)$$

da cui possiamo generalizzare le seguenti leggi:

$$\boxed{\sum_{j=1}^{n} F_{ij} = 1} \qquad (10.68)$$

$$\boxed{F_{ij}A_i \equiv F_{ji}A_j} \qquad (10.69)$$

Supponiamo allora di considerare una cavità chiusa: il bilancio della potenza irraggiata è facilmente calcolabile in quanto la potenza è totalmente raccolta dalla superficie emittente stessa. Matematicamente, si ottiene pannellando la superficie irraggiante con una serie di superfici delimitanti la cavità.

La potenza netta che lascia una superficie e viene raccolta da una seconda superficie si ottiene come:

$$Q_{12} = Q_{1 \to 2} - Q_{2 \to 1} = F_{12} A_1 J - 1 - F_{21} A_2 J_2 = F_{12} A_1 (J_1 - J_2) \quad (10.70)$$

Considerando una sola superficie. Avremo come termini in gioco la potenza irraggiante (G), quella emessa (J) e quella generata all'interno del corpo che la superficie delimita ($Q^{\leftarrow}$):

$$Q^{\leftarrow} + GA = JA \to Q^{\leftarrow} = (J - G)A \quad (10.71)$$

d'altra parte

$$J = E + G^r = E + \rho G = \varepsilon E_b + (1 + \alpha)G = \varepsilon E_b + (1 - \varepsilon)G \quad (10.72)$$

da cui

$$Q^{\leftarrow} = \left(J - \frac{J - \varepsilon E_b}{(1 - \varepsilon)} \right) A = \frac{E_b - J}{\left(\frac{(1 - \varepsilon)}{\varepsilon A} \right)} \quad (10.73)$$

Dato che J è la radiosità emessa dal corpo reale, mentre E_b è la potenza emessa dal corpo nero, possiamo scrivere:

$$J = E_b - \frac{(1 - \varepsilon)}{\varepsilon A} Q^{\leftarrow} \quad (10.74)$$

da cui

$$Q_{12} = F_{12} A_1 \left(E_{b,1} - \frac{(1 - \varepsilon_1)}{\varepsilon_1 A_1} Q_1^{\leftarrow} - E_{b,2} + \frac{(1 - \varepsilon_2)}{\varepsilon_2 A_2} Q_2^{\leftarrow} \right) \quad (10.75)$$

D'altra parte si ha che $Q_1^{\leftarrow} = Q_{12}$ mentre $Q_2^{\leftarrow} = -Q_2^{\rightarrow} = Q_{12}$, dunque

$$\boxed{Q_{12} = \frac{E_{b,1} - E_{b,2}}{\frac{(1-\varepsilon_1)}{\varepsilon_1 A_1} + \frac{1}{F_1 A_1} + \frac{(1-\varepsilon_2)}{\varepsilon_2 A_2}}} \quad (10.76)$$

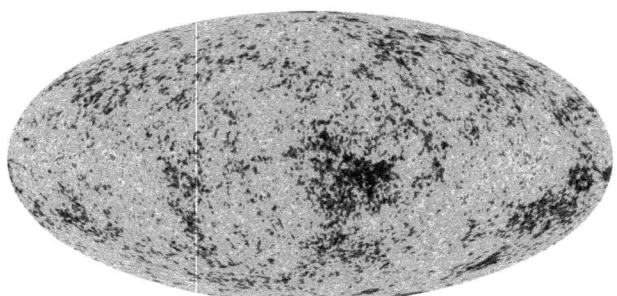

Figura 10.18: La sonda WILKINSON MICROWAVE ANISOTROPY o WMAP è riuscita a mappare la prima mappa completa della luce stellare su microonde. Questa è un'immagine del nostro universo ancora "in fasce", a circa infatti 379000 anni dopo il Big Bang. Fonte: NASA

CHAPTER 11

APPLICAZIONI DI TRASMISSIONE DI CALORE

11.1 Esempi di Conduzione

Molti problemi di trasmissione di calore possono essere affrontati tramite l'analogia elettrica, in cui si modella il fenomeno fisico tramite un modello a parametri concentrati e in cui le caratteristiche termiche svolgono una funzione analoga a quella delle resistenze elettriche nei circuiti.

$$q = \frac{Q}{A} = \frac{1}{A}\left(\frac{T_i - T_o}{\mathbb{R}}\right) = \frac{T_i - T_o}{\mathbb{R}_{eq}A} \qquad (11.1)$$

Elementi di Fisica Tecnica.
By Giulio Malinverno.
Copyright © 2016 .

	Resistenza conduttiva $\mathbb{R}_K$	resistenza convettiva $\mathbb{C}$
geometria piana	$\frac{s}{KA_p}$	$\frac{1}{hA}$
geometria cilindrica	$\frac{1}{2\pi KL}\ln\left(\frac{R_o}{R_i}\right)$	$\frac{1}{hA}$
geometria sferica	$\frac{1}{4\pi K}\left(\frac{1}{R_i}-\frac{1}{R_o}\right)$	$\frac{1}{hA}$

Tabella 11.1: Analogia elettrica nella trasmissione del calore

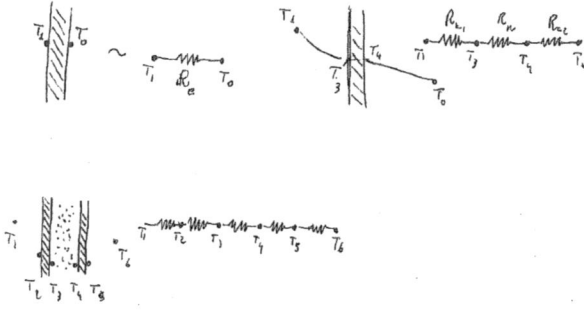

Figura 11.1: Analogia elettrica nella trasmissione del calore - modello a parametri concentrati - resistenze equivalenti

Il nostro modello equivale ad uno schema elettrico costituita da un'unica resistenza percorsa da corrente (calore), data la differenza di potenziale (temperatura).

Consideriamo ad esempio una lastra di comune vetro (figura 11.1 in alto), dallo spessore di qualche millimetro (ad esempio $s = 4$ mm, mentre $K = 0,6\frac{W}{mK}$). Supponiamo che all'esterno ci sia una temperatura di 10 gradi CELSIUS , mentre all'interno ci siano venti gradi CELSIUS .

$$q = \frac{T_i - T_o}{\mathbb{R}_{eq}A} = \frac{T_i - T_o}{\mathbb{R}_k A} = \frac{\Delta T}{\frac{s}{KA}A} = \frac{10}{\frac{0,004}{0.6}} = \frac{10}{0,0067} \simeq 1,5\frac{kW}{m^2} \qquad (11.2)$$

Considerando solamente il vetro come materiale conduttivo, il modello così sviluppato comporta che $\mathbb{R}_K \equiv \mathbb{R}_{eq}$, ovvero la resistenza equivalente coincide con la resistenza del singolo mezzo. Questo modello tuttavia è troppo semplice - e lo si evince anche dal valore del flusso termico calcolato. Consideriamo allora anche l'aria circostante - assumendo che T_i e T_o siano i valori di equilibrio del fluido indisturbato. Sulla superficie del vetro ci saranno invece delle temperature differenti da quelle indisturbate. Possiamo quindi modellare il sistema come una serie di resistenze in serie (figura 11.1 in alto a destra):

$$\mathbb{R}_{eq} = \mathbb{R}_{c,1} + \mathbb{R}_k + \mathbb{R}_{c,2} = \frac{1}{hA}A + \frac{s}{KA}A + \frac{1}{hA}A \qquad (11.3)$$

Nel nostro caso, coi valori tipici dell'aria ($h \simeq 10\frac{K}{m^2 W}$) e del vetro ($K = 0,6\frac{W}{mK}$), si ottiene:

$$\mathbb{R}_{eq} \simeq 0,2067\frac{m^2 K}{W} \rightarrow q = 48\frac{W}{m^2} \qquad (11.4)$$

Il modello a parametri concentrati funziona anche per valutare il caso dei doppi vetri (figura 11.1 in basso). L'aria nell'intercapedine può essere considerata ferma e quindi avremo una resistenza conduttiva che la descrive ($K_a = 0,027\frac{W}{mK}$):

$$\mathbb{R}_{eq} = \mathbb{R}_{c,1} + \mathbb{R}_{k,v1} + \mathbb{R}_{k,a} + \mathbb{R}_{k,v2} + \mathbb{R}_{c,2} \qquad (11.5)$$

da cui

$$\mathbb{R}_{eq} = \frac{1}{h_1} + \frac{s_{v,1}}{K_{v,1}} + \frac{s_a}{K_a} + \frac{s_{v,2}}{K_{v,2}} + \frac{1}{h_2} \qquad (11.6)$$

Considerano dei vetri da 4 millimetri e uno spessore di 1 cm dell'intercapedine, avremo quindi

$$\mathbb{R}_{eq} \simeq 0,5838\frac{m^2 K}{w} \rightarrow q = 17\frac{W}{m^2} \qquad (11.7)$$

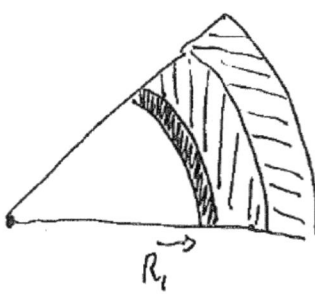

Figura 11.2: Analogia elettrica nella trasmissione del calore - sezione di condotto a geometria cilindrica

Consideriamo ora un condotto in acciaio , figura 11.2, di raggio interno R_i e spessore 5,5 mm, rivestito da uno strato di materiale isolante (spessore $s_{i,1} = 90$ mm e $K_{i,1} = 0,125\frac{W}{mK}$). Al di sopra di questo, mettiamo un secondo strato isolante (spessore $s_{i,2} = 40$ mm e $K_{i,2} = 1\frac{W}{mK}$). Supponiamo che la temperatura all'interno del tubo sia di 250 gradi CELSIUS , mentre esternamente ci siano delle condizioni ambientali, diciamo 20 gradi CELSIUS . Valutiamo la potenza termica per unità di lunghezza.

$$\mathbb{R}_{eq}L = \mathbb{R}_{K,a}L + \mathbb{R}_{i,1}L + \mathbb{R}_{i,2}L + \mathbb{R}_c L \qquad (11.8)$$

Siamo in condizioni di geometria cilindrica, quindi:

$$\mathbb{R}_{eq}L = \frac{1}{2\pi K_a} \ln\left(\frac{R_2}{R_1}\right) + \frac{1}{2\pi K_{i,1}} \ln\left(\frac{R_3}{R_2}\right) + \frac{1}{2\pi K_{i,2}} \ln\left(\frac{R_4}{R_3}\right) + \frac{1}{2\pi h R_4}$$

$$(11.9)$$

Inserendo i dati del problemi abbiamo

$$\mathbb{R}_{eq}L = 0,00023 + 0,9160 + 0,0327 + 0,0739 = 1,02632 \qquad (11.10)$$

da cui

$$q = \frac{Q}{L} = \frac{\Delta T}{\mathbb{R}_{eq}L} = \frac{230}{1,02632} \simeq 224,102\frac{W}{m} \qquad (11.11)$$

siccome questo è il flusso termico che attraversa tutti i componenti, può essere utilizzato per calcolare il salto termico su ciascun componente (così come nei circuiti elettrici, nota la resistenza di un singolo componente e l'intensità di corrente che l'attraversa, si può calcolare la differenza di potenziale):

- attraverso l'acciaio: $\Delta T_a = q \cdot \mathbb{R}_a = 224 \cdot 0,00023 \simeq 0,052°$ C;

- attraverso il primo isolante: $\Delta T_a = q \cdot \mathbb{R}_{i,1} = 224 \cdot 0,916 \simeq 205,277°$ C;

- attraverso il secondo isolante: $\Delta T_a = q \cdot \mathbb{R}_{i,2} = 224 \cdot 0.0327 \simeq 7,328°$ C;

- attraverso l'aria: $\Delta T_a = q \cdot \mathbb{R}_c = 224 \cdot 0,0739 \simeq 16.561°$ C.

Il metodo dei parametri concentrati si è dimostrato un valido strumento analitico e lo si è utilizzato anche in ambito sperimentale per studiare le capacità termiche dei vari materiali. Consideriamo ad esempio una sferetta di alluminio ($K_{al} = 237 \frac{W}{mK}$), al cui interno è posta una sorgente che eroga 80 W di potenza termica, distribuita uniformemente sulla superficie. Supponiamo di rivestire questa sferetta con del materiale di cui ignoriamo la resistenza conduttiva.

La resistenza equivalente sarà data dal modello a parametri concentrati:

$$\mathbb{R}_{eq} = \frac{1}{4\pi K_{al}} \left(\frac{1}{R_1} - \frac{1}{R_2} \right) + \frac{1}{4\pi K_{is}} \left(\frac{1}{R_2} - \frac{1}{R_3} \right) + \frac{1}{4\pi h R_3^2} \qquad (11.12)$$

dove R_1, R_2, R_3 sono rispettivamente i raggi della sferetta d'alluminio e del rivestimento.

Sperimentalmente si misura la variazione di temperatura (ΔT) e il calore scambiato (Q). Una volta che si hanno questi dati sperimentali, si può calcolare la resistenza termica:

$$\mathbb{R}_{eq} = \frac{\Delta T}{Q} = \mathbb{R}_{al} + \mathbb{R}_{is} + \mathbb{R}_c \qquad (11.13)$$

da cui

$$K_{is} = \frac{1}{4\pi (\mathbb{R}_{eq} - \mathbb{R}_{al} - \mathbb{R}_c)} \left(\frac{1}{R_2} - \frac{1}{R_3} \right) \qquad (11.14)$$

NOTA BENE: sull'interfaccia dei due materiali ci potrebbero essere degli effetti di bordo analoghi ai problemi che nascono nei circuiti quando si hanno più connessioni o saldature, ovvero delle resistenze aggiuntive - che nel nostra caso si indicano col nome di *resistenze di contatto*.

Consideriamo ora un file elettrico percorso da corrente tale da avere una generazione di potenza ($\sigma = 10^6 \frac{W}{m^3}$). Una delle quantità che potrebbe essere utile conoscere è la temperatura che il filo raggiungerà all'equilibrio. diametro del filo 1,5 mm, $K = 380\frac{W}{mK}$, $h = 10\frac{W}{m^2K}$. Consideriamo l'equazione sulla diffusione in una geometria cilindrica:

$$T(r) = -\frac{\sigma r^2}{4K} + C_2 \rightarrow \frac{dT}{dr} = -\frac{\sigma r}{2K} \qquad (11.15)$$

La temperatura massima sarà al centro del filo, in quanto sede della generazione di potenze e perché sulla superficie esterna ci sarà dello scambio termico con l'aria circostante:

$$T_{max} = T(0) = C_2 \rightarrow T(r) = -\frac{\sigma r^2}{4K} + T(0) \qquad (11.16)$$

mentre esternamente:

$$T(R) = T(0) - \frac{\sigma r^2}{4K} \qquad (11.17)$$

Calcoliamo allora la temperatura della superficie esterna tramite il bilancio del calore (temperatura ambiente $T_a = 20°C$):

$$Q = \frac{T(R) - T_a}{\mathbb{R}} \qquad (11.18)$$

D'altra parte, per equilibrio, questa sarà anche la potenza generata nel filo (che deve essere appunto smaltita):

$$Q = \int \sigma dV = \sigma \pi R^2 L \qquad (11.19)$$

Considerando solo il contributo dell'aria nella resistenza equivalente, abbiamo:

$$T(R) = T_a + \mathbb{R}Q = T_A + \frac{\sigma \pi R^2 L}{2\pi RLh} = T_a + \frac{\sigma R}{2h} \simeq 57.5°C \qquad (11.20)$$

mentre

$$T_{max} \simeq 57.5°C \qquad (11.21)$$

Supponiamo ora di rivestire il filo elettrico con uno strato di gomma. Anche in questo caos la temperatura massima del filo è quella che si ha al centro dello stesso, per le considerazioni viste sopra. Analogamente, possiamo esprimere tale temperatura in funzione della temperatura superficiale:

$$T_{max} = T(R_1) + \frac{\sigma R_1^2}{4K} \qquad (11.22)$$

Come sopra, la temperatura superficiale sarà anche qui calcolabile tramite il bilancio energetico, con tuttavia l'attenzione che c'è una resistenza termica aggiuntiva data dalla guaina:

$$\mathbb{R}_{eq} = \mathbb{R}_k + \mathbb{R}_c = \frac{\ln \frac{R_2}{R_1}}{2\pi K L} + \frac{1}{2\pi R_2 L h} \tag{11.23}$$

Coi dati iniziali, $T(R_1) = 48, 3°C$ mentre $R(0) = 48, 3°C$.

Può sembrare assurdo che mettendo un isolante si ottenga una temperatura inferiore a quella ottenuta senza isolante. In realtà il *trucco* consiste nell'aver considerato un filo molto sottile: la differenza fra la prima configurazione e la seconda non è quella di aver messo un isolante dove prima non c'era nulla, ma di aver sostituito un ottimo isolante (l'aria ferma) con un isolante di minor qualità (la gomma).

Def. 95 *Definiamo* raggio critico *il rapporto*

$$\boxed{r_{cr} \doteq \frac{K_{is}}{h_{aria}}} \tag{11.24}$$

dove K_{is} è la conduttività dell'isolante che si sta considerando per l'applicazione. Quando il raggio dell'oggetto è minore del raggio critico del sistema, l'aria funge da isolante e non è necessario utilizzare l'altro isolante.

Consideriamo una barretta in ottone utilizzata come scambiatore di calore, dal diametro di 5 mm ed una lunghezza di 200 mm. La conduttività dell'ottone è $K_o = 110\frac{W}{mK}$. Supponiamo che la superficie cui è collegata la barretta sia a $T_w = 200°C$, la temperatura ambiente a $T_\infty = 30°C$ con $h = 30\frac{W}{m^2K}$. Dobbiamo calcolare il calore disperso, nonché la temperatura della barretta e l'efficienza dello scambiatore.

In primo luogo verifichiamo che si possa utilizzare il modello di barra semi-infinita, valutando il parametro ml:

$$m = \sqrt{\frac{hP}{KA_c}} = \sqrt{\frac{h\pi d}{K\pi\frac{d^2}{4}}} = 2\sqrt{\frac{h}{Kd}} \simeq 14,77[m]^{-1} \tag{11.25}$$

ovvero

$$ml = 2.954 < \bar{m}\bar{l} = 2.647 \tag{11.26}$$

In base all'ipotesi di barretta semi-infinita,

$$\vartheta = \vartheta_0 e^{-mx} \rightarrow \frac{d\vartheta}{dx} = -m\vartheta_0 e^{-mx} \qquad (11.27)$$

da cui

$$Q = q_k A_c = -K\frac{d\vartheta}{dx}\Big|_{x=0} A_c = A_c K\vartheta_0 \simeq 5,42[W] \qquad (11.28)$$

mentre

$$T(l) = T_\infty + \vartheta_0 e^{-ml} \simeq 38,9°C \qquad (11.29)$$

$$\eta = \frac{1}{ml} = 0,34 \qquad (11.30)$$

$$\varepsilon = \frac{Q_0}{Q_c} = \frac{Q_0}{h\vartheta_0 A_c} = 54. \qquad (11.31)$$

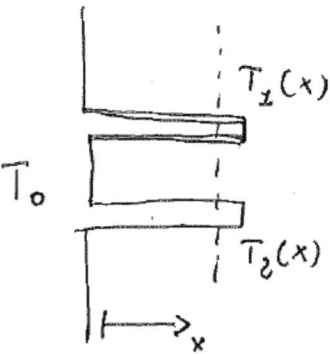

Figura 11.3: Conduzione in alette di materiali differenti

Consideriamo ora due barrette, utilizzate come alette raffreddanti, geometricamente simili ma realizzate con materiali differenti - figura 11.3. Se conosciamo la conduttività di un materiale, tramite delle prove sperimentali possiamo ricavare quella del secondo materiale. Supponiamo di poter applicare il modello della barretta semi-infinita, misurando la temperatura alla stessa ascissa $\bar{x}$:

$$\vartheta_1 = \vartheta_0 e^{-m_1 \bar{x}} \tag{11.32}$$

$$\vartheta_2 = \vartheta_0 e^{-m_2 \bar{x}} \tag{11.33}$$

Abbiamo allora

$$\frac{m_2}{m_1} = \frac{\ln \frac{\vartheta_2}{\vartheta_0}}{\ln \frac{\vartheta_1}{\vartheta_0}} \tag{11.34}$$

Ricavando m_2 in funzione dei dati sperimentali e in funzione di $m1$, in base alla definizione

$$m_i = \sqrt{\frac{hP}{K_i A_c}} \tag{11.35}$$

possiamo ricavare K_2.

11.2 Transitori termici nella conduzione

Supponiamo di dover interrare una conduttura in un terreno in zona montagnosa, tale per cui nel periodo estivo la temperatura atmosferica è di $20°C$ mentre in inverno la temperatura scende a $-15°C$. Per semplicità supponiamo che questo salto di temperatura sia istantaneo e che il terreno rimanga ghiacciato per 60 giorni. Dobbiamo determinare la profondità alla quale dobbiamo interrare la condotta affinché non ghiacci.

Notiamo subito che questo è un problema non stazionario, non convettivo e modellabile come semi-infinito.

Il nostro scopo è che la temperatura finale non sia inferiore a zero gradi:

$$T(x, t_f) < T_{limite} = 0°C \tag{11.36}$$

La relazione fondamentale è

$$\boxed{\frac{T - T_0}{T_i - T_0} = \text{erf}(\eta) = \frac{2}{\sqrt{\pi}} \int_0^\eta e^{-\eta^2} d\eta} \tag{11.37}$$

dove

$$\boxed{\eta \doteq \frac{x}{2\sqrt{\alpha t}}} \tag{11.38}$$

Non essendo un integrale calcolabile analiticamente, dobbiamo affidarci a dei valori tabulati valutati numericamente.

La nostra condizione diviene:

$$T(x, t_f) = T_0 + (T_i - T_0)\text{erf}(\eta) < T_{limite} = 0°C \qquad (11.39)$$

da cui

$$\text{erf}(\eta) \geq \frac{T_l - T_0}{T_i - T_0} = \frac{15}{35} \qquad (11.40)$$

Dai valori tabulati, abbiamo che $\eta \geq 0,4$.

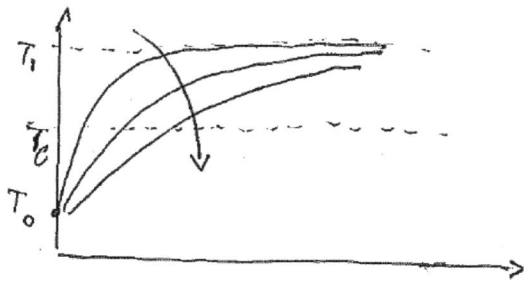

Figura 11.4: Andamento temporale della temperatura nel terreno

Abbiamo allora:

$$0,4 \leq \eta = \frac{x}{2\sqrt{\alpha t}} = \frac{x}{2\sqrt{\frac{K}{\rho c}t}} \rightarrow x \geq 0,68 \text{ m} \qquad (11.41)$$

Un problema non stazionario analogo a questo appena visto è quello dell'andamento temporale della temperatura in un provino al fine di valutarne la conduttività termica.

Si riscalda allora il provino ad una determinata temperatura T_0 e lo si lascia poi raffreddare misurando, ad un determinato intervallo di tempo τ, la temperatura in un certo punto di ascissa $\bar{x}$. In base alla relazione fondamentale,

$$\boxed{\frac{T - T_0}{T_i - T_0} = \text{erf}(\eta)} \qquad (11.42)$$

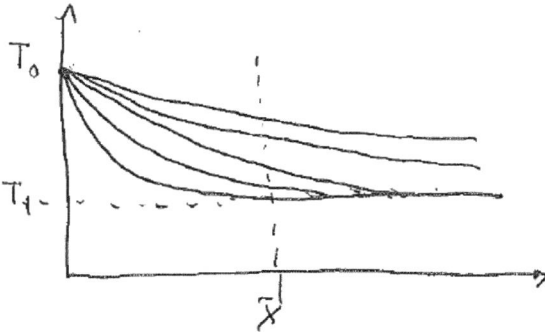

Figura 11.5: Andamento temporale della temperatura in un provino

possiamo ricavare la conduttività:

$$\eta = \frac{x}{2\sqrt{\frac{K}{\rho c}\tau}} \rightarrow K = \rho \frac{c\bar{x}^2}{4\tau\eta^2} \tag{11.43}$$

Consideriamo ora due mezzi semi-infiniti ponendoli a contatto fra loro. Supponiamo che questi mezzi siano a temperature differenti. Ci sarà allora uno scambio termico fra di essi e la temperatura andrà a modificarsi per raggiungere l'equilibrio. Varranno ancora le relazioni fondamentali:

$$\text{erf}(\eta_1) = \frac{T^I - T_0}{T_1 - T_0} \tag{11.44}$$

$$\text{erf}(\eta_1) = \frac{T^{II} - T_0}{T_2 - T_0} \tag{11.45}$$

Il flusso termico andrà dal corpo caldo al corpo freddo e trascurando la dispersione verso altri mezzi:

$$q_1^{\leftarrow}(0,t) = q_2^{\rightarrow}(0,t) \forall t \tag{11.46}$$

D'altra parte,

$$q = -K\frac{dT}{dx} \rightarrow q = -K(T_i - T_0)\frac{\text{derf}(\eta)}{dx} = -K(T_i - T_0)\frac{\text{derf}(\eta)}{d\eta}\frac{d\eta}{dx} \tag{11.47}$$

Siccome:

$$\frac{\mathrm{derf}(\eta)}{d\eta} = \frac{2}{\sqrt{\eta}}e^{-\eta^2} \tag{11.48}$$

$$\frac{d\eta}{dx} = \frac{1}{2\sqrt{\alpha t}} \tag{11.49}$$

abbiamo

$$q = -K(T_i - T_0)\frac{e^{-\eta^2}}{\sqrt{\pi \alpha t}} \tag{11.50}$$

Dall'uguaglianza dei flussi termici:

$$-K_1(T_1 - T_0)\frac{e^{-\eta_1^2}}{\sqrt{\pi \alpha_1 t}} = -K_2(T_2 - T_0)\frac{e^{-\eta_2^2}}{\sqrt{\pi \alpha_2 t}} \tag{11.51}$$

siccome stiamo valutando il flusso termico in $x = 0$, ovvero il punto di contatto:

$$-K_1(T_1 - T_0)\frac{1}{\sqrt{\alpha_1}} = -K_2(T_2 - T_0)\frac{1}{\sqrt{\alpha_2}} \tag{11.52}$$

da cui, siccome $\alpha = \frac{K}{\rho c}$

$$\frac{T_1 - T_0}{T_2 - T_0} = \frac{\sqrt{K_2 \rho_2 c_2}}{\sqrt{K_1 \rho_1 c_1}} \tag{11.53}$$

Def. 96 *Definiamo* **distanza di penetrazione** *la quantità*

$$\boxed{\sqrt{\rho K c}} \tag{11.54}$$

11.3 Esempio di convezione

Consideriamo una paletta di turbina investita da un flusso di gas ad una velocità di 160 metri al secondo e con una temperatura di 1150 K. La corda della paletta è $l = 40$ mm mentre la sua temperatura è $T_s = 800°C$. Si misura un flusso termico $q = 95\frac{kW}{m^2}$. Dobbiamo calcolare il coefficiente di scambio termico nell'ipotesi che il gas non cambi le proprie caratteristiche al variare della temperatura.

Sappiamo che

$$q = h(T_\infty - T_s) \rightarrow h = \frac{q}{T_\infty - T_s} \simeq 271,4\frac{W}{m^2 K} \tag{11.55}$$

Supponiamo che per un qualsivoglia motivo la temperatura della paletti vari, attestandosi a $T_s = 700°C$: si avrà allora un nuovo flusso termico pari a

$$q = h(T_\infty - T_s) = 122,13 kW \tag{11.56}$$

Consideriamo ora una seconda turbina, tale per cui la paletta ha una geometria simile a scalata, tale per cui la corda è di 80mm, mentre la velocità del gas scenda a 80 metri al secondo. Supponiamo che il materiale della seconda schiera di palette sia lo stesso della prima schiera ($K_1 = K_2$).

Poiché ci vengono fornite le variazioni geometriche e cinetiche, siamo nelle condizioni di poter affrontare il problema utilizzando le similitudini. Sappiamo che

$$Nu = cRe^m Pr^n \tag{11.57}$$

Poiché per ipotesi le caratteristiche del gas rimangono costanti, il numero di PRANDTL non subirà variazioni. Valutando il numero REYNOLDS, scopriamo che entrambi i processi hanno lo stesso numero di REYNOLDS, in quanto le variazioni geometriche sono controbilanciate da quelle cinematiche.

Poichè nel caso specifico Re e Nu sono entrambi in entrambe le applicazioni, il numero di NUSSELT sarà identico per entrambe le turbine[1], quindi:

$$\frac{h_1 l_1}{K_1} = \frac{h_2 l_2}{K_2} \rightarrow h_2 = h_1 \frac{l_1}{l_2} \tag{11.58}$$

Abbiamo quindi che nella seconda schiera di palette:

$$q_2 = h_2 \vartheta = h_1 \frac{l_1}{l_2} \vartheta \tag{11.59}$$

Supponiamo di avere una lastra piana, di superficie A, riscaldata ad una temperatura T_s e che tale lastra sia investita da un flusso d'aria a una temperatura indisturbata T_∞ con una velocità u. Ipotizziamo che la forza esercitata sulla lastra sia F_s. Calcoliamo la potenza dissipata dalla lastra:

$$Q = qA = h(T_s - T_\infty)A \tag{11.60}$$

---

[1] Ciò è valido solamente perché Re e Pr non subiscono variazioni in base alle ipotesi fatte e alla scelta dei parametri dell'esempio. Se i cambiamenti nella geometria non fossero controbilanciati dalle variazioni di velocità, in modo che $Re_1 \neq Re_2$, non avremmo potuto calcolare il numero di NUSSELT, in quanto non abbiamo esplicitato i valori degli esponenti nell'equazione che lega Re e Nu.

Siccome

$$h = Nu\frac{K}{l} \tag{11.61}$$

con

$$Nu = \frac{C_f}{2} RePr^{0,33} \tag{11.62}$$

Ora,

$$C_f = \frac{\tau}{\frac{1}{2}\rho u^2} = \frac{F_s}{\frac{1}{2}\rho u^2 A} \tag{11.63}$$

La densità dell'aria può essere calcolata attraverso la relazione dei gas perfetti, $\rho = \frac{p}{R^*T}$

Def. 97 *Definiamo* **temperatura di film** *la media:*

$$\boxed{T_f \doteq \frac{1}{2}(T_s + T_\infty)} \tag{11.64}$$

Re	c	m
< 40	0.913	0.385
< 4000	0.683	0.466
< 40000	0.193	0.618
< 400000	0.027	0.805

Tabella 11.2: Esempi di correlazioni sperimentali sul numero di NUSSELT, $Nu = cRe^m Pr^{0.33}$

Consideriamo un cilindro investito da una corrente fluida perpendicolare al cilindro stesso. Data la velocità della corrente e al temperatura della corrente indisturbata, possiamo calcolare il calore dissipato. In base alle correlazioni sperimentali tabellate, come quelle riportate in tabella 11.2, possiamo calcolare il numero di NUSSELT :

$$Nu = cRe^m Pr^{0,33} \tag{11.65}$$

da cui ricavare la conduttanza:

$$h = Nu\frac{K}{d} \tag{11.66}$$

e quindi la potenza dissipata:

$$Q = h(T_s - T_\infty)A \tag{11.67}$$

Consideriamo delle sferette d'acciaio dal diametro d, riscaldate ad una temperatura T_1. Calcoliamo il tempo necessario per raffreddarle ad una temperatura T_2 utilizzando una corrente d'aria con velocità u e temperatura indisturbata T_∞.

supponiamo di conoscere una correlazione sperimentale tale da poter calcolare il numero di NUSSELT . Supponiamo di utilizzare il modello a parametri concentrati - verificando tale assunto confrontando il numero di BIOT del problema col numero di BIOT critico.

$$\boxed{\rho cV\frac{d\vartheta}{dt} = -hA\vartheta} \tag{11.68}$$

da cui

$$\int \frac{d\vartheta}{\vartheta} = -\int \frac{h}{\rho c}\frac{A}{V}dt \tag{11.69}$$

Possiamo così valutare il tempo necessario per il raffreddamento:

$$\ln\frac{\vartheta_2}{\vartheta_1} = -\frac{hA}{\rho cV}\Delta t \tag{11.70}$$

11.3.1 Convezione forzata

Consideriamo un tubo le cui pareti sono mantenute ad una certa temperatura, T_s. Facciamo scorrere dell'acqua all'interno del tubo e misuriamo la temperatura d'ingresso e d'uscita, rispettivamente T_i e T_o. Possiamo calcolare la potenza termica ceduta all'acqua, la lunghezza del tubo necessaria per scambiare tale calore, nonché le perdite di carico associate.

Il bilancio energetico, in caso di stato stazionario porta a dire che:

$$\frac{dE}{dt} = \dot{m}(h_i - h_o) + Q^\leftarrow = 0 \rightarrow Q^\leftarrow = \dot{m}(h_o - h_i) \tag{11.71}$$

che sotto l'ipotesi di liquidi incomprimibili diviene:

$$Q^{\leftarrow} = \dot{m}c(T_o - T_i)\left(1 + \frac{v}{c}\frac{p_o - p_i}{T_o - T_i}\right) \simeq \dot{m}c(T_o - T_i) \qquad (11.72)$$

Per calcolare la lunghezza del tubo utilizziamo il fatto che il calore sarà scambiato tramite convezione forzata:

$$Q = UA_s \Delta T_{mln} \qquad (11.73)$$

dove

$$\Delta T_{mln} \doteq \frac{\vartheta_i - \vartheta_o}{\ln\frac{\vartheta_i}{\vartheta_o}} \qquad (11.74)$$

con

$$\vartheta \doteq T_s - T \qquad (11.75)$$

D'altra parte UA_S è l'inverso della resistenza totale - nel nostro caso, quest'ultima è data dalla sola resistenza convettiva interna al tubo:

$$UA_s = h_i S_i \qquad (11.76)$$

con S_i la superficie interna del tubo, $S_i = \pi DL$, mentre h_i è il coefficiente di scambio termico convettivo e lo si ricava dal numero di NUSSELT.

Abbiamo quindi, che per avere un certo salto termico, il tubo dovrà avere una lunghezza:

$$L = \frac{Q}{\pi D h_i \Delta T} \qquad (11.77)$$

Inoltre, riassumendo quanto detto.

$$\boxed{\dot{m}c_p(T_o - T_i) = hS\frac{\vartheta_i - \vartheta_o}{\ln\frac{\vartheta_i}{\vartheta_o}}} \qquad (11.78)$$

Le perdite di carico si ricavano sapendo che

$$\boxed{f \doteq \frac{-\frac{dp}{dx}D}{\frac{1}{2}\rho u^2} \rightarrow \frac{dp}{dx} = -\frac{1}{2}f\rho u^2\frac{1}{D}} \qquad (11.79)$$

Integrando:

$$\int dp = -\frac{1}{2}\int f\rho u^2\frac{1}{D}dx \qquad (11.80)$$

da cui

$$\Delta p = \frac{1}{2} f \rho u^2 \frac{L}{D} \qquad (11.81)$$

Consideriamo un tubo rivestito da un materiale isolante e immersero in acqua stagnante. I bilanci energetici portano a dire che:

$$\vartheta_o = \vartheta_i e^{-\frac{UA}{\dot{m}c_p}} \qquad (11.82)$$

dove UA è la resistenza termica equivalente. Possiamo adottare la schematizzazione del modello a parametri concentrati, tale per cui:

$$UA = (\mathbb{R}_i + \mathbb{R}_o + \mathbb{R}_{is}) = \left(\frac{1}{h_i S_i} + \frac{1}{h_o S_o} + \frac{\ln \frac{D_o}{D_i}}{2\pi K_{is} L} \right) \qquad (11.83)$$

11.3.2 Convezione naturale

Consideriamo un tubo di dimensioni note (L e D) a temperatura T_s uniforme, immerso in aria (T_a). Calcoliamone al potenza dissipata per convezione naturale. Calcoliamo in primo luogo la temperatura di film:

$$T_f = \frac{1}{2}(T_s - T_a) \qquad (11.84)$$

Calcoliamo anche il numero RAYLEIGH :

$$Ra = \underbrace{\frac{\rho^2 \alpha_p g(T_s - T_a)D^3}{\mu^2}}_{Gr} \underbrace{\mu \frac{c_p}{K}}_{Pr} \qquad (11.85)$$

Ricordandoci che il numero di RAYLEIGH svolge lo stesso ruolo del numero di REYNOLDS , possiamo calcolare il numero di NUSSELT e quindi il coefficiente di scambio termico:

$$Nu = Nu(Ra, Pr) \to h = \frac{NuK}{D} \qquad (11.86)$$

da cui

$$Q = h(T_s - T_a)S \qquad (11.87)$$

11.3.3 Scambiatori di calore

Consideriamo uno scambiatore di calore costituito da due tubi concentrici: in quello più interno scorre dell'acqua di raffreddamento, mentre nell'intercapedine scorre dell'olio che vogliamo raffreddare. Dato il salto di temperatura che vogliamo far fare all'olio, calcoliamo la lunghezza necessaria che la tubazione deve avere. Supponiamo di conoscere una correlazione sperimentale per calcolare il numero di NUSSELT.

I vari numeri caratteristici devono essere basati sul **diametro equivalente**:

$$D_{eq} = 4 \frac{\text{area bagnata}}{\text{perimetro bagnato}} = 4 \frac{\pi}{4} \frac{(D_o^2 - D_i^2)}{\pi(D_o - D_i)} = D_o - D_i \qquad (11.88)$$

Calcolati i numeri di NUSSELT per l'olio e per l'acqua, si calcola il coefficiente di scambio termico per ciascun liquido:

$$h_i = \frac{Nu_i K_i}{D_{eq}} \qquad (11.89)$$

Siccome siamo in uno stato stazionario, il calore perso dall'olio sarà identicamente uguale al calore assorbito dall'acqua:

$$C_h \delta T_h = C_c \delta T_c \qquad (11.90)$$

ovvero

$$\dot{m}_{acqua} C_{p,acqua} \delta T_{acqua} = \dot{m}_{olio} C_{p,olio} \delta T_{olio} \qquad (11.91)$$

D'altra parte,

$$Q = UA\Delta T_{mln} = UA \frac{\vartheta_i - \vartheta_o}{\ln \frac{\vartheta_i}{\vartheta_o}} \qquad (11.92)$$

e dall'espressione della resistenza equivalente si può calcolare la lunghezza del tubo:

$$UA = (\frac{1}{h_1} + \frac{1}{h_2})^{-1} \pi D_i L \to L = \frac{Q}{U \pi D_i \Delta T_{mln}} \qquad (11.93)$$

11.4 Esempio di irraggiamento

11.4.1 Emissione da corpo nero

Consideriamo il SOLE trattandolo come un corpo a 5760 K. Calcoliamo la potenza che ricade nel range della luce visibile, $0,4\mu m leq \lambda \leq 0,7\mu m$:

$$\boxed{F_{0\lambda} \doteq \frac{\int_0^\lambda E_{\lambda,b}d\lambda}{E_b(T)} = F_{0\lambda}(\lambda T)} \tag{11.94}$$

Confrontiamo tale risultato con quello che si ottiene considerando una comune lampadina a filamento di tungsteno, la cui temperatura superficiale è di circa 2900 K. Teniamo conto che $F_{0\lambda}(\lambda T)$ è già stata tabulata in funzione dei valori λT:

- $\lambda_1 T_s = 0,4 \cdot 5760 = 2304 \mu m K$

- $\lambda_2 T_s = 0,7 \cdot 5760 = 4032 \mu m K$

Utilizzando la tabella che si trova in letteratura abbiamo:

- $F_{0\lambda_1} \simeq 0.12$

- $F_{0\lambda_2} \simeq 0.486$

Abbiamo così una differenza di $\Delta F_{0\lambda_1} \simeq 0.366$, con una **frazione percentuale** del 36 percento circa. Siccome:

$$\int_{\lambda_1}^{\lambda_2} E_{\lambda,b}d\lambda = \int_0^{\lambda_2} E_{\lambda,b}d\lambda - \int_0^{\lambda_1} E_{\lambda,b}d\lambda = F_{0\lambda_2}E_b(T) - F_{0\lambda_1}E_b(T) \tag{11.95}$$

avremo, essendo $E_b(T) = \sigma T^4$

$$\int_{\lambda_1}^{\lambda_2} E_{\lambda,b}d\lambda = (F_{0\lambda_2} - F_{0\lambda_1})\sigma T^4 \simeq 22,8 \cdot 10^6 \frac{W}{m^2} \tag{11.96}$$

Si tenga ben presente che questa è la **potenza emisferica** emessa fra le due lunghezze d'onda considerate, e non la potenza che raggiunge la Terra (che è solo pari a circa $1\frac{kW}{m^2}$).

Consideriamo la lampadina:

- $\lambda_1 T_l = 0,4 \cdot 2900 = 1160 \mu m K$

- $\lambda_2 T_l = 0,7 \cdot 2900 = 2030 \mu m K$

che per i dati tabulati conducono a

- $F_{0\lambda_1} \simeq 0.002$

- $F_{0\lambda_2} \simeq 0.072$

La frazione percentuale è circa del 7 percento: si può notare quindi come per le normali lampadine la potenza emessa nel campo della radiazione visibile sia una piccola percentuale della potenza totale emessa e siano quindi assimilabili più a degli elementi riscaldanti che illuminanti.

11.4.2 Scambio termico radiativo

Date due superfici, il calore trasmesso per radiazione sarà:

$$Q_{1,2} = \frac{\sigma \left(T_1^4 - T_2^4\right)}{\left(\frac{1-\varepsilon_1}{\varepsilon_1 A_1} + \frac{1}{F_{1,2} A_1} + \frac{1-\varepsilon_2}{\varepsilon_2 A_2}\right)} \tag{11.97}$$

che può essere semplificata per alcuni casi notevoli a seconda delle geometrie coinvolte:

- superfici piane infinite e parallele, $A_1 \equiv A_2$ e $F_{1,2} \equiv F_{2,1}$;

- cilindri coassiali (dove il pedice 1 identifica il cilindro interno), $F_{1,2} = 1$ e $F_{2,1} = F_{1,2} \frac{D_1}{D_2}$

- sfere concentriche (dove il pedice 1 identifica la sfera interna), $F_{1,2} = 1$ e $F_{2,1} = F_{1,2} \frac{D_1}{D_2}$

- superficie di forma generica 1 contenuta nella seconda (detta cavità),

  - se la prima superficie è convessa, $F_{1,2} = 1$
  - se la prima superficie è concava, $F_{1,2} < 1$

Mettendo in luce l'area della prima superficie nell'equazione del calore scambiato:

$$Q_{1,2} = \frac{\sigma A_1 \left(T_1^4 - T_2^4\right)}{\left(\frac{1-\varepsilon_1}{\varepsilon_1} + \frac{1}{F_{1,2}} + \frac{1-\varepsilon_2}{\varepsilon_2} \frac{A_1}{A_2}\right)} \tag{11.98}$$

Se la cavità è molto grande rispetto al corpo ivi contenuto, l'ultimo termine del denominatore scompare e nel caso in cui il corpo contenuto sia convesso, avremo:

$$Q_{1,2} = \sigma A_1 \varepsilon_1 \left(T_1^4 - T_2^4\right) \tag{11.99}$$

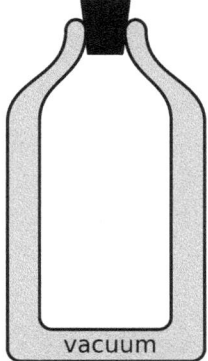

Figura 11.6: Il thermos è un recipiente ideato per annullare la dissipazione di calore e mantenere così caldi i liquidi contenuti. Il thermos è costituito da due recipienti, uno contenuto nell'altro, ed è stato fatto il vuoto fra l'intercapedine le due superfici. In realtà, in quest'intercapedine c'è irraggiamento e dunque trasmissione del calore.

Supponiamo di avere un thermos. Quest'oggetto di uso comune è costituito da due recipienti, l'uno inserito nell'altro, e nella cui intercapedine è stato fatto il vuoto al fine di evitare la dissipazione di calore e mantenere così calde le bevande inserite nel recipiente interno. Tuttavia, l'intercapedine vuota non annulla completamente lo scambio termico, in quanto la superficie interna (che possiamo assumere avere la stessa temperatura del fluido contenuto) irraggerà della potenza verso la superficie del recipiente esterno. Trascurando gli effetti di bordo, possiamo approssimare il thermos come un mantello cilindrico. Calcoliamo quindi la potenza che dissipa per il solo irraggiamento:

$$Q_{1,2} = \frac{\sigma A_1 \left(T_1^4 - T_2^4 \right)}{\left(\frac{1-\varepsilon_1}{\varepsilon_1} + 1 + \frac{1-\varepsilon_2}{\varepsilon_2} \frac{A_1}{A_2} \right)} \tag{11.100}$$

dove il termine $\frac{1}{F_{1,2}}$ è stato posto uguale a 1 in quanto si ha una geometria convessa. Inoltre, per il teorema di KIRCHHOFF , abbiamo:

$$\varepsilon_1 = \alpha_1 = 1 - \rho_1 - \tau_1 = 1 - \rho_1 \simeq 0,1$$
$$\varepsilon_2 = \alpha_2 = 1 - \rho_2 - \tau_2 = 1 - \rho_2 \simeq 0,2$$

mentre le aree sono, detta h l'altezza del thermos:

$$A_1 = \pi D_1 h$$
$$A_2 = \pi D_2 h = \pi(D_1 + 2s)h$$

Considerando ad esempio un thermos di 7 cm di diametro e con un'altezza di circa 30 cm, contenente del caffé a $75°C$ (assumiamo temperatura dell'ambiente pari a $35°C$), abbiamo una potenza irraggiata di:

$$Q_{1,2} \simeq 1,6W$$

Un altro esempio di irraggiamento di esperienza comune si può prendere dall'ambito automobilistico. Consideriamo un'automobile parcheggiata all'aperto in una notte invernale. Supponiamo che la temperatura dell'aria sia di $5°C$. Il cielo stellato viene visto come un corpo a temperatura di $-50°C$. Lo scambio termico convettivo dell'aria è di $h = 10n\frac{W}{m^2 K}$, mentre $\varepsilon_1 = 0,6$. Calcoliamo la temperatura che assumerà all'equilibrio il parabrezza. In questo problema compaiono sia scambi radiativi che convettivi. Sotto condizione di stato stazionario, non c'è accumulo di energia:

$$\frac{dE}{dt} = Q_c + Q_r = 0 \qquad (11.101)$$

Ora:

$$Q_c = hA(T_a - T_p) \qquad (11.102)$$

mentre, siccome siamo con una geometria convessa e l'area del cielo è decisamente maggiore rispetto a quella del parabrezza:

$$Q_r = \sigma \varepsilon_1 A(T_p^4 - T_c^4) \qquad (11.103)$$

Avremo allora:

$$hA(T_a - T_p) + \sigma \varepsilon_1 A(T_p^4 - T_c^4) = 0 \rightarrow T_p \simeq 4,3°C \qquad (11.104)$$

Ultimo ma non meno importante esempio di applicazione pratica dei modelli radiativi è quello dei pannelli ad energia solare: le caratteristiche proprie dei pannelli fotovoltaici[2] è che riescono a convertire la radiazione solare in energia

---

[2]La dicitura corretta è quella di pannelli *fotovoltaici* e non di pannelli *solari*, in quanto la prima definizione identifica il processo per cui la radiazione solare viene convertita in energia elettrica. La seconda è parzialmente corretta, in quanto anche i pannelli che vengono utilizzati negli impianti per il solare termico sono pannelli solari, ma non effettuano la conversione radiazione / energia elettrica.

Figura 11.7: Energia solare - l'utilizzo di pannelli fotovoltaici è molto diffuso in ambito aerospaziale, in quanto la mancanza di atmosfera permette di eliminare una notevole fonte di dissipazione che è il calore diffuso per convezione. Inoltre, la capacità di trasformare la radiazione solare in energia elettrica direttamente permette di ridurre i macchinari intermedi necessari e quindi i pesi dei sistemi. Fonte: NASA

elettrica. Questo fenomeno è particolarmente utile in quanto l'energia solare è una fonte praticamente inesauribile[3] di energia, gratuita e in linea di principio di per sé senza ricadute negative. Consideriamo a titolo esemplificativo un pannello con un'area di 2 metri quadrati. Sia $\alpha_{1,s} \simeq 0,95$ il *coefficiente d'assorbimento solare* - l'aggettivo solare ci ricorda che questo valore dipende dal tipo di radiazione considerata e dunque dalla sua lunghezza d'onda. Stiamo infatti parlando di **superfici selettive**. Supponiamo che la temperatura dell'aria sia di $30°C$ mentre la temperatura del pannello sia circa di $T_1 = 65°C$. Assumiamo la **potenza monocromatica** G_s pari a circa $735\frac{W}{m^2}$, mentre la temperatura apparente del cielo sia $T_2 = 260K$. Anche in questo caso dobbiamo considerare che il pannello scambia del calore con l'aria circostante.

Calcoliamo dunque la potenza che riceviamo dal pannello:

$$\frac{dE}{dt} = Q_s - Q_r - Q_u - Q_a = 0 \qquad (11.105)$$

dove

- Q_s è la potenza irraggiata dal Sole verso il pannello;

- Q_r è la potenza irraggiata verso il cielo;

- Q_a è la potenza scambiata verso l'aria;

- Q_u è la potenza utile ricavata dal pannello;

Abbiamo

$$Q_s = \alpha_s G_s A = 1396,5 \text{ W} \qquad (11.106)$$
$$Q_a = hA(T_1 - T_a) = 700 \text{ W} \qquad (11.107)$$
$$Q_r = \sigma A \varepsilon (T_1^4 - T_2^4) = 96 \text{ W} \qquad (11.108)$$

Abbiamo allora un potenza utile di:

$$Q_u = Q_s - Q_a - Q_r = 600 \text{ W} \qquad (11.109)$$

Queste equazioni sono utili per capire i pregi e i difetti dei pannelli fotovoltaici. L'osservazione più banale è che i pannelli solari funzionino solo quando c'è il Sole

---

[3] Almeno finché c'è il Sole.

- quindi sono inutili di notte o nelle giornate nuvolose. Questo è sicuramente vero, ma si tratta di un'obiezione abbastanza raggirabile ricordando la buona prassi di non affidarsi *mai ad un'unica fonte di sostentamento* e quindi avere accesso ad energia elettrica di altre fonti. Inoltre, si può pensare di collegare i pannelli a dei sistemi a celle di combustibile in modo da avere sempre energia disponibile: di notte, le celle a combustibile funzionano in ciclo diretto, mentre di giorno i pannelli le ricaricano.

La discussione è più sottile - se riscriviamo l'espressione dell'energia utile abbiamo:

$$Q_u = A \cdot \left[\alpha_s G_s - h \left(T_p - T_a \right) - \sigma \varepsilon \left(T_p^4 - T_c^4 \right) \right] \qquad (11.110)$$

Si mostra quindi che le dimensioni del pannello non aiutano necessariamente, in quanto anche le potenze dissipate sono proporzionali all'area del pannello, così come la potenza ricevuta dal Sole, a parità di altre condizioni. Inoltre, i termini dissipativi non sono eliminabili, in quanto un sistema è sempre immerso in aria e il termine collegato alla convezione è di entità analoga a quello utile. Ciò ovviamente non vale per i pannelli messi sui satelliti e sulle installazioni spaziali quali la ISS: non avendo atmosfera interno, non c'è un termine dissipativo.

Inoltre, si consideri che la convezione provocata dalla temperatura superficiale del pannello non ha ricadute solamente in campo di efficienza energetica: l'aria nell'intorno dell'installazione solare sarà surriscaldata, con quindi i consueti effetti di ciò.

Un'altra applicazione dell'energia solare è quella detta del *solare termico*: la radiazione solare non viene raccolta da pannelli in silicio che la convertono in energia elettrica, ma viene raccolta da specchi che la concentrano verso un serbatoio centrale (vedi foto 11.8) piuttosto che in condutture posizionate nei fuochi della parabola (vedi figura 11.9), dove va a scaldare un liquido (che poi verrà utilizzato come fluido di processo, ad esempio in un ciclo di RANKINE . Il meccanismo è simile a quello dei telescopi o degli specchi ustori di ARCHIMEDE .

Figura 11.8: Energia solare - progetto *Gema solar*. Gemasolar è un complesso per la produzione di energia tramite un sistema di specchi che concentrano la luce solare su un sistema a sali. Il complesso si trova in Spagna, a Fuentes de Andalucìa, provincia di Siviglia. Autore: TORRESOL ENERGY

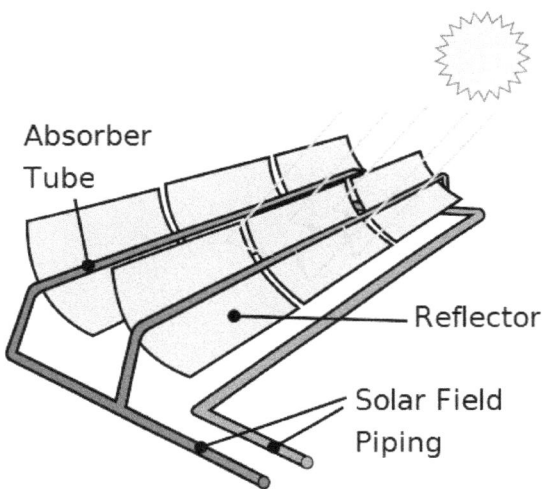

Figura 11.9: Energia solare - schema di funzionamento di un sistema a solare termico. I pannelli solari - in realtà specchi - concentrano la luce su una conduttura in cui scorre il liquido di processo riscaldandolo alla temperatura voluta. Il fluido verrà poi fatto lavorare, ad esempio in una turbina, raffreddato e poi reimmesso in circolo. WIKIPEDIA - BENDERSON2 / MCSUSH

Parte IV

APPENDICI

APPENDICE A

RICHIAMI SUGLI ANGOLI SOLIDI

Figura A.1: sia r la distanza del punto P da un punto originale O, mentre la direzione è definita dal vettore Ω. Sia ϑ l'angolo formato da Ω con l'asse verticale. Sia φ l'angolo formato dalla proiezione di Ω su un piano contenente O e ortogonale all'asse verticale. In particolare prendono il nome di

- ϑ angolo di **zenith**;

- φ angolo di **azimuth**;

Figura A.2: preso un polo O e un segmento r, facciamo compiere a r una circonferenza attorno ad O di ampiezza infinitesima dl. Definiamo allora **angolo**

Elementi di Fisica Tecnica.
By Giulio Malinverno.
Copyright © 2016 .

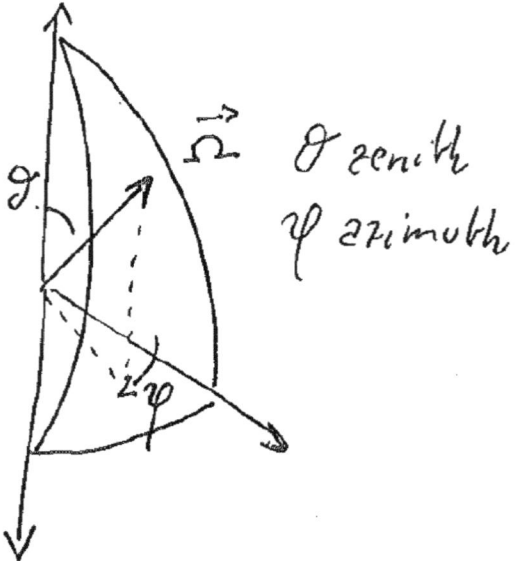

Figura A.1: Schema per le coordinate polari.

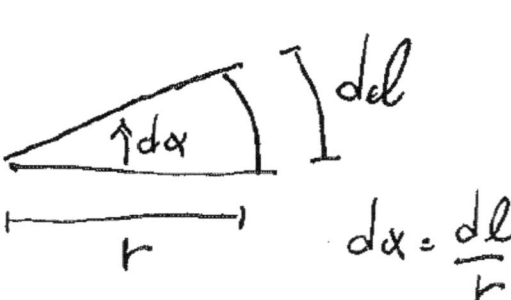

Figura A.2: Angolo piano.

piano il rapporto

$$d\alpha \doteq \frac{dl}{r} \tag{A.1}$$

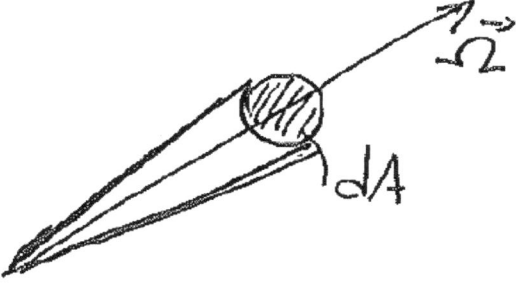

Figura A.3: Angolo solido.

Figura A.3: preso un polo O e un segmento r, facciamo compiere a r una calotta sferica attorno ad O di ampiezza infinitesima dA. Definiamo allora **angolo solido** il rapporto

$$d\omega \doteq \frac{dA}{r^2} \tag{A.2}$$

Possiamo considerare $d\omega$ come altezza del cono degenere: è un cono degenere in quanto esso ha come base dA costante ed infinitesima.

Figura A.4:Consideriamo un elemento infinitesimo dA su una superficie sferica di origine O. l'altezza di quest'area sarà data dal prodotto:

$$h = r d\vartheta \tag{A.3}$$

mentre la base di quest'area sarà data dal prodotto

$$b = R d\varphi = r \sin \vartheta d\varphi \tag{A.4}$$

l'area infinitesima sarà allora

$$dA = r^2 \sin \vartheta d\vartheta d\varphi \tag{A.5}$$

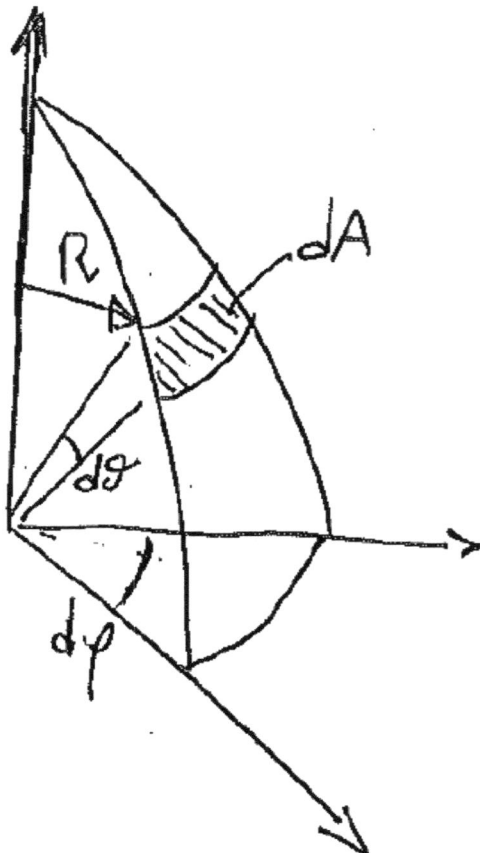

Figura A.4: Area infinitesima definita da un angolo solido.

Abbiamo allora inoltre che

$$d\omega = \sin\vartheta d\vartheta d\varphi \tag{A.6}$$

Possiamo inoltre calcolare l'angolo solido di una semicirconferenza:

$$\int d\omega = \int \sin\vartheta d\vartheta d\varphi = \int_0^{\frac{\pi}{2}} \sin\vartheta d\vartheta \int_0^{\frac{\pi}{2}} d\varphi = 2\pi \cos\vartheta\big|_0^{\frac{\pi}{2}} = 2\pi \tag{A.7}$$

APPENDICE B

METODI ENERGETICI

Definiamo *lavoro* di una forza l'integrale del prodotto scalare della forza e dello spostamento del punto ove la forza è applicata.

$$W = \int_l F\vec{(u)} \cdot \vec{du} \qquad (B.1)$$

ovvero, nel caso di valori discreti e costanti

$$W = \vec{F} \cdot \vec{u} \qquad (B.2)$$

Se l'integrale è positivo, la forza viene detta *motrice*, altrimenti viene detta *resistente*.

Elementi di Fisica Tecnica.
By Giulio Malinverno.
Copyright © 2016 .

Dall'equazione B.2 si evince anche che il lavoro, nel caso di forza costante, può essere nullo solamente se:

- la forza applicata è nulla;

- lo spostamento del punto ove la forza è applicata è nullo;

- la forza è sempre ortogonale allo spostamento.

Qualora la forza dipendesse dalla posizione, il lavoro verrebbe a non dipendere dal cammino d'integrazione percorso, ma soltanto dagli estremi di questo. Si può allora introdurre la quantità detta ENERGIA POTENZIALE tale per cui

$$\vec{F} = -\nabla E = -\frac{\partial E_i}{\partial x_i}\vec{i} \tag{B.3}$$

Possiamo altresì introdurre il POTENZIALE, definito come quantità uguale ed opposta all'energia potenziale:

$$U \triangleq -E \Rightarrow \vec{F} = \nabla U = \frac{\partial U_i}{\partial x_i}\vec{i} \tag{B.4}$$

Avremo allora che il lavoro compiuto dalla forza è uguale all'opposto della variazione di energia potenziale, ovvero che il lavoro è fatto a spese di un'energia dipendente dal posto:

$$W = \int_l \vec{F} \cdot \vec{du} = \int_l (-\frac{\partial E_i}{\partial x_i}\vec{i}) \cdot \vec{du} = -\int_l dE = -\Delta E \tag{B.5}$$

Analogamente

$$W = \int_l \vec{F} \cdot \vec{du} = \int_l (\frac{\partial U_i}{\partial x_i}\vec{i}) \cdot \vec{du} = \int_l dU = \Delta U \tag{B.6}$$

Riprendiamo d'altra parte le equazioni di NEWTON sulla dinamica di un sistema, moltiplicendo ambo i membri per la velocità (valutando in tal modo la *potenza*):

$$M\vec{a} \cdot \vec{v} = \vec{F} \cdot \vec{v} \tag{B.7}$$

ed esplicitiamo la derivata temporale del termine a primo membro.

$$M\vec{a} \cdot \vec{v} = M\frac{d\vec{v}}{dt} \cdot \vec{v} = \frac{1}{2}M\frac{d(\vec{v} \cdot \vec{v})}{dt} = \frac{d(\frac{1}{2}M\vec{v} \cdot \vec{v})}{dt} \tag{B.8}$$

Abbiamo quindi trovato che la potenza istantanea del sistema è pari alla variazione temproale di una quantità nota come ENERGIA CINETICA del sistema (che indichiamo con la lettera T). Integrando nel tempo, otteniamo allora che il lavoro compiuto dalle forze agenti sul sistema è pari alla variazione di energia cinetica.

B.1 Equazioni di LAGRANGE

Nell'ambito della meccanica classica, se il sistema studiato è soggetto a vincoli perfetti, bilateri ed olonomi, ai fini del calcolo del movimento si possono utilizzare le equazioni di LAGRANGE :

$$\boxed{\frac{d}{dt}\left(\frac{\partial T}{\partial \dot{q}_k}\right) - \frac{\partial T}{\partial q_k} = Q_k} \tag{B.9}$$

avendo indicato con q_k le coordinate libere generalizzate del sistema e con Q_k le componenti della sollecitazione attiva secondo le precedenti coordinate, mentre

$$T = \frac{1}{2}\sum_i \sum_j m_{i,j}\dot{q}_j\dot{q}_i \tag{B.10}$$

Nell'ipotesi che le forze attive siano conservative, indicato con U il potenziale loro associato, le equazioni di LAGRANGE assumono la forma:

$$\frac{d}{dt}\left(\frac{\partial L}{\partial \dot{q}_k}\right) - \frac{\partial L}{\partial q_k} = 0 \tag{B.11}$$

essendo il potenziale indipendente dalle velocità generalizzate e collegato alle forze tramite la relazione

$$Q_k = \frac{\partial U}{\partial q_k} \tag{B.12}$$

e avendo indicato con

$$L \triangleq T + U = T - E \tag{B.13}$$

la *lagrangiana* o *funzione di* LAGRANGE , ovvero la differenza fra energia cinetica ed energia potenziale.

Sebbene si sia introdotta sotto l'ipotesi dei vincoli olonomi e in presenza di forze conservative, in effetti possiamo darne una descrizione[1] più generale che tenga

---

[1] vedi MEIROVITCH per una trattazione piú completa e rigorosa.

conto anche di forze dissipative.

In particolare, assumiamo l'esistenza di una funzione D tale per cui

$$D = \frac{1}{2} \sum_i \sum_j c_{i,j} \dot{q}_j \dot{q}_i + \sum_i \sum_j f_{ij} q_i \dot{q}_j \qquad (B.14)$$

che tenga conto di effetti viscosi (tramite le velocità relative) e circolatori.

Alla fine giungiamo ad avere, considerando anche altre forze non conservative

$$\frac{d}{dt}\left(\frac{\partial L}{\partial \dot{q}_k}\right) - \frac{\partial L}{\partial q_k} + \frac{\partial D}{\partial \dot{q}_k} = Q_k \qquad (B.15)$$

ovvero

$$\boxed{\frac{d}{dt}\left(\frac{\partial T}{\partial \dot{q}_k}\right) - \frac{\partial U}{\partial q_k} + \frac{\partial D}{\partial \dot{q}_k} = Q_k} \qquad (B.16)$$

supponendo che il potenziale non dipenda dalle velocità generalizzate e l'energia cinetica dalle posizioni[2]. Nell'ambito della nostra trattazione, le equazioni di LAGRANGE , soprattutto nell'ultima formulazione, vengono utilizzate per determinare le matrici caratterisithce del sistema, massa, rigidezza e smorzamento (in tal caso della forza generalizzata F vengono considerati solo gli elementi viscosi). Questo compito è facilitato dal fatto che sappiamo anticipatamente che il sistema delle equazioni dovrà avere la seguente struttura formale:

$$[M]\{\ddot{x}\} + [C]\{\dot{x}\} + [K]\{x\} = \{P\}$$

B.2   Principio di D'ALEMBERT

Il principio di D'ALEMBERT è un comodo metodo per la scrittura delle equazioni del moto di un sistema rifacendosi alle condizioni e alle metodologie utilizzate per un problema di equilibrio statico.

Secondo NEWTON , la legge fondamentale della dinamica si scrive, considerando un punto materiale di massa m soggetto ad una forza esterna attiva F e ad una reazione vincolare Φ:

$$m\vec{a} = \vec{F} + \vec{\Phi} \qquad (B.17)$$

---

[2]Sebbena nella maggior parte delle sistuazioni queste condizioni siano verificate, è bene ricordarsi della formulazione generale.

ovvero, in altri termini, che l'accelerazione cui sarà soggetto il punto materiale è proporzionale al rapporto fra il risultante delle forze e la massa del punto stesso:

$$\vec{a} = \frac{\vec{F} + \vec{\Phi}}{m} \tag{B.18}$$

Consideriamo ad esempio un punto materiale di massa m vincolato, tramite una fune ideale (inestensibile e priva di propria massa) di lunghezza R, ad un centro C e rotante uniformemente attorno a questo stesso centro (sun un piano liscio). L'equazione di NEWTON afferma che la tensione T del filo funge da forza centripeta per la massa m: in altre parole, il moto circolare artono a C è possibile solo se esiste una forza che funga da forza centripeta. In mancanza di un elemento vincolate come la fune, il punto materiale sarebbe libero di muoversi in linea retta (e conformemente alle condizioni iniziali).

Riscriviamo però le equazioni di NEWTON portando tutto a secondo membro:

$$0 = -m\vec{a} + \vec{F} + \vec{\Phi} \tag{B.19}$$

ovvero

$$\vec{F} + \vec{\Phi} + (-m\vec{a}) = 0 \tag{B.20}$$

Definendo ora l'ultimo termine come *forza d'inerzia* F_i, risulta che durante il moto, le forze attive, le reazioni vincolari e le forze d'inerzia si fanno equilibrio (dinamico).

Se dunque per NEWTON le equazioni dinamiche sono equazioni *di equivalenza* (in quanto equivalgono una costruzione matematica *la descrizione del moto*, ad una condizione fisica, *le forze e le reazioni vincolari*), per D'ALEMBERT ora il moto è descritto da un'equazione di equilibrio: la tensione del filo deve andare ad equilibrare una forza inerziale applicata alla massa.

Generalizzando a sistemi materiali qualsiasi, possiamo postulare il *principio di* D'ALEMBERT :

> *le equazioni del moto di un sistema meccanico possono essere ottenute considerandolo soggetto oltre che alle forze effettive e alle reazioni vincolari, anche alle forze d'inerzia e imponendone conseguentemente l'equilibrio.*

B.3 Principio dei lavori virtuali

Il PRINCIPIO DEI LAVORI VIRTUALI afferma che

> *in condizioni di equilibrio sotto l'azione di determinate forze, il lavoro compiuto da tali forze per spostamenti* VIRTUALI *ovvero* CONGRUENTI *coi vincoli geometrici,* INFINITESIMI, ARBITRARI *e* SINCRONI *è identicamente nullo.*

Esplicitando l'espressione del lavoro virtuale come somma di una componente dovuta alle forze esterne ed una componente dovuta alle forze itnerne avremo:

$$\delta^* L = \delta^* L_e + \delta^* L_i = 0 \tag{B.21}$$

Avremo quindi che il lavoro delle forze interne si oppone al lavoro delle forze esterne:

$$\delta^* L_e = -\delta^* L_i \tag{B.22}$$

Possiamo allore definire il LAVORO DI DEFORMAZIONE come opposto del lavoro interno: $\delta^* L_d \triangleq -\delta^* L_i$. Il principio dei lavori virtuali si potrà scrivere come:

$$\delta^* L_e = \delta^* L_d \tag{B.23}$$

Nella consueta notazione matriciale della meccanica dei continui, il lavoro di deformazione si scrive, indicando con Ω il volume del corpo

$$\delta^* L_d = \int_\Omega \{\sigma\}^t \{\delta\varepsilon\} d\Omega = \int_\Omega \{\delta\varepsilon\}^t \{\sigma\} d\Omega \tag{B.24}$$

In base allo schema della trave aeronautica, in cui compiano solamente lo sforzo assiale σ_z e gli sforzi tangenziali τ_{xz} e τ_{yz}, e di questi considerando solamente lo sforzo assiale:

$$\sigma_z = \frac{T_z}{A} + \frac{M_x}{J_x} y - \frac{M_y}{J_y} x \tag{B.25}$$

avremo, sfruttando il legame elastico, la seguente espressione del lavoro di deformazione:

$$\boxed{\delta^* L_{d,\sigma_z} = \int_l \frac{T_z' T_z}{EA} dz + \int_l \frac{M_x' M_x}{E J_x} dz + \int_l \frac{M_y' M_y}{E J_y} dz} \tag{B.26}$$

In modo analogo possiamo scrivere il lavoro dovuto agli sforzi di taglio introducendo opportune grandezze caratteristiche della sezione della trave:

$$\boxed{\delta^* L_{d,\tau} = \int_l \frac{T_x' T_x}{G A_x^*} dz + \int_l \frac{T_y' T_y}{G A_y^*} dz + \int_l \frac{M_z' M_z}{G J_t} dz} \tag{B.27}$$

Grazie a tali espressioni, il principio dei lavori virtuali può essere utilizzato in moltissime applicazioni, tra le quali ricordiamo

- nel calcolo della posizione d'equilibrio e delle forze iperstatiche, trattando l'incognita iperstatica come una forza reale esterna e imponendo la verifica del plv sul sistema di azioni interne cui essa dà luogo;

- nel calcolo degli spostamenti di punti sotto l'azione di certe forze, note le caratteristiche geometriche ed elastiche;

- nel calcolo di tali caratteristiche elastiche (matrice di rigidezza) costruendo sistemi fittizi ed imponendo in essi spostamenti e forze unitarie.

Nel caso sia possibile applicare il modello di corpo rigido, il principio dei lavori virtuali mantiene la propria validità, in quanto banalmente il termine dovuto alla deformazione elastica del materiale automaticamente s'annulla (per definizione di corpo rigido). Avremo quindi che il prodotto delle forze agenti sul corpo per spostamenti virtuali del punto d'applicazione, sia nullo:

$$\delta^* L = \delta^* L_e = \sum \vec{F}_i \cdot \delta \vec{P}_i = 0 \qquad (B.28)$$

avendo indicato con $\vec{F}_i$ la risultante delle forze attive agenti sull'i-esimo punto e con $\delta \vec{P}_i$ lo spostamento virtuale di tale punto. In notazione cartesiana esso diviene:

$$\delta^* L = \sum (F_{i,x} \delta x_i + F_{i,y} \delta y_i + F_{i,z} \delta z_i) = 0 \qquad (B.29)$$

dove x_i, y_i e z_i sono le coordinate cartesiane del punto P_i.
Nel caso di sistemi olonomi, utilizzando le coordinate libere generalizzate $q_1 \ldots q_n$ e dei loro differenziali $\delta q_1 \ldots \delta q_n$, il principio dei lavori virtuali assume la forma:

$$\delta^* L = \sum Q_i(q_1, \ldots, q_n) \delta q_i = 0 \qquad (B.30)$$

Poiché tale espressione deve essere soddisfatta per qualsiasi scelta dei δq_j (*arbitrarietà degli spostamenti virtuali*), essa dà luogo a un sistema di n equazioni pure e indipendenti di equilibrio con n = numero dei gradi di libertà del sistema:

$$\begin{cases} Q_1(q_1, \ldots, q_n) = 0 \\ \ldots \\ Q_k(q_1, \ldots, q_n) = 0 \\ \ldots \\ Q_n(q_1, \ldots, q_n) = 0 \end{cases} \qquad (B.31)$$

Nei sistemi olonomi, vale anche il *principio di sovrapposizione*: il lavoro virtuale totale può essere ottenuto variando una alla volta le coordinate libere e sommando i lavori parziali così ottenuti.

$$\delta^* L = \sum \delta^* L_i \tag{B.32}$$

Ogni componente Q_k della sollecitazione attiva secondo la coordinata q_k è poi calcolabile come:

$$Q_k = \frac{\delta^* L_k}{\delta q_k} \tag{B.33}$$

Consideriamo ora un applicazione del principio dei lavori virtuali. In effetti si

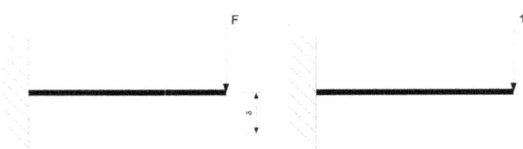

Figura B.1: Schema per l'applicazione del principio dei lavori virtuali complementari. A destra vediamo il sistema reale mentre a sinistra vediamo il sistema virtuale.

tratta dell'applicazione del PRINCIPIO DEI LAVORI VIRTUALI COMPLEMENTARI, che è il duale del classico plv. Si tratta infatti di far lavorare per degli *spostamenti reali* delle *forze virtuali*, ovvero forze arbitrarie, sincrone ed autoequilibrate. Per semplicità espositiva, calcoleremo la deflessione dell'estremità libera di una trave a sbalzo, a sezione costante ed omogenea caricata in punta da una forza nota (vedi figura B.1). Sappiamo dai corsi di meccanica delle strutture che tale deflessione è valutabile come:

$$\delta = \frac{Fl^3}{3EJ} \tag{B.34}$$

avendo indicato con E il modulo elastico del materiale, l la lunghezza della trave, J il momento d'inerzia geometrico della sezione rispetto all'asse coniugato alla forza.

L'applicazione del plvc comporta la valutazione dell'equazione:

$$1 \cdot \delta = \int_l \frac{M'_x M_x}{E J_x} dz \tag{B.35}$$

in quanto possiamo trascurare l'effetto del taglio e delle forze assiali. In particolare stiamo facendo lavorare un sistema di spostamenti reali (dati da δ per il lavoro esterno e da $\frac{M_x}{EJ_x}$ per il lavoro di deformazione) per un sistema di forze fittizio, che per facilitare i calcoli prendiamo di valore unitario[3]. La deformazioni interne sono valutabili attraverso il momento reale dato dalla forza F applicata:

$$M_x = Fz \tag{B.36}$$

Analogamente il sistema fittizio darà luogo ad una propria distribuzione di momenti (che data la tipologia dell'esempio, coincide con quanto abbiamo già calcolato, sebbene a forza unitaria.)

$$M'_x = F'z = 1 \cdot z \tag{B.37}$$

Avremo quindi

$$1 \cdot \delta = \int_l \frac{M'_x M_x}{EJ_x} dz = \int_l \frac{(1 \cdot z)(F \cdot z)}{EJ_x} dz = \int_l \frac{1 \cdot Fz^2}{EJ_x} dz = \frac{1 \cdot Fl^3}{3EJ} \tag{B.38}$$

Suddividendo per il valore della forza fittiza troviamo quando ci eravamo prefissati.

B.3.1 Trasmissione del calore

Il principio dei lavori virtuali (o la corrispettiva formulazione numerica che è il metodo di GALERKIN) può essere applicato in molti campi, non necessariamente di ambito strutturale. Un esempio può essere la sua applicazione a problemi termici riguardanti la trasmissione del calore.

Consideriamo una sbarra di lunghezza l, avvolta in un materiale perfettamente isolante sulla lunghezza in modo da avere solamente la faccia ad una sua estremità a contatto con l'ambiente circostante a temperatura T_a. sia α il coefficiente di scambio termico con l'ambiente circostante. L'equazione della trasmissione del calore è:

$$C_p \frac{\partial T}{\partial t} + K \frac{\partial^2 T}{\partial x^2} = 0 \tag{B.39}$$

che possiamo riscrivere con una notazione più vicina a quanto visto:

$$C_p \dot{T} + K(T')' = 0 \tag{B.40}$$

---

[3]Non è necessario assumere il sistema virtuale unitario, è solo una comodità per avere direttamente a primo membro il valore numero dello spostamento

Moltiplichiamo per la variazione di temperatura virtuale δT e integriamo sulla lunghezza del corpo:

$$\int_l \delta T(C_p \dot{T} + K(T')')dx = 0 \tag{B.41}$$

Integrando per parti:

$$\delta T K T'|_0^l - \int_l \delta T' K T' dx + \int_l \delta T C_p \dot{T} dx = 0 \tag{B.42}$$

Possiamo sviluppare il campo di temperatura del corpo tramite un'opportuna funzione di forma: $T = [N]\{q\}$ e sostituire tale sviluppo all'interno delle equazioni (tendo conto delle condizioni al contorno), ottenendo in base all'arbitrarietà degli spostamenti virtuali δT le espressioni:

$$\{\delta q\}^t [N]^t KT'|_o^l - \{\delta q\}^t \int_l [N']^t K [N'] dx \{q\} +$$
$$\{q\}^t \int_l C_p [N] dx \{\dot{q}\} = 0$$
$$\downarrow$$
$$\{\delta q\}^t [N(l)]^t \alpha S(T_a - [N(l)]\{q\})$$
$$- \{\delta q\}^t \int_l [N']^t K [N'] dx \{q\} + \{q\}^t \int_l C_p [N] dx \{\dot{q}\} = 0$$
$$\downarrow$$
$$([K] + \alpha S(T_a - [N(l)]^t [N(l)])\{q\}) = [C]\{\dot{q}\} + [N(l)]^t \alpha S T_a$$

La risoluzione dell'ultima espresisone porta a conoscere i modi termici della struttura.

B.4   Teorema di MAXWELL-BETTI

Il lavoro compiuto da un sistema di forze Q_a per degli spostamenti s_b provocati da un secondo sistema di forze Q_b è uguale al lavoro compiuto dal sistema di forza Q_b per gli spostamenti s_a provocati dal sistema di forze Q_a.

In altri termini:

$$\delta L_{ab} \doteq \{Q_a\}^t \{s_b\} \equiv \{Q_b\}^t \{s_a\} \doteq \delta L_{ba} \tag{B.43}$$

Dal teorema di MAXWELL-BETTI discende la simmetria della matrice di rigidezza e di quella di lfessibilità, essendo:

$$L_d = \frac{1}{2}\{P\}^t [F]\{P\} = \frac{1}{2}\{u\}^t [K]\{u\} \tag{B.44}$$

Ad esempio, considerando i due sistemi a e b costituiti ciascuno da una forza e da un momento, avremo:

$$
\begin{Bmatrix} s_1 \\ \vartheta_1 \\ s_2 \\ \vartheta_2 \end{Bmatrix} = \begin{bmatrix} f_{11} & f_{12} & f_{13} & f_{14} \\ & f_{22} & f_{23} & f_{24} \\ & & f_{33} & f_{34} \\ \text{simm.} & & & f_{44} \end{bmatrix} \begin{Bmatrix} F_1 \\ M_1 \\ F_2 \\ M_2 \end{Bmatrix} \tag{B.45}
$$

Bisogna stare attenti però in quanto è la matrice *globale* del sistema ad essere simmetrica: quando si scrive una relazione del tipo:

$$
\{P\} = [K]\{u\} \tag{B.46}
$$

non è detto che la matrice utilizzata sia simmetrica, in quanto *per avere la simmetria bisgna far lavorare le componenti* CONIUGATE . Non ci sarà ad esmepio simmetria se confrontiamo gli spsotamenti lineari provocati da un momenti e le rotazioni provocate da forze. Ciò può essere facilmente dimostrato considerando un carico unitario: gli spostamenti che si otterranno saranno identicamente uguali ai coefficienti della matrice.

APPENDICE C

DEFINIZIONI FONDAMENTALI DI FLUI-DODINAMICA

Def. 98 *Si definisce **fluido** ogni continuo materiale che non sia in grado di sopportare sforzi tangenziali in condizioni di quiete, statica o dinamica.*

Def. 99 *Si definisce **fluido newtoniano** ogni fluido per il quale esiste un legame lineare tra il tensore della velocità di deformazione e il tensore degli sforzi.*

Def. 100 *Si definisce **campo vettoriale** una regione di spazio in ciascun punto della quale sia definito, in modulo, direzione e verso, un vettore caratteristico. Per estensione il vettore stesso.*

Elementi di Fisica Tecnica.
By Giulio Malinverno.
Copyright © 2016 .

Def. 101 *Si definisce* **corrente di fluido** *ogni massa di fluido in movimento che occupi una porzione di spazio non infinitesima.*

Def. 102 *Si definisce* **elemento superficiale orientato** *o* **diaframma** *ogni elemento di superficie* $d\Sigma$ *sul quale si distinguono con opportuna convenzione, una faccia positiva e una faccia negativa. Se la superficie* Σ *cui appartiene l'elemento* $d\Sigma$ *è chiusa, generalmente si considera positivo il verso della normale uscente.*

Def. 103 *Si definisce* **traiettoria** *di una particella di fluido all'istante* $\bar{t}$ *il luogo delle posizioni occupate dal suo baricentro, nell'intervallo di tempo finito tra un istante iniziale* t_0 *a* $\bar{t}$.

Def. 104 *Per un generico campo vettoriale, si definisce* **linea di campo** *all'istante* $\bar{t}$ *ogni linea tale per cui la tangente di ciascuno dei suoi punto sia parallela al vettore istantaneo caratteristico del campo considerato in quel punto. Nel caso particolare delle correnti fluide, il vettore caratteristico del campo di moto è il vettore velocità istantanea e le linee di campo prendono il nome di* **linee di corrente** *o* **linee di flusso istantanee.**

Def. 105 *Si definisce* **traccia istantanea** *all'istante* bart *il luogo di posizioni occupate dai baricentri delle particelle di fluido che sono transitate per un medesimo punto fisso* P_0 *del campo di moto, nell'intervallo di tempo finito compreso fra un istante iniziale* t_0 *e* $\bar{t}$.

Def. 106 *Si definisce* **tubo di flusso** *all'istante* bart *ogni regione dello spazio delimitata dalle linee di flusso istantanee passanti per un medesimo contorno chiuso. Data la definizione di tubo di flusso, ne consegue che la massa entrata nel tubo di flusso non può uscirne attraversandone le pareti (portata costante).*

Def. 107 *Si definisce* **linea vorticosa istantanea** *all'istante* $\bar{t}$ *ogni linea che abbia in ciascuno dei suoi punti tangente parallela al vettore vorticità* $\omega = \nabla \times \vec{V}$.

Def. 108 *Si definisce* **tubo vorticoso** *nell'istante* bart *ogni regione dello spazio delimitata da linee vorticose istantanee passanti per un medesimo contorno chiuso. Per la definizione di linee vorticose, l'integrale delle vorticità, la* **circolazione** Γ *rimane inalterato nel tubo vorticoso.*

APPENDICE D

LE EQUAZIONI DI NAVIER-STOKES

Queste note devono essere intese come un breve richiamo sulla derivazione delle equazioni di NAVIER e STOKES sulla dinamica dei fluidi. Si mostra inoltre come le equazioni sulla quantità di moto possano essere ricavate dall'equazione indefinita d'equilibrio di CAUCHY. Dagli assunti sulla natura del tensore degli sforzi $\mathbb{T}$ si argomenterà la validità dell'ipotesi di PRANDTL sullo strato limite e sul fluido perfetto.

Per scrivere le equazioni indefinite d'equilibrio dinamico che regolano il moto di un generico fluido, dobbiamo in primo luogo partire della relazioni costituenti il fluido (quale ad esempio la relazione di stato per un gas perfetto) piuttosto che le equazioni descriventi i campi in cui è immerso il fluido (ad esempio, per la magnetofluidodinamica, dovendo trattare un fluido conduttivo immerso in campi elettromagnetici, dovremo scrivere le equazioni di MAXWELL).

Accanto a queste dobbiamo scrivere le equazioni le tre relazioni fondamentali di bilancio:

- *conservazione della massa*;

- *conservazione della quantità di moto*;

- *conservazione dell'energia*;

D.1   L'equazione generale di bilancio

In forma generale, un'equazione di bilancio viene formulata come:

$$\boxed{\frac{\partial G}{\partial t} + \nabla\left(G\vec{v}\right) = \gamma}$$ (D.1)

dove

- G rappresenta la quantità da bilanciare (sia essa scalare o vettoriale);

- $\vec{v}$ rappresenta la velocità del fluido;

- γ rappresenta la sorgente di quantità (sia essa scalare o vettoriale);

Questa notazione locale discende dalla formulazione integrale data dalla derivazione sostanziale dell'integrale sul dominio della quantità:

$$\frac{d}{dt}\int_V G dV = \int_V \gamma dV$$

Portando infatti l'operatore derivativo all'interno dell'integrale, dovremo tener conto non solo della variazione della quantità G ma anche delle variazioni temporali del dominio d'integrazione. Avremo quindi, utilizzando una notazione non propriamente corretta dal punto di vista formale:

$$\frac{d}{dt}\int_V G dV = \int_V \frac{d(GdV)}{dt} = \int_V \frac{d(G)}{dt}dV + \int_V G\frac{d(dV)}{dt}$$

Supponendo di avere un riferimento ortogonale cartesiano, il termine $\frac{d(dV)}{dt}$ può essere esplicitato come

$$\frac{d(dV)}{dt} = \frac{d(dxdydz)}{dt} = \frac{d(dx)}{dt}dydz + \frac{d(dy)}{dt}dxdz + \frac{d(dz)}{dt}dxdy = \vec{v} \centerdot \vec{n}dS$$

Avremo dunque

$$\frac{d}{dt}\int_V GdV = \ldots = \int_V \frac{d(G)}{dt}dV + \int_S G\vec{v} \centerdot \vec{n}dS$$

da cui, per il teorema della divergenza:

$$\frac{d}{dt}\int_V GdV = \ldots = \int_V \frac{d(G)}{dt}dV + \int_V G\nabla \cdot \vec{v}dV$$

Considerando allora la versione locale ed esplicitando inoltre la derivata sostanziale come $\frac{d}{dt} = \frac{\partial}{\partial t} + \vec{v} \cdot \nabla$, avremo

$$\frac{d(G)}{dt} + G\nabla \cdot \vec{v} = \frac{\partial G}{\partial t} + \vec{v} \cdot \nabla G + G\nabla \cdot \vec{v} = \frac{\partial G}{\partial t} + \nabla(G\vec{v})$$

Il bilancio della quantità G consta quindi dei termini

- $\frac{\partial G}{\partial t}$ correlato alle variazioni temporali della sola quantità G;

- $\nabla(G\vec{v})$ correlato alle variazioni subite dalla quantità G a causa delle interazioni con il sistema di riferimento (in particolare coi flussi attraverso il contorno del dominio d'integrazione).

D.2 Conservazione della massa

Nella conservazione della massa, per adattare l'equazione D.1, il termine da bilanciare è la densità ρ del fluido, mentre la sorgente γ di materia è identicamente nulla. Avremo allora

$$\boxed{\frac{\partial \rho}{\partial t} + \nabla(\rho\vec{v}) = 0} \tag{D.2}$$

che traduce il fatto che le variazioni di massa possono avvenire

- per variazioni di densità del fluido;

- per trasporto attraverso il contorno del dominio;

D.3 Conservazione della quantità di moto

Per la quantità di moto, dove $G = \rho\vec{v}$, le variazioni della stessa possono avvenire a causa

- delle forze esterne applicate $\vec{f}$;

- degli sforzi interni propri del continuo deformabile $\mathbb{T}$;

In quanto continuo deformabile, l'equazione del bilancio della quantità di moto coincide con la relazione indefinita d'equilibrio di CAUCHY :

$$\boxed{\rho\vec{a} = \vec{f} + \nabla \cdot \mathbb{T}} \tag{D.3}$$

dove $\vec{a}$ indica l'accelarazione dell'elemento infinitesimo di fluido.
Infatti,

$$\vec{a} = \frac{d\vec{v}}{dt} = \frac{\partial\vec{v}}{\partial t} + \vec{v} \cdot \nabla\vec{v}$$

Sommando a primo membro l'equazione di continuità D.2 (che è un termine identicamente nullo) premoltiplicata per la velocità, otteniamo:

$$\rho\frac{\partial\vec{v}}{\partial t} + \rho\vec{v} \cdot \nabla\vec{v} + \vec{v}\frac{\partial\rho}{\partial t} + \vec{v}\nabla\left(\rho\vec{v}\right) = \vec{f} + \nabla \cdot \mathbb{T}$$

il che equivale alla consueta formulazione dell'equazione sulla quantità di moto dedotta dall'equazione di bilancio:

$$\boxed{\frac{\partial\rho\vec{v}}{\partial t} + \nabla\left(\rho\vec{v}\vec{v}\right) = \vec{f} + \nabla \cdot \mathbb{T}} \tag{D.4}$$

D.4 Le legge idrostatica

Considerando l'equazione sulla quantità di moto in condizioni di fluido in quiete, ovvero quando la velocità è nulla:

$$\vec{f} + \nabla \cdot \mathbb{T}|_{\|\vec{v}\|=0} = 0 \tag{D.5}$$

D'altra parte sappiamo che gli sforzi in fluido in quiete equivalgono alla pressione termodinamica p:

$$\mathbb{T}|_{\|\vec{v}\|=0} = -p\mathbb{I}$$

ottenendo così la ben nota equazione idrostatica:

$$\vec{f} = \nabla(p) \tag{D.6}$$

Possiamo allora riscrivere gli sforzi generici $\mathbb{T}$ come somma del componente statico $-p\mathbb{I}$ e di un opportuno componente dinamico, che indichiamo con $\mathbb{S}$.
Le equazioni sulla quantità di moto divengono allora

$$\boxed{\frac{\partial \rho\vec{v}}{\partial t} + \nabla(\rho\vec{v}\vec{v}) = \vec{f} + \nabla\cdot\mathbb{S} - \nabla p} \tag{D.7}$$

D.5 L'ipotesi di PRANDTL

Il significato di questi sforzi dinamici $\mathbb{S}$ è abbastanza evidente, in quanto rappresentano le forze di natura viscosa che intervengono quando il fluido è in movimento. L'ipotesi di fluido perfetto è allora che gli sforzi interni del materiale si riducano alla sola componente idrostatica p. Nell'ipotesi di Prandtl, ciò è ammissibile nei comuni casi d'interesse aeronautico quando si possono confinare gli effetti viscosi all'interno di un piccolo strato di fluido, detto appunto *strato limite*. La scrittura del termine degli sforzi interni come

$$\boxed{\mathbb{T} = -p\mathbb{I} + \mathbb{S}} \tag{D.8}$$

può essere vista infatti come lo sviluppo in serie di TAYLOR del tensore degli sforzi, dove il termine di pressione idrostatica rappresenta il termine zero di tale sviluppo, *indipendente* dalle variazioni della velocità.
L'assunto secondo cui gli effetti viscosi sono relegati all'interno dello strato limite discende dal fatto che all'interno dello strato limite la velocità ha un marcato gradiente che la porta da zero (condizione di aderenza sulla superficie di contorno del dominio di moto) al valore non nullo presente nella regione in cui i gradienti di velocità sono trascurabili. Perciò è plausibile assumere che gli effetti viscosi siano presenti solo nello strato limite e all'esterno di questo il fluido si possa assumere perfetto (ovvero con $\mathbb{T} \equiv -p\mathbb{I}$, sebbene sia $\|\vec{v}\| \neq 0$).

D.6   Conservazione dell'energia

Per la scrittura dell'equazione scalare sulla conservazione dell'energia notiamo che l'energia del fluido è data

- da un termine di energia interna e

- da un termine dovuto all'energia cinetica;

dunque

$$G = e + \frac{1}{2}\rho v^2$$

mentre i termini di variazione dell'energia possono essere riassunti come

- flusso di calore, descritto dall'equazione di FOURIER , $\dot{q} = -K\nabla T$;

- lavoro delle forze esterne, $\vec{f} \cdot \vec{v}$;

- variazione energetica associata alle deformazioni e agli sforzi, dato da $\nabla(\mathbb{T}\vec{v}) = -\nabla(p\vec{v}) + \nabla(\mathbb{S}\vec{v})$

Avremo quindi

$$\boxed{\frac{\partial(e + \frac{1}{2}\rho v^2)}{\partial t} + \nabla\left(e + \frac{1}{2}\rho v^2\right)\vec{v} = -\rho K\nabla T + \vec{f} \cdot \vec{v} - \nabla(p\vec{v}) + \nabla(\mathbb{S}\vec{v})}$$

$$(\text{D.9})$$

APPENDICE E

PISTON THEORY

Quest'ultima tecnica aerodinamica viene utilizzata in ambito pienamente supersonico ma non ancora ipersonico, quindi con numeri di MACH compresi all'incirca
fra 2 e 4.
Consideriamo un tubo di lunghezza infinita, contenente un pistone che spinge un
fluido muovendosi con velocità v_n. La pressione che allora si esercita sul pistone
è esprimibile come[1]:

$$\frac{p}{p_\infty} = (1 + \frac{\gamma - 1}{2} \frac{v_n}{c_\infty})^{\frac{2\gamma}{\gamma-1}} \qquad \text{(E.1)}$$

---

[1]Cfr. colpi d'ariete, variazioni dell'onda di pressione, ecc.

Elementi di Fisica Tecnica.
By Giulio Malinverno.
Copyright © 2016 .

L'equazione è linearizzabile come:

$$\frac{p}{p_\infty} = (1 + \gamma \frac{v_n}{c_\infty})$$ (E.2)

Riconrdando l'equazione per un gas perfetto, $p = \rho RT$ e la definizione di velocità del suonio, $c_\infty^2 = \gamma RT$, otteniamo:

$$p = \rho c_\infty v_n$$ (E.3)

Nel nostro caso, la superficie del pistone viene sostituita dalla superficie dell'ala e quindi la velocità v_n è la velocità normale alla superficie stessa. D'altra parte, possiamo moltiplicare e dividere per $\frac{V_\infty^2}{2}$ ottenendo:

$$p = \rho \frac{V_\infty^2}{2} 2 \frac{c_\infty}{V_\infty} \frac{v_p}{V_\infty}$$ (E.4)

che si può riscrivere come

$$\Delta P = p - p_\infty = q \frac{2}{M_\infty} \alpha$$ (E.5)

Poiché α è calcolabile come che si può riscrivere come

$$\alpha = [A]\{q\} + [b]\{\dot{q}\}$$ (E.6)

la pressione viene data attraverso un termine di rigidezza ($\div \{q\}$) e un termine di smorzamento ($\div \{\dot{q}\}$).
Siccome il profilo sottile linearizzato è simmetrico, avremo anche

$$C_p = \frac{4}{M_\infty} \alpha$$ (E.7)

Se considerassimo invece due superfici non simmetriche (ovvero con le normali non uguali e opposte), o una sola superficie lambita dal flusso supersonico, avremmo:

$$\underbrace{C_p = \frac{2}{M_\infty}(\alpha_{up} - \alpha_{low})}_{\text{due superfici non simmetriche}}$$ (E.8)

e

$$\underbrace{C_p = \frac{2}{M_\infty} \alpha}_{\text{solo una superficie lambita dal fluido}}$$ (E.9)

APPENDICE F

IL METODO DEGLI ELEMENTI FINITI

Il metodo ad elementi finiti si basa sulla formulazione variazionale o discreta del problema da risolvere e sulla discretizzazione del dominio d'integrazione in celle di calcolo quantizzate. Si tratterà qui un breve sunto dei principi e delle fondamenta teoriche che stanno alla base dei consueti programmi ad elementi finiti.

F.1 L'aspetto generale

Il metodo agli elementi finiti comporta la trasformazione di un problema continuo in un problema discreto algebrico, con l'ovvio vantaggio di diminuire la

Elementi di Fisica Tecnica.
By Giulio Malinverno.
Copyright © 2016 .

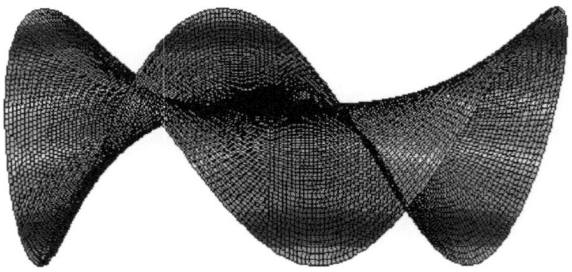

Figura F.1: L'analisi ad elementi finiti, oltre alle deformazioni e agli sforzi, permette di calcolare i modi propri di vibrare della struttura. In figura è rappresentato il modo a *portacenere* dello specchio secondario adattivo del VLT .

complessità risolutiva del problema:

$$[K]\{s\} = \{F\} \tag{F.1}$$

Ciò è ottenuto discretizzando spazialmente il problema: il dominio reale viene suddiviso in un numero sufficiente di sottodomini elementari (o *elementi*), caratterizzati dall'essere fra loro connessi tramite punti (o *nodi*). La continuità del dominio viene allora mancare essendo i vari elementi collegati solo puntualmente. All'interno del singolo elemento, la soluzione che si desidera trovare viene espressa tramite uno sviluppo in serie del tipo $\{u\} = [N]\{a\}$. Si noti che la discretizzazione è a livello spaziale, poiché lo sviluppo viene fatto attraverso funzioni continue sebbene differenti da elemento ad elemento.

I parametri fondamentali della soluzione vengono allora riferiti ai nodi di interconnessione fra gli elementi, così che l'informazione possa essere trasmessa da elemento ad elemento.

Inoltre, gli elementi in cui viene suddiviso il dominio non hanno generalmente forme arbitrarie ma si preferisce utilizzare degli elementi standard normalizzati (ovviamente differenti di volta in volta a seconda delle problematiche fisiche in gioco): in questo modo le proprietà del dominio elementare, espresse tramite le funzioni N, vengono calcolate a monte su elementi normalizzati e successivamente riferite alla fisica reale del problema con opportune trasformazioni di coordinate.

In base a questo sviluppo, anche i carichi applicati, o più in generale le condizioni al contorno del problema, vengono concentrate nei nodi, attraverso la stessa metodologia adottata per le caratteristiche meccaniche.

I vantaggi di un simile approccio sono diversi e riassumibili in:

- un approccio risolutivo più semplice (di tipo algebrico);

- un costo computazionale più basso;

- la precisione della soluzione può essere modificata aumentando o diminuendo la discretizzazione spaziale del dominio;

D'altra parte, il metodo ad elementi finiti comporta anche degli svantaggi:

- la soluzione ottenuta non è *esatta* perché dedotta da un approccio variazionale e non forte;

- la soluzione ottenuta non è *esatta* perchè dedotta da un calcolo numerico su domini discretizzati;

- la soluzione dipende fortemente dalla modellazione adottata e quindi lo stesso problema può essere affrontato in maniere differenti con risultati differenti (ad esempio, perché si è concentrato un carico in realtà distribuito);

F.2 La formulazione matematica

Il metodo degli elementi finiti consiste principalmente nel risolvere per via numerica un problema differenziale su un dato dominio. La discretizzazione necessaria per la risoluzione numerica viene applicata al dominio del problema, problema che è a sua volta espresso in forma *debole* o *variazionale*.

Infatti, se consideriamo la classica equazione indefinita d'equilibrio per i continui materiali

$$\nabla \tau = \{f\} \tag{F.2}$$

notiamo che essa è valida localmente (o formulazione *forte* del problema) in quanto è una relazione differenziale. In forma generale, tali equazioni forti possono essere riscritte formalmente come:

$$[D]\,[\mathbb{D}_n]\,\{u\} = \{f\} \tag{F.3}$$

dove $[\mathbb{D}_n]$ è un *operatore differenziale di ordine n*, differente caso per caso. Nel nostro esempio, utilizzando come variabile principale gli spostamenti $\{u\}$ dei punti del solido, l'operatore differenziale è del second'ordine $[\mathbb{D}_n]$ (in quanto gli sforzi sono legati alla derivata prima dello spostamento, cioè la deformazione, e l'equazione comporta la derivazione di tali sforzi).

Alla relazione indefinita d'equilibrio, s'aggiungono poi le condizioni al contorno, che possono essere sia sulla variabile $\{u\}$ che sulle sue derivate (di ordine fino a $n-1$).

Ovviamente, la relazione indefinita F.3 rimarrà valida anche se integrata su un opportuno dominio (che nel caso strutturale risulta essere il solido sottoposto ai carichi) nonché premoltiplicata per una generica funzione $\{w\}$ continua, derivabile e soprattutto soggetta alle stesse condizioni al contorno applicate su u:

$$\int_\Omega \{w\}^T [D] [\mathbb{D}_n] \{u\}\, d\Omega = \int_\Omega \{w\}^T \{f\}\, d\Omega \qquad \text{(F.4)}$$

Operiamo adesso le seguenti semplificazioni he costituiscono il vero e proprio metodo ad elementi finiti:

- discretizziamo il dominio Ω in porzioni Ω_i tali per cui $\Omega = \bigcup \Omega_i$;

- discretizziamo la descrizione di $\{u\}$ attraverso delle opportune *funzioni di forma N* dipendenti dal dominio e dei parametri globali $\{a\}$, indipendenti da Ω_i;

- utilizziamo come funzione peso lo sviluppo $\{w\} = \{u\} = [N]\{a\}$

Avremo allora, per il generico elemento:

$$\int_{\Omega_i} \{a\}^T [N]^T [D] [\mathbb{D}_n] [N] \{a\}\, d\Omega_i = \int_{\Omega_i} \{a\}^T [N]^T \{f\}\, d\Omega_i \qquad \text{(F.5)}$$

Possiamo ora integrare per parti l'integrale a primo membro ottenendo:

$$\begin{aligned} &\{a\}^T [N]^T [D] [\mathbb{D}_n] [N] \{a\}\, |_{\Omega_i} - \\ &\int_{\Omega_i} \{a\}^T [\mathbb{D}_1 N]^T [D] [\mathbb{D}_{n-1}] [N] \{a\}\, d\Omega_i \end{aligned} \qquad \text{(F.6)}$$

Si può notare come nel primo termine si presentino alcune condizioni al contorno, tali quindi da far annullare tale termine o comunque da renderlo noto: infatti compaiono gli spostamenti u e w valutati sul contorno nonché le derivate, di ordine inferiore ad n, anch'esse valutate sul contorno

Possiamo procedere con l'integrazione per parti fino a giungere ad una *formulazione quadratica del tipo*:

$$\{a\}^T \int_{\Omega_i} [\mathbb{D}_m N]^T [D] [\mathbb{D}_m N] \, d\Omega_i \{a\} \tag{F.7}$$

dove abbiamo estratto i parametri $\{a\}$ dal segno d'integrazione e conglobato in un'unica matrice gli sviluppi N derivati.

Il metodo agli elementi finiti consiste poi nel risolvere numericamente questo integrale, che dipende unicamente dal materiale utilizzato (tramite la matrice di rigidezza D del materiale stesso), dalla forma dell'elemento (ovvero dalla forma del dominio Ω_i) e dalla sviluppo in serie N.

Definiamo *matrice di rigidezza* dell'elemento l'integrale numerico:

$$[K_i] \doteq \int_{\Omega} [\mathbb{D}_m N]^T [D] [\mathbb{D}_m N] \, d\Omega_i \tag{F.8}$$

In effetti possiamo generalizzare l'approccio costruendo una libreria di *elementi* ovvero di domini Ω_i normalizzati in modo da ridurre l'onere computazionale in fase risolutiva. I valori di tali elementi normalizzati vengono riferiti di caso in caso agli elementi reali tramite la matrice jacobiana che regola la trasformazione di N dalle coordinate reali a quelle normalizzate.

Siccome i parametri $\{a\}$ sono comuni a differenti elementi, possiamo definire un unico vettore $\{s\}$ in cui abbiamo ordinato tutti i parametri in un unico riferimento coordinato. Analogamente, le matrici di rigidezza verranno orientate ed espanse per adattarsi al sistema, in modo da ottenere la matrice di rigidezza globale del dominio:

$$[K] = \sum_i [E]^T [T_i]^T [K_i] [T] [E] \tag{F.9}$$

dove la matrice $[T_i]$ è la matrice di rotazione dell'i-esimo elemento mentre la matrice $[E]$ è la matrice di espansione (quella che lega i riferimenti coordinati locali a quelli globali).

Considerando tutti gli elementi in cui abbiamo suddiviso il dominio del problema, questo potrà essere formulato come

$$\{s\}^T [K] \{s\} = \{s\}^T \{F\} \tag{F.10}$$

dove il vettore dei carichi è dato dalla somma dei vettori dei carichi agenti su ciascun elemento in maniera analoga all'espansione subita dalle matrici di mrigidezza locali:

$$\{F_i\} \doteq \int_{\Omega_i} [N]^T \{f\} \, d\Omega_i \tag{F.11}$$

Si noti come questo termine possa essere interpretato come il lavoro virtuale associato ai carichi applicati al dominio, al pari del termine $s^T K s$ che può essere considerato l'analogo dell'energia virtuale di deformazione.

F.3 L'aspetto pratico

A meno che non si voglia definire un nuovo elemento o scrivere un codice ad elementi finiti, tutta la matematica vista nel paragrafo precedente risulta essere invisibile agli occhi del comune utilizzatore di un programma ad elementi finiti. In realtà dovremmo parlare di programmi ad elementi finiti, in quanto generalmente si utilizzano:

- un *pre-processore*, ovvero un programma che definita la geometria del dominio (es. attraverso un cad o con delle funzionalità interne) si occupa di suddividere il dominio in elementi e di applicare le condizioni di vincolo e di carico a tali elementi (es. FEMAP);

- il *solutore*, che è il vero e proprio programma ad elementi finiti che si occupa di risolvere numericamente le equazioni algebriche viste sopra (es. NA-STRAN);

- il *post-processore* il cui scopo è quello di leggere i risultati forniti dal solutore e presentarli in maniera intelligibile all'utente (es. on grafici piuttosto che strutture deformate) (es. FEMAP).

Comunemente, alcuni programmi agiscono sia da preprocessore che da postprocessore e si parla dunque di pre/postprocessore ad elementi finiti.

I fattori più impegnativi di una modellazione ad elementi finiti risultano essere:

- la scelta delle dimensioni minime e massime degli elementi, ovvero quanto deve essere fitta la discretizzazione;

- la scelta dei tipi di elementi da utilizzare;

Sul primo punto si possono identificare due scuole di pensiero:

- la prima è quella di modellare uniformemente il dominio;

- la seconda è quella di infittire la discretizzazione laddove si voglia avere una soluzione più precisa e/o dove avvengono (o si presume che avvengano) variazioni sostanziali delle quantità monitorate, lasciando ivece una discretizzazione più blanda nelle aree di minor interesse;

La prima soluzione necessita di un minor tempo per la preparazione della mesh (e avendo un buon preprocessore questa può essere fatta automaticamente dal calcolatore senza eccessive problematiche). La seconda scelta produce probabilmente risultati migliori ma a costo di un maggior impegno da parte del modellista.

Analoga è la problematica della scelta del tipo di elementi utilizzare. Si tenga ben presente che sebbene si ottengano risultati *numericamente* differenti, a meno di non aver commesso gravi errori, si possono ottenere soluzioni analoghe con elementi differenti *purché* siano *fisicamente compatibili* con il problema. Di converso, non è detto che elementi che siano *geometricamente compatibili* con la geometria reale del problema diano luogo a risultati corretti.

Vediamo di precisare quest'idea con un paio di esempio. In primo luogo consideriamo una trave snella con sezione ad H. Possiamo modellarla in tre modi differenti:

- la via più brutale è quella di disegnare un solido tridimensionale e discretizzarlo utilizzando dei parallelepipedi;

- possiamo altresì disegnare tre superfici, due parallele ed una ortogonale a queste, modellando poi la struttura con delle shell;

- oppure, disegnare una semplice linea e modellarla con degli elementi di trave;

L'idea è che le caratteristiche della sezione vengono recuperate nei tre casi in maniera differente: nel primo, la sezione è descritta dal comportamento di tutti i blocchetti che la compongono, mentre nel secondo e nel terzo modello le caratteristiche della sezione ad H vengono in parte (o totalmente) descritte dall'elemento stesso. Ricordiamoci infatti che la definizione dell'elemento finito è tale per cui alcune caratteristiche del dominio vengono già conglobate in esso durante l'integrazione numerica: nel caso della sezione ad H, l'inerzia e l'area della sezione non vengono calcolate dal solutore ma sono giàstate concentrate e registrate nei vari elementi in fase di modellazione. Ovviamente dipende anche da ciò che si vuole studiare: se si è preoccupati di eventuali instabilità delle ali della sezione bisogna necessariamente utilizzare un modello che permetta di vedere tali instabilità e quindi dobbiamo per forza escludere la modellazione con gli elementi di tipo trave.

Veniamo adesso all'altra faccia della medaglia. Non è detto che un elemento che modelli perfettamente dal punto di vista geometrico un dominio dia luogo a risultati accettabili: ad esempio, una mesh triangolare risulta perfetta per modellare ciascun piccolo dettaglio geometrico, ma dal punto di vista numerico i risultati cui da luogo lasciano a desiderare. Analogamente, utilizzare elementi troppo *distorti*, ovvero differenti dagli elementi normalizzati di riferimento comporta risultati ancora peggiori (in quanto le matrici jacobiane delle trasformazioni divengono singolari).

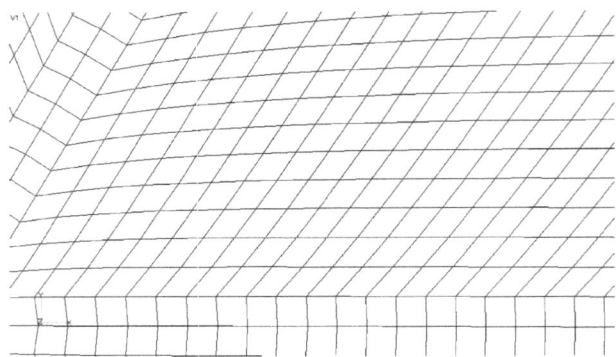

Figura F.2: Un dettaglio della schematizzazione ad elementi bidimensionali (*shell*) utilizzati per l'analisi dello specchio secondario adattivo del VLT . si possono notare alcuni elementi rettangolari (non distorti), mentre altri sono a rombo. Questi ultimi possono dare problemi di ordine numerico.

APPENDICE G

HACKING E IL RUOLO DELL'INGEGNE-RE

Molto spesso siamo ad operare con strumenti matematici la cui *realtà* fisica è a volte difficile da scorgere. Ad esempio, nel metodo numerico proposto per la risoluzione numerica delle sezioni asemiguscio abbiamo a che fare con una serie di matrici descriventi lo spostamento dei punti della sezione senza però che queste, singolarmente prese, descrivano un singolo spostamento.

In un certo senso è la stessa situazione dei modi di vibrare della struttura: essi sono uno strumento matematico, definiti come soluzioni di un problema algebrico degenre. Non cè nessun principio fisico che determini i modi: in effetti, il fatto di

Elementi di Fisica Tecnica.
By Giulio Malinverno.
Copyright © 2016 .

avere matrici quadrate, simmetriche e definite positive permette, dal punto di vista algebrico, di passare ad un sistema diagonale, ottenuto tramite un problema agli autovalori/autovettori.

Matematicamente, gli autovettori costituiscono una base per lo spazio delle soluzioni, ovvero un insieme di soluzioni basilari indipendenti fra loro (ortogonali) con coi costruire tutte le successive soluzioni (dipendenti). *Stranamente* ciò ha un ritorno fisico: le soluzioni costruite da soluzioni matematiche hanno una realtà fisica.

In un certo senso, si può qui riproporre il problema del realismo delle teorie scientifiche e delle quantità da esse descritte (e non sperimentalmente identificate). In particolare possiamo identificare due posizioni estreme

- entrambe (teorie e particelle) sono altrettanto reali (in senso forte - platonico);

- teorie e particelle sono costruzioni utili ma non *reali* - sopno costrutti;

Un particolare approccio risolutivo è quello di IAN HACKING che pone un'enfasi particolare sull'attività sperimentale. Seconod HACKING per discutere sul realismo scientifico, bisogna farlo all'interno della pratica sperimentale:

> fare esperimenti su di un'entià non impegna a credere nella sua esistenza. Solo la manipolazione di un'entità, con lo scopo di fare esperimenti su qualcos'altro, ci impegna necessariamente a crederlo.

Indipendentemente dalla sua eventuale osservabilità diretta (on in linea di principio), condizione necessaria affinché un'entità sia reale è che abbia proprietà causali ed essere manipolabile.

RIFERIMENTI

1. J.D. Anderson, *Fundamentals of aerodynamics*, NewYork, McGraw-Hill, 1991

2. A. Baron, *Alcune note del corso di fluidodinamica*, Milano, DIA - Politecnico di Milano

3. S. Carnot, *La potenza del fuoco*, Torino, Bollati Boringhieri, 1992

4. G. Cole, *Thermodynamics in engineering and physical science*, Chichester, Albion Publishing, 1996

5. Demidovič, Maron, *Fondamenti di calcolo numerico*, Mosca, Edizioni Mir, 1981

6. Fasano, Marmi, *Meccanica analitica*, Torino, Bollati Boringhieri, 1994

7. E. Fermi, *Termodinamica*, Torino, Bollati Boringhieri, 1972

8. U. Ghezzi, *Motori per aeromobili*, Milano, Città Studi Edizioni, 1974

9. R.A. Granger, *Fluid mechanics*, New York, Dover Publications, 1995

10. Guglielmini, Pisoni, *Elementi di trasmissione del calore*, Milano, Casa Editrice Ambrosiana, 1996

11. Javorskij, Detlaf, *Manuale di Fisica*, Mosca, Edizioni Mir, 1977

12. Pedrocchi, Silvestri, *Termodinamica tecnica*, Milano, Città Studi Edizioni, 1997

13. Pignone, Vercelli, *Turbomacchine*, Milano, Hoepli, 1991

14. M. Planck *The theory of heat radiation*, New York, Dover Publications, 1991

15. Prandtl, Tietjens, *Fundamentals of hydro and aeromechanics*, New York, Dover Publications, 1934

16. Prandtl, Tietjens, *Applied hydro and aeromechanics*, New York, Dover Publications, 1934

17. Samarskij, Nikolaev, *Metodi di soluzione delle equazioni di reticolo*, Mosca, Edizioni Mir, 1985

18. Samarskij, Tichonov, *Equazioni della fisica matematica*, Mosca, Edizioni Mir, 1981

19. P. Silvestroni, *Fondamenti di chimica*, Milano, Masson, 1996

20. Švets, Tolubinskij, Alabovskij, Kirakovskij, Nedužij, Pivovarov, *Termotecnica*, Mosca, Edizioni Mir, 1976

21. Wark, Richards, *Thermodynamics*, Singapore, McGraw Hill, 1999

APPENDICE H
NOTE SULL'AUTORE

Laureato a pieni voti presso il Politecnico di Milano in ingegneria aerospaziale, ramo strutture, con una tesi sul controllo decentralizzato di specchi adattivi per grandi telescopi.

Progettista di sistemi meccanici per uso marino e sottomarino presso CABI CAT-TANEO (Milano), ha svolto alcune consulenze su analisi fluidodinamiche prima di approdare come direttore tecnico in M.N.G. / ANGELO GANDOLA SRL (Asso). Successivamente come *project engineer* presso JOHN CRANE ITALIA ha seguito la gestione delle commesse relative ai sistemi di flussaggio per tenute meccaniche.

Figura H.1: Giulio Malinverno
Como, 1979.

Attualmente è *analysis and simulations engineer* presso ATV SpA, azienda leader nella progettazione e produzione di valvole per il settore subsea.

Membro di alcune associazioni culturali e professionali, quali:

- Ordine degli Ingegneri della Provincia di Como;

- ASME - American Sociey of Mechanical Engineers;

- IEEE - Institute of Electrical and Electronics Engineers;

- ISAA - Italian Space and Astronautic Association;

- REPUBLIC SPACEWORKS;

- SAE - Society of Automotive Engineers;

- SPE - Society of Petroleum Engineers;

- SUT - Society for Underwater Technology;

- UAI - Unione Astrofili Italiani;

Milton Keynes UK
Ingram Content Group UK Ltd.
UKHW010741210424
441426UK00009B/49/J